LEÇONS

SUR LA

FAUNE QUATERNAIRE

Paris.—Imprimerie de E. MARTINET, rue Mignon, 2

LEÇONS

SUR LA

FAUNE QUATERNAIRE

PROFESSÉES AU MUSÉUM D'HISTOIRE NATURELLE

PAR

A. D'ARCHIAC

MEMBRE DE L'INSTITUT

PARIS

LIBRAIRIE GERMER BAILLIÈRE

RUE DE L'ÉCOLE-DE-MÉDECINE, 17

1865

AVIS DE L'ÉDITEUR

Ces leçons, bien que sous une autre forme, sont la suite de l'*Introduction à un cours de paléontologie stratigraphique* publiée en deux parties (1) ; elles sont aussi la première application de la marche et de la méthode indiquées par le professeur, et à proprement parler le commencement de son cours, qui a pour but l'exposition des caractères et de la distribution des

(1) 2 vol. in-8, avec cartes et dessins dans le texte, 1862-1864. Chez Savy éditeur, 24, rue Hautefeuille.

flores et des faunes fossiles qui se sont successivement développées à la surface de la terre. Ces leçons ont été insérées presque complétement dans la *Revue des cours scientifiques*, pendant l'année 1864, à mesure qu'elles étaient faites.

G. B.

LEÇONS

sur la

FAUNE QUATERNAIRE

LEÇON D'OUVERTURE

Résumé de la première partie du cours.

Messieurs,

Après avoir examiné, dans nos entretiens du printemps dernier, les phénomènes de l'époque actuelle qui se rapportent plus ou moins directement à la *Paléontologie stratigraphique comparée*, nous avons commencé l'exposition des caractères particuliers et de la distribution de la *Faune quaternaire* en Europe. Un résumé succinct de ces dernières leçons sera donc l'introduction la plus naturelle à la seconde partie du Cours que nous commençons aujourd'hui.

En traitant d'abord du terrain quaternaire dans la presqu'île Scandinave, puis dans le nord, le centre et le sud de la Russie, nous avons étudié successivement les caractères des plages soulevées ou dépôts meubles superficiels avec coquilles marines, ceux de la formation erra-

tique proprement dite, ceux des dépôts du centre et du
sud de la Russie, enfin ceux de la faune des mammifères
de cette partie orientale de l'Europe.

Ce qui nous a frappé d'abord en nous occupant de la
Scandinavie, ce sont ces dépôts argileux coquilliers,
s'élevant jusqu'à 150 et 200 mètres au-dessus du niveau
actuel de la mer, et reposant sur la surface polie, striée,
sillonnée des roches cristallines de la chaîne scandinave,
comme l'a démontré M. Daubrée. Ces effets, d'une action
mécanique énergique, se reconnaissent depuis l'altitude
de 1400 mètres au-dessus de la mer, jusque sous le
niveau même de ses eaux autant que la vue peut s'étendre, et vous vous rappelez qu'ils ont été pour nous la
marque, le signe caractérisque du commencement de
l'époque quaternaire.

Telle a été notre base, difficile sans doute à distinguer à l'intérieur des continents, où manquent, comme
terme de comparaison, les niveaux anciens et modernes
de la mer, ce qui a pu la faire méconnaître des observateurs qui ne regardent pas au delà du champ de leurs
études personnelles. Mais au milieu des effets variés que
présente la nature, il faut pour nos classifications
choisir les plus complets et ceux dont la succession se
constate en quelque sorte directement et d'elle-même.

Or, nous n'avons pas de phénomène d'un ordre plus
général que le niveau de la mer. Bien qu'en réalité ce ne
soit pas ce niveau qui change, mais celui des terres qui
s'élèvent et s'abaissent, c'est encore par les anciennes
traces de l'Océan que, sur un point donné, nous avons la
preuve de ces mêmes mouvements, et, en comparant
ses niveaux successifs, on établit la chronologie des
phénomènes dont cette portion de continent a été le
théâtre.

En passant ensuite à la partie centrale et orientale de
l'Europe, nous avons fait voir que ces dépôts de la pres-

qu'île Scandinave se retrouvaient dans les îles du Danemark, et que, dans la partie inférieure du cours de la Dwina et jusqu'à une distance de cinquante lieues de la mer Glaciale, des dépôts coquilliers parfaitement comparables s'observaient encore.

Dans la Russie d'Europe, nous avons distingué trois dépôts appartenant à cette époque, ayant des caractères spéciaux et occupant chacun une région particulière. Le plus étendu est celui auquel on a donné le nom de *formation erratique*. Il est composé de traînées de blocs, de sable et de cailloux venus du nord-ouest. Sa limite sud, est et ouest est tracée par les blocs extrêmes qui, venant du nord-ouest, se sont arrêtés en chemin et ont formé à la surface des plaines de la Russie, de la Pologne et de la Prusse, une ligne courbe continue plus ou moins sinueuse.

Cette ligne part du golfe de Tcheskaia sur le bord de la mer Glaciale, suit le versant occidental de la chaîne des monts Timans jusqu'à sa jonction avec l'Oural, et, à partir de ce point, descend au sud-sud-ouest jusqu'à Voroneje, remonte au nord vers Kalouga pour s'abaisser de nouveau et gagner au nord-ouest les marais de Pinsk, où on la perd de vue. On la retrouve au delà, sur leur limite occidentale; contournant ensuite les massifs de transition de Kielce, de Cracovie et de Galatz, elle passe la Vistule au sud de Breslau, continue au nord-ouest sur les limites de la Prusse et de la Saxe, contourne le pied nord du Harz, traverse le Hanovre et va aboutir à l'îlot d'Urk dans le Zuyderzée, formé encore de débris erratiques venant du nord.

Dans cette espèce de demi-cercle, dont le centre peut être placé à Stockholm, et dont le rayon varie de 300 à 400 lieues, suivant les sinuosités de la courbe, on a ainsi un vaste de dépôt de transport dont les éléments, pour la Russie, proviennent des roches cristallines de la Finlande.

et pour les provinces qui bordent la Baltique, de celles qui constituent la presqu'île Scandinave.

Le second dépôt est celui auquel on a donné de nom de *terreau noir* ou de *tschornoïzem*.

Le terreau noir occupe une étendue de plus de 80 millions d'hectares, entre le pied des Carpathes et l'Oural. C'est un dépôt sableux, peu épais, coloré par des matières organiques combustibles, qui entrent pour près de 7 pour 100 dans sa composition, et précieux par la richesse des moissons qu'il porte, sans jamais être amendé ni fumé. Son âge est incertain, cependant on a remarqué que sur la limite du dépôt des blocs, il semble le recouvrir jusqu'à une certaine distance, ce qui tendrait à faire croire qu'il est postérieur au grand phénomène erratique du Nord. Du reste, il ne contient point de fossiles. Seulement, observé au microscope, on y a reconnu des Diatomacées, qui peuvent le faire regarder comme s'étant formé dans l'eau douce, quoique ces protophytes existent également dans les eaux marines; peut-être encore serait-ce un sol formé de débris d'anciennes forêts?

Le troisième dépôt est essentiellement lacustre, et s'observe dans les parties basses des steppes qui bordent la Caspienne et la mer Noire.

Ainsi, pendant l'époque quaternaire, nous voyons, dans cette partie septentrionale et orientale de l'Europe, quatre dépôts d'origine distincte :

1° Les dépôts marins bordant la côte actuelle de la Scandinavie, dont les coquilles sont identiques avec celles qui vivent encore sur les plages voisines ou avec des espèces qui habitent des régions plus septentrionales; le bassin de la Dwina présente quelques lambeaux sans doute du même âge;

2° Un dépôt lacustre, caractérisé par des coquilles d'eau douce d'espèces encore vivantes, et qui s'étend sur les bords de la mer Noire et de la Caspienne;

3° Le grand dépôt erratique du Nord dont l'origine et la cause première ont donné lieu à des hypothèses sur lesquelles nous ne reviendrons pas aujourd'hui : nous rappellerons seulement que, malgré son étendue, on n'a trouvé encore aucun débris organique qui permette de fixer la nature de l'eau dans laquelle s'est produit le phénomène ; aucun coquillage marin ne prouve qu'il se soit passé sous celles de la mer ;

4° Le dépôt du terreau noir où il n'existe pas non plus de débris organiques constatant son origine d'eau douce d'une manière certaine.

Ajoutons enfin à ces divers sédiments les alluvions anciennes des rivières et des fleuves du sud de la Russie. principaux gisements des débris des grands pachydermes et dont les relations avec les dépôts précédents demandent encore des recherches spéciales, et nous aurons une idée de la diversité des circonstances qui se sont produites dans ces régions.

Passant ensuite à l'étude de la faune des mammifères terrestres de cette période, nous avons dû, vous vous le rappelez, messieurs, reprendre tous les faits relatifs au Mammouth de la Sibérie, ou *Elephas primigenius*, dont les restes sont également très-répandus de ce côté de l'Oural, dans les alluvions anciennes de la plupart des rivières qui se jettent dans la Caspienne et la mer Noire. Nous avons rappelé les caractères de son fidèle compagnon, le *Rhinoceros tichorhinus*, ceux de l'Aurochs trouvé dans les alluvions des bords de la mer d'Azow, et dont nous avons signalé les différences avec celui qui vit encore dans la forêt de Bialovéja, en Lithuanie, où des mesures administratives ont prévenu sa destruction complète. Nous avons mentionné l'existence du *Bos primigenius* dans les mêmes régions, et insisté sur les caractères remarquables que dénotaient les restes de l'*Elasmotherium* placés sous vos yeux. Ce pachyderme qui, par son système dentaire, se rapproche à la fois du Cheval et du Rhinocéros, devait atteindre des dimensions plus considérables qu'aucune des espèces de ce dernier genre; et si, comme quelques zoologistes l'ont pensé, la portion du crâne décrite par Duvernoy sous le nom de *Stercoceros typus* ou *Galli* et provenant des alluvions du Rhin, a appartenu à ce genre, ce devait être un des animaux les plus puissants et les plus extraordinaires de la faune quaternaire.

Un autre mammifère, le *Merycotherium*, n'est connu que par quelques dents venues de Sibérie, et qui le rapprochent du Chameau; quant au *Trogontherium Cuvieri* il semble ne différer du *Castor fiber* que par sa taille plus grande et quelques détails anatomiques peu importants.

Aux environs d'Odessa, des cavités ou dépressions dans le calcaire des steppes ont présenté des accumulations prodigieuses d'ossements, particulièrement du genre Ours, appartenant à l'espèce dite des cavernes (*Ursus spelæus*). Ainsi, en 1847, on en retira, suivant M. Nordmann, plus de 4500 os divers, dont 82 mâchoires, 1830 dents, provenant d'au moins 100 individus, associés à des restes également nombreux de *Felis spelæa*, d'*Hyæna spelæa*, ou d'Hyène des cavernes, de Cheval, de Sanglier, puis de ces animaux dont nous parlions tout à l'heure, les Rhinocéros, les Éléphants, les Aurochs, les Cerfs, enfin un certain nombre de mammifères appartenant à des genres plus petits, de carnassiers, de rongeurs et d'insectivores (Loir, Hamster, Arvicola, Lièvre, Marte, Loutre, Loup, Renard, etc.). En tout, 28 espèces de mammifères représentant la faune quaternaire dans cette partie orientale de l'Europe.

Parmi eux, deux genres sont éteints; huit espèces éteintes appartiennent à des genres encore représentés aujourd'hui, soit dans le pays, soit dans des régions plus chaudes; et trois autres, qui ont peut-être encore leurs analogues dans la faune actuelle, se distinguent, au moins, par leur grande taille, à titre de variétés.

Ce qui caractérise, en effet, cette faune quaternaire, c'est le grand développement qu'atteignent ses espèces comparées avec leurs congénères actuelles. L'Éléphant, le Rhinocéros, l'Aurochs, le Bœuf, le Cerf, le Castor, sont remarquables sous ce rapport; il semble y avoir eu alors une énergie des forces vitales, qui ne s'est pas continuée ni renouvelée depuis. Cette circonstance serait d'accord avec la loi de la distribution des mammifères à la surface des terres émergées, loi qui montre que la grandeur et le développement de ces animaux est en raison de l'étendue des continents et des îles qu'ils habitent. Ainsi, les plus grands mammifères de nos jours parcourent les plus grandes terres, et les espèces du même genre qui habitent des continents de moindre étendue ou des îles ont aussi des proportions moindres.

Il n'y a, aujourd'hui, aucun grand mammifère qui parcoure en liberté des étendues comparables à celles qu'habitaient l'*Elephas primigenius*, le *Rhinoceros tichorhinus*, le *Renne*, l'*Aurochs*, le *Bos primigenius*, le *Cheval*, etc., dont on rencontre partout les débris accumulés, dans le nord de l'ancien continent, depuis le détroit de Béhring et même sur la côte opposée de l'Amérique, le long de la baie d'Eschsholtz à l'est, jusque dans les îles Britanniques à l'ouest.

On sait, en outre, qu'actuellement chaque continent ou grande île ne nourrit guère qu'une espèce de grand mammifère; ainsi l'Afrique ne possède qu'un Éléphant, qu'un Rhinocéros, qu'un Hippopotame, qu'une Girafe, qu'un Lion, qu'une Hyène dans chaque région naturelle, et il en est à peu près de même des autres grands carnassiers, des ruminants, des oiseaux et des reptiles. On serait donc porté à penser qu'il en était aussi de même dans la période quaternaire, et que certaines surfaces continentales pouvaient être alors plus étendues que de nos jours ; cependant, des paléontologistes fort distingués ont reconnu, dans des dépôts de cette période, plusieurs espèces d'Éléphants, de Rhinocéros, etc., ayant habité la même contrée.

Sans vouloir infirmer ici ces déterminations qui d'ailleurs ne reposent encore que sur des éléments assez incomplets, peu nombreux, et sur la valeur desquels on est d'ailleurs loin de s'accorder, nous ne pouvons nous empêcher de faire remarquer que, si les découvertes futures justifiaient ces distinctions et la multiplicité des grandes espèces vivant en même temps sur le même sol, ce serait un fait en opposition avec ce que l'on voit de nos jours et peu d'accord même avec l'équilibre général de la nature tel qu'on peut le concevoir.

La distribution de cette faune, en Russie, présente un caractère spécial : ainsi, dans le nord, les dépôts erratiques, sur les bords des lacs Ladoga et Onéga et sur ceux de la mer Glaciale, n'offrent que bien rarement quelques traces de ces mammifères éteints ; on en observe davantage dans les bassins des rivières qui descendent de l'Oural. Mais c'est surtout dans la partie méridionale, et sur le pourtour de la mer Noire et de la mer Caspienne, que se sont accumulés les débris des mammifères dont nous parlons.

Quels sont les rapports de l'existence et de l'extinction de ces animaux avec la formation de ces dépôts ? C'est ce qui ne semble pas avoir encore été suffisamment étudié. Évidemment, ils n'ont pas vécu pendant que s'étendaient les dépôts erratiques du nord ; mais alors sont-ils contemporains du *terreau noir*, où l'on n'en cite point ? Cela est peu probable ; tandis que l'on en trouve fréquemment dans les dépôts lacustres des bords de la mer Noire ; ainsi la contemporanéité ou la relation d'âge entre l'existence de cette faune et la plupart des dépôts dont nous avons parlé, reste encore à déterminer avec précision, car il ne faut pas oublier que les mammifères terrestres ne sont jamais un critérium bien absolu de l'âge des couches qui les renferment, surtout quand celles-ci sont dues à des phénomènes diluviens plus ou moins énergiques et très-diversifiés dans leurs effets.

Après cet examen des dépôts quaternaires de l'est de l'Europe, nous les avons suivis vers l'ouest, à travers la Pologne, le nord de la Prusse, la marche de Brandebourg, le Hanovre et les Pays-Bas. Nous avons vu qu'on y trouvait les débris des mêmes animaux, mais souvent mélangés aux blocs et aux fossiles provenant du terrain de transition de la Scandinavie, et sans aucun rapport avec les animaux marins qui devaient exister lors du déplacement de ces blocs.

Nous nous sommes ensuite occupé particulièrement des phénomènes de cette époque dans les îles Britanniques, où nous savions qu'ayant été étudiés avec soin, ils pouvaient offrir des points de repère précieux, et, mieux que partout ailleurs, des termes de comparaison, pour établir sûrement leur chronologie.

Nous y avons étudié successivement, dans l'ordre de leur ancienneté : 1° les traces attribuées à d'anciens glaciers ; 2° les dépôts de transport erratique d'argiles avec blocs et coquilles arctiques ; 3° les dépôts de graviers marins et les plages soulevées anciennes ; 4° les dépôts lacustres de deux périodes ; 5° les dépôts de transports argileux, sableux, caillouteux ou *drift* des comtés de l'est ; 6° les traces d'industrie humaine ; 7° les cavernes et les brèches osseuses.

Sur le pourtour des montagnes qui forment les côtes de la Grande-Bretagne et surtout de l'Écosse, nous avons retrouvé les surfaces sillonnées, striées et polies, parfaitement identiques avec celles que nous avions vues sur les roches cristallines de la Scandinavie. Au-dessus, et reposant sur ces surfaces striées, nous avons également retrouvé les dépôts d'argile avec blocs et amas de coquilles analogues à celles qui vivent sur les côtes voisines ou plus au nord, c'est-à-dire encore un dépôt comparable à ceux des côtes de la Suède et de la Norvége ; puis, pénétrant au centre de l'Angleterre, nous avons trouvé, depuis le Cheshire, le Staffordshire, le Worcestershire ou le bassin de la Sévern, jusqu'au canal de Bristol, un ensemble de dépôts de cailloux et de graviers, avec des blocs, s'élevant à 100 et 180 mètres au-dessus de la mer, et renfermant des coquilles dont les analogues vivent encore sur les côtes de l'Angleterre.

Ainsi nous avons eu la preuve qu'à cette époque peu éloignée, les collines anciennes de Malvern et d'Abberley formaient la côte occidentale d'un bras de mer borné à l'est par les collines oolithiques des Cotteswold, et que le massif du pays de Galles se trouvait complétement isolé du reste de l'Angleterre.

La contemporanéité de ces dépôts coquilliers avec la faune quaternaire est encore prouvée par ce fait, que, dans tous les bassins des rivières qui se réunissaient à ce bras de mer, nous retrouvons les mammifères de cette époque.

Un phénomène physique a émergé ensuite cette portion centrale de l'Angleterre et réuni le pays de Galles aux comtés de l'est. Le soulèvement sur certains points a été très-considérable, car, dans la partie occidentale de l'île, on trouve, le long de la côte de Caernarvon, sur les flancs du Moel-Trifan, à 500 mètres d'altitude, des graviers avec coquilles dont les analogues vivent encore dans les eaux qui baignent la plage. Ainsi, messieurs, vous voyez qu'à une époque comparativement très-récente, il y a eu un soulèvement considérable dans cette partie orientale de l'Angleterre, et il en a été de même sur le pourtour de presque toute l'Écosse, où l'on peut constater aussi, à des altitudes de 100 et 150 mètres, la présence de coquilles en place dont les analogues vivent actuellement dans les mers voisines.

Mais les dépôts qui avaient pour nous le plus d'intérêt sont ceux qui ont succédé à *l'argile à blocs;* ce sont les dépôts lacustres, qu'on observe dans les comtés de l'est, le Norfolk, le Suffolk, le Bedfordshire, l'Essex, le Middlesex et le Kent. Ils ont été formés dans des cavités résultant du ravinement de l'argile avec blocs. Ils ont rempli ces dépressions en s'y accumulant en couches horizontales, parfaitement continues, mais circonscrites dans de petits bassins que recouvre le *drift* ou dépôt de transport argilo-sableux, avec cailloux et graviers. Ainsi leur âge est bien établi, puisqu'ils reposent dans les dépressions d'un dépôt que nous savons, par sa comparaison avec celui de l'Écosse, être plus récent que le phénomène qui a strié, poli et sillonné les roches anciennes sous-jacentes. Au-dessus de ces dépôts lacustres, s'étend, comme nous venons de le dire, une vaste nappe de cailloux, de sable et d'argile, mélangés sans stratification distincte, ayant souvent une très-grande épaisseur, ainsi qu'on peut le voir sur les côtes du Norfolk et du Suffolk, et dépourvue de débris organiques.

Ces sédiments d'eau douce, dont la position géologique est si nettement déterminée, sont le gisement normal et spécial de notre faune quaternaire, celle dont nous venons de vous entretenir tout à l'heure à l'autre extrémité de l'Europe.

C'est surtout dans ces dépôts des comtés de l'est, que sont accumulés les débris d'Éléphants, de Rhinocéros, d'Aurochs, du grand Cerf d'Irlande, de Bœufs, de Chevaux, de Cerfs, de Rennes, d'Ours et d'Hyène des cavernes, de *Castor trogontherium,* d'Hippopotame et de beaucoup d'autres genres de mammifères moins importants.

Ces mêmes dépôts lacustres ont encore un autre intérêt, c'est qu'ils sont le gisement des silex taillés les plus anciens que nous connaissions. Ces silex, qui ne peuvent avoir été façonnés ainsi que par la main de l'homme, ont été trouvés dans les dépôts de sable et de graviers fluviatiles des environs d'Hoxne (Suffolk) et de Bedfort (Biddenham et cinq autres localités), associés de la manière la plus positive avec les débris de ces grands mammifères éteints. C'est, comme nous le verrons, un des motifs les plus concluants que nous ayons pour faire remonter l'existence de l'homme au delà du temps que lui assignaient les traditions.

La présence de ces mêmes silex taillés a été reconnue dans la plupart de ces dépôts. Aussi est-il difficile, dans l'état actuel de la science, de contester les conclusions qu'on en peut déduire sur l'ancienneté de l'espèce humaine. Les preuves tirées d'autres indications pouvaient être plus ou moins contestées : les cavernes à ossements, le diluvium de nos vallées, pouvaient soulever des objections, mais la contemporanéité de ces silex avec l'existence et l'enfouissement des mammifères éteints dans les dépôts lacustres des comtés de l'est de l'Angleterre, semble être suffisamment prouvée.

Nous avons ensuite examiné les cavernes à ossements du nord de ce pays, particulièrement du Yorkshire, puis celles du sud, aux environs de Swansea (Glamorgan), de Plymouth, de Torbay, etc. (Devonshire). Les restes de mammifères qu'on y a découverts sont venus compléter la connaissance de la faune quaternaire de la Grande-Bretagne, et ont montré, comme le disait W. Buckland, en 1822, qu'il n'y avait pas de différence entre la faune de ces mêmes cavernes ou des brèches osseuses et celle des dépôts lacustres et diluviens dont nous venons de parler.

Cette faune de mammifères comprend aujourd'hui environ 36 genres et plus de 50 espèces, dont 4 insectivores, 3 carnassiers plantigrades, les *Ursus splæus, priscus* et le Blaireau; 10 carnassiers digitigrades, parmi lesquels nous citerons 2 Putois, le Loup, le Chien, le Renard, la Hyène et le *Felis* des cavernes, un autre Chat de la taille des plus grands Lions, désigné sous le nom de *Machairodus latidens* et caractérisé par des canines de 16 à 17 centimètres de long, comprimées et à bords dentés, et qui devait être un ennemi des plus redoutables pour les nombreux herbivores du pays ; deux castoriens, dont un, le *Trogontherium Cuvieri*, est plus grand que l'espèce actuelle ; 7 rongeurs de petite taille. Parmi les pachydermes dominaient surtout l'*Elephas primigenius*, le *Rhinoceros tichorhinus*, 3 espèces de Chevaux, un Hippopotame (*H. major*) plus grand que l'espèce d'Afrique, et le Sanglier. Les ruminants à bois sont représentés par le grand Cerf d'Irlande (*C. megaceros*) dont les bois ont jusqu'à 3^m,50 d'envergure, le *Strongyloceros*, plus gigantesque encore, le Renne, le *Cervus elaphus* et 3 autres Cerfs. Les ruminants à cornes nous montrent l'Aurochs et 2 grands Bœufs (*Bos primigenius* et *longifrons*) et un plus petit, le *B. moscatus*. Enfin on signale les restes de 4 espèces de cétacés. Plus du tiers de ces espèces sont éteintes et beaucoup d'autres n'ont plus de représentants dans les îles Britanniques, soit qu'elles en aient disparu avant ou depuis les établissements de l'homme.

En comparant cette faune si remarquable de l'ouest de l'Europe avec celle qui vivait dans le même temps à l'est sur les confins de l'Asie, on y voit régner les mêmes espèces ; l'*Hippopotame* et le *Machairodus* manquent seulement dans cette dernière région, dont l'*Elasmotherium* et le *Merycotherium* ne sont pas représentés en Angleterre. En outre, la proportion ou l'abondance des individus d'une même espèce est quelquefois différente. Ainsi les Ours, qui étaient très-nombreux aux environs d'Odessa, le sont peu dans les dépôts des îles Britanniques ; l'Hyène, au contraire, qui s'y rencontre fréquemment, est assez rare à l'orient de l'Europe.

Maintenant, lorsqu'on réfléchit à la prodigieuse quantité de grands mammifères pachydermes, ruminants et
carnassiers, sans parler des rongeurs et des insectivores,
qui se trouvaient ainsi rassemblés sur une surface aussi
peu considérable que celle des îles Britanniques, on ne
peut se refuser à croire que celles-ci étaient alors rattachées au continent, car dans aucune des îles actuelles
du globe, il n'y a un pareil nombre de grandes espèces
et des genres aussi variés.

J'ajouterai une autre considération qui se rattache à
ce sujet. De ce que l'*Elephas primigenius* et le *Rhinoceros
tichorhinus* paraissent avoir été couverts d'un poil long
et épais, des zoologistes ont conclu qu'ils avaient pu
résister au froid auquel ils supposaient que cette partie
de l'Europe était alors soumise ; et en effet nous avons
vu que, pendant l'époque quaternaire, les glaciers
avaient eu en Europe une beaucoup plus grande extension que de nos jours ; mais il y a dans les conclusions
qu'en tirent ces savants deux erreurs : la première,
c'est que cette faune de grands mammifères n'est pas
contemporaine de cette extension des glaciers ; elle est
de beaucoup postérieure au premier phénomène de ce
genre qui s'est produit et antérieure au second que
nous admettons, c'est-à-dire qu'elle a vécu dans un
intervalle de temps pendant lequel certainement la température moyenne de l'Europe s'était relevée ; la seconde,
c'est qu'il ne suffit pas de revêtir quelques espèces d'une
bonne fourrure pour qu'elles résistent à une température
rigoureuse, il faut qu'elles aient aussi une nourriture
suffisante, et c'est ce que la température supposée ne
comporte pas.

Dans une région donnée, la nourriture d'une faune
quelconque a toujours sa flore pour origine, et il y a un
rapport nécessaire entre la richesse de l'une et le développement de l'autre. Or, pour alimenter une population

d'herbivores et de carnassiers telle que celle dont nous
venons d'esquisser les caractères et d'indiquer une
abondance de débris qui prouve l'existence contemporaine d'un grand nombre d'individus de chaque espèce
des divers ordres et des divers genres, il faut supposer
une végétation très-riche qui ne peut s'allier avec un
climat tel que devait être celui de l'Europe lors de l'extension des anciens glaciers, climat plus ou moins analogue à celui d'une partie de la Sibérie actuelle. Sans
doute la différence de latitude rendait les hivers moins
longs, moins rigoureux, la température moyenne de
l'année comparativement plus élevée ; mais il fallait toujours subvenir pendant plusieurs mois à l'alimentation
de ces nombreux ruminants, pachydermes et carnassiers,
auxquels il est difficile de concevoir que pussent suffire
les conifères et les autres phanérogames à feuilles per-
sistantes, herbacés ou arborescents, même en y ajoutant
les mousses et les lichens.

L'exemple souvent cité de la poche stomacale d'un
Mastodonte de l'Amérique du Nord, encore remplie de
feuilles linéaires d'un conifère du pays, dont il s'était
nourri peu avant sa mort, est un fait particulier qui ne
répond nullement à la généralité de l'objection. On
ajoute encore, comme la preuve d'une température
froide, l'existence du Renne au milieu de cette même
faune, circonstance que nous retrouverons aussi dans la
plupart des gisements analogues de la France ; le Renne,
en effet, ne vit plus aujourd'hui que dans les contrées les
plus septentrionales de l'Europe, de l'Asie et de l'Amérique, et c'est un fait particulier d'habitat auquel on
peut joindre également la présence de certains rongeurs
et d'un carnassier dont les analogues sont actuellement
relégués dans le nord de l'ancien continent ; mais ces
exemples ne peuvent, suivant nous, balancer le développement des autres grands mammifères, qui ne sont plus
représentés aujourd'hui que dans les contrées tropicales

ou sub-tropicales, et nous avons beaucoup de peine à nous figurer un Hippopotame plus grand que celui d'Afrique nageant pendant trois ou quatre mois de l'année au milieu des glaçons de l'Ouse, de la Tamise, de la Seine, de l'Allier, etc., dans les vallées desquelles ses restes ont été rencontrés.

Ainsi, pendant l'époque quaternaire, nous sommes fondés à penser que les îles Britanniques étaient réunies au continent, et que pendant que les dépôts lacustres se formaient, la température était assez élevée pour favoriser une riche végétation analogue à celle de nos jours dans ses caractères et qui pût alimenter une pareille population d'animaux.

La faune des coquilles fluviatiles et terrestres vient encore à l'appui de cette supposition. Toutes les espèces, en effet, qui abondent dans les dépôts lacustres ou fluviomarins, à trois ou quatre exceptions près, vivent encore dans le pays, et celles de ces dernières qui ne l'habitent plus se retrouvent dans des régions un peu plus méridionales. Le genre Cyrène, qui n'existe plus en Europe, y est représenté par une espèce (*C. consobrina* ou *fluminalis*) qu'on observe aussi dans les dépôts contemporains de ce côté du détroit.

Si nous revenons actuellement de ce côté de la Manche pour y étudier comparativement les dépôts du même âge, nous trouverons d'abord quelques difficultés dans les Pays-Bas; l'absence complète de reliefs du sol de la Hollande, dont une partie même est au-dessous du niveau de la mer, paraissant un obstacle insurmontable. Heureusement, des sondages exécutés à Ostende, à Gorchum, à Utrecht et à Amsterdam, c'est-à-dire suivant une ligne dirigée dans le sens même de l'inclinaison des couches, ont suppléé au relief du sol. Les résultats de ces sondages ont été étudiés et suivis avec le plus grand soin sous le rapport des épaisseurs, des caractères minéralogiques des couches et sous celui des fossiles, de sorte

que nous avons pu construire un profil général de la
constitution souterraine de la Hollande, et le mettre en
regard de celui que nous avaient présenté les côtes opposées de la Manche. Nous avons été ainsi conduit à reconnaître que les dépôts des Pays-Bas, jusqu'à une profondeur de 178 mètres au-dessous du niveau de la mer,
avaient été formés dans des conditions tout à fait comparables à celles des sédiments qui se déposent aujourd'hui
par les alluvions du Rhin, de la Meuse et de l'Escaut.

Il y a quelques alternances de dépôts marins et lacustres parfaitement caractérisés par leurs fossiles, et nous
avons acquis la certitude, qu'à une époque peu ancienne,
il s'était produit un affaissement qui s'est continué dans
les temps historiques et qui se manifeste encore aujour-
d'hui, quoique dans une proportion très-faible. En comparant les côtes opposées de la mer du Nord, nous avons
pu voir que les dépôts quaternaires s'abaissaient constamment dans l'emplacement actuel de la Hollande,
pendant que ceux de l'Angleterre s'élevaient, de sorte
qu'il y avait des deux côtés une sorte de mouvement de
bascule, assez analogue à celui qui se produit encore
dans le midi de la Suède. Nous avons pu comparer aussi
les couches placées au-dessous du niveau de la mer, et
les paralléliser avec celles des falaises situées en face.

On voit donc ici combien l'étude des corps organisés,
jointe à l'examen attentif des caractères et de la position
des couches, est utile pour déterminer l'origine, l'âge et
les rapports de celles-ci ; sans les fossiles et sans la connaissance exacte de leur distribution dans les assises tra-
versées par ces sondages, nous n'eussions pu déterminer
l'origine marine ou d'eau douce de ces dépôts, leur âge,
leur abaissement graduel au-dessous du niveau de la
mer, ni leur contemporanéité avec ceux des côtes d'Angleterre, portés tous au contraire au-dessus de ce même
niveau.

Nous nous sommes occupé ensuite de la faune enfouie dans les cavernes de la province de Liége, où nous avons retrouvé tous les éléments essentiels de la faune quaternaire déjà étudiée aux deux extrémités de l'Europe. C'était un point intermédiaire, un troisième jalon heureusement placé pour nous guider dans la recherche de la distribution des espèces qui la composent.

Nous y avons reconnu avec Schmerling 33 genres de mammifères, représentés par plus de 40 espèces; nous ne rappellerons pas les noms de ces dernières, dont la plupart vous sont connus, mais parmi les genres nous ferons remarquer que l'Hippopotame et le *Machairodus* n'y sont pas représentés, et que parmi les espèces, le grand Cerf d'Irlande (*C. megaceros*), l'Aurochs et le *Bos primigenius* ne le sont pas non plus. Les genres comprennent 8 types d'insectivores, 11 de carnivores, 9 de rongeurs, 4 de pachydermes, 1 de solipède et 4 de ruminants. Il y avait en outre 8 espèces d'oiseaux, des dents et des vertèbres de poissons provenant de divers terrains, ainsi que des coquilles fossiles associées avec plusieurs espèces d'*Helix* vivant encore dans le pays.

Sur les bords de la Meuse régnait et dominait, comme aux environs d'Odessa, le grand Ours des cavernes. Il y présente beaucoup de variétés, dont Schmerling a cru devoir faire des espèces qui, après un plus mûr examen, n'ont pas été conservées dans les catalogues.

Le fait le plus remarquable dû aux recherches du savant dont nous parlons, fait qui avait été longtemps révoqué en doute, et même nié complétement, c'est la présence de restes humains associés avec les débris de ces animaux éteints. Schmerling connaissait parfaitement toute l'importance de la question; il a mis dans son examen à ce sujet, un soin et un scrupule dont il faut lui savoir gré, et qui prouvent beaucoup en faveur de ses conclusions. En effet, non-seulement il a trouvé des ossements, mais même des crânes, et cela particulièrement dans la caverne d'Engis, située sur la rive droite de la Meuse, un peu au sud de Liége. Ces restes de l'espèce humaine étaient dans la relation la plus directe avec les débris de grands mammifères éteints, de Rhinocéros, d'Ours, etc., enveloppés dans la même stalagmite, dans le même conglomérat, dans des circonstances enfin qui ne permettent guère de douter de leur contemporanéité. Avec ces ossements furent trouvés des restes d'industrie, des pointes de flèches, des silex travaillés, des bois de Cerf et des os façonnés venant encore appuyer l'opinion de l'auteur.

Aujourd'hui, nous sommes plus familiarisés avec cette idée de contemporanéité, en sorte que nous sommes loin de repousser ces conclusions ; mais il y a vingt-cinq ans on les regardait comme le résultat d'observations mal faites, auxquelles on ne devait attacher aucune importance.

Amenés ainsi, de proche en proche, à jeter un coup d'œil sur les caractères des dépôts quaternaires du nord de la France, nous avons vu, messieurs, qu'en général, depuis la Belgique jusqu'au bassin de la Seine, on pouvait les considérer comme se présentant sous deux formes particulières, avec des caractères et des positions qui les distinguent suffisamment, quelque opinion qu'on se fasse de leur origine.

Nous sommes entré dans d'assez nombreux détails relativement aux bassins de l'Oise, de la Somme et de la Seine, et, par une circonstance fort heureuse pour nous, ces dernières leçons du Cours ont été sténographiées par M. Eug. Trutat et publiées par ses soins peu de temps après sa fermeture, sous ce titre : *Du terrain quaternaire et de l'ancienneté de l'homme dans le nord de la France* (1).

(1) Chez Savy, éditeur, 24, rue Hautefeuille.

Tout ce que nous avons dit à ce sujet, et les observations par lesquelles nous avons cru devoir terminer cette partie de nos entretiens, surtout en ce qui concerne la présence d'ossements humains et des restes de l'industrie humaine aux environs d'Abbeville, ont été reproduits dans cette brochure, à laquelle nous emprunterons seulement les conclusions suivantes :

La découverte de la mâchoire humaine de Moulin-Quignon n'a en réalité qu'une importance secondaire; c'est un simple fait qui vient confirmer des preuves d'une plus grande valeur par leur nombre et leur généralité (1). Si en effet les silex taillés ne peuvent être attribués au hasard, s'ils sont réellement le produit d'une industrie humaine, quelque grossière qu'elle soit, s'ils peuvent être regardés comme des témoins aussi irrécusables de l'existence de l'homme avant la formation du dépôt qui les renferme, que les ossements d'Éléphant, de Rhinocéros, de grand Cerf, d'Hippopotame, d'Ours, d'Hyène, de *Felis*, etc., le sont à leur tour de l'existence contemporaine de ces animaux, peu importe que l'on rencontre ou que l'on ne rencontre pas dans ces dépôts des restes de l'homme lui-même; la question est résolue par le fait, et il importe peu au fond que le sable et les cailloux roulés de Moulin-Quignon soient ou ne soient point quaternaires. Le résultat général essentiel, le point théorique qui doit tout dominer ici, savoir : l'ancienneté de l'homme et sa contemporanéité avec les espèces éteintes de grands mammifères, ne sauraient en être affectés, et la démonstration ne perdrait rien de sa valeur pour être

____

(1) De nouveaux ossements humains découverts plus récemment dans ce même gisement, et recueillis avec toutes les précautions que la circonstance exigeait, ne permettent plus de douter que leur enfouissement ne soit contemporain de la formation du dépôt. (*Comptes rendus*, 18 juillet 1864.)

seulement appuyée sur des produits de son industrie au lieu de l'être sur les restes de son squelette.

Ce que nous avons déjà dit des cavernes de la province de Liége, comme ce que nous dirons encore par la suite, doit suffire pour répondre victorieusement à ce second côté de la question.

En tenant compte de toutes les données acquises, nous ne pouvons guère, dans l'état actuel de nos connaissances, nous refuser à admettre que les silex taillés des environs d'Amiens et d'Abbeville se trouvent dans des dépôts en place, essentiellement quaternaires, associés avec des ossements d'animaux d'espèces perdues, et, à moins de circonstances particulières, que rien ne fait encore soupçonner, la mâchoire humaine de Moulin-Quignon doit en être contemporaine.

Il nous reste maintenant à traiter un point essentiel dont on s'est peu occupé jusqu'ici, c'est la détermination précise de l'âge de ces dépôts, ou leur place dans la série quaternaire considérée dans son ensemble. A quel moment de cette période si accidentée par des phénomènes variés peuvent-ils correspondre?

Cette détermination nous paraît aujourd'hui facile, non en cherchant au sud des termes de comparaison qui n'y existent pas, ou dont nous ne pouvons admettre la valeur, mais en nous transportant au nord-est, dans les Pays-Bas, où nous avons vu la série quaternaire, tant au-dessus qu'au-dessous du niveau actuel de la mer, dans ses vraies relations avec des sédiments tertiaires supérieurs, ou mieux encore au nord dans les comtés de l'est de l'Angleterre.

Dans le bassin particulier de la Somme, comme dans toutes les petites dépressions que suivent les cours d'eau qui, de la ligne de partage de l'Oise, se rendent directement à la mer, les dépôts de transport détritiques, limoneux, sableux ou caillouteux, reposant sur

la craie, sauf les cas où des dépôts tertiaires inférieurs
les en séparent, nous n'apercevons aucun intermédiaire
suffisamment caractérisé pour nous permettre d'apprécier l'immensité du temps qui s'est écoulé entre des sédiments aujourd'hui immédiatement superposés.

Mais au delà du détroit, le gisement ordinaire des silex taillés, identique, comme nous l'avons fait voir, avec
ceux de la vallée de la Somme, se trouve dans des couches lacustres qui ont succédé au ravinement partiel de
l'argile à blocs, *till* ou *boulder-clay*. Ces relations ont été
mises en évidence par les coupes que nous avons données
des environs d'Hoxne en Suffolk, de la vallée de la Lark,
des environs de Bedford, etc., comparées avec celle de
Mundesley, sur la côte de Norfolk. Elles nous ont démontré que ces couches lacustres sont plus récentes que
les dépôts quaternaires marins de l'Angleterre, de l'Écosse
et de l'Irlande, que le phénomène des stries, des sillons,
et des surfaces polies des régions du Nord, soit des îles
Britanniques, soit de la Scandinavie.

Maintenant quelle est la faune qui caractérise ces sédiments où apparaissent pour la première fois ces produits
d'une industrie encore barbare, mais dont l'authenticité
n'est guère contestable? Des mollusques fluviatiles et
terrestres, qui, à deux ou trois exceptions près, vivent
encore sur les lieux, des mammifères pachydermes, ruminants, tels que l'*Elephas primigenius*, le *Rhinoceros tichorhinus*, l'*Hippopotamus major*, le *Cervus tarandus*, le
C. megaceros, le *Bos primigenius*, le *Bos moscatus*, l'*Equus
fossilis*, le *Felis spelæa*, l'*Hyæna spelæa*, l'*Ursus spelæus*, etc., c'est-à-dire précisément cette association
d'espèces que nous trouvons dans les dépôts fluvio-ma-
rins de Menchecourt, dans les dépôts de transport sableux
et caillouteux des autres localités autour d'Abbeville
et d'Amiens, aussi bien que dans la vallée de l'Oise, aux
environs de Chauny, etc.

L'analogie de ces faunes, de part et d'autre du détroit, est encore rendue plus frappante par la présence à Menchecourt du *Corbicula (Cyrena) consobrina* ou *fluminalis* si caractéristique de ce même horizon, depuis Greys-Turrock, sur la rive gauche de la Tamise, jusqu'aux environs de Hull sur les bords de l'Humber, et que nous avons signalée au même niveau dans le sondage d'Ostende.

Or, les débris de cette faune de vertébrés et d'invertébrés ont été ensevelis lors de l'envahissement du grand dépôt de sable, d'argile, de cailloux roulés, qui s'est étendu sur la partie est et sud de l'Angleterre, auquel a succédé aussi, sur certains points comme sur le continent, un sédiment argilo-sableux analogue à l'alluvion ancienne.

Si à ces données stratigraphiques et paléontologiques prises de l'autre côté du détroit, nous comparons actuellement celles de la vallée de la Somme en particulier, nous serons conduits à regarder les dépôts quaternaires de cette dernière comme ne pouvant pas être plus anciens que les couches lacustres d'Angleterre, comme étant contemporains de ceux qui renferment au delà de la Manche la faune des grands mammifères éteints, lesquels ont vécu *vers le milieu* de l'époque quaternaire. Les dépôts de la vallée de la Somme, comme ceux des bassins de l'Oise et de la Seine, plus récents que l'argile à blocs, que les coquilles marines des bords de la Clyde, etc., nous représentent donc en réalité les phénomènes qui ont précédé la seconde période glaciaire.

Ainsi, d'une part, la comparaison de ces dépôts avec ceux des départements voisins situés à l'est, et où les relations stratigraphiques sont mieux accusées, nous a permis de constater la période à laquelle ils appartiennent; de l'autre, leur comparaison avec ceux de la Belgique, de la Hollande et de l'Angleterre, nous a révélé leur véritable place ou l'horizon exact qu'ils occupent dans la série des sédiments de cet âge.

Alors nous sommes porté à distinguer avec M. Worsäe *deux âges de pierre :* l'un antérieur à ces derniers dépôts quaternaires, ou *antédiluvien*, caractérisé par les silex les plus grossièrement taillés ; l'autre postérieur, ou *antéhistorique*, dont les armes et les instruments témoignent déjà d'un état un peu moins barbare qui remonte au temps où les populations du Danemark accumulaient les kjœkkenmöddings, et où celles de la Suisse, de l'Irlande, du nord de l'Italie et d'autres régions, construisaient leurs habitations lacustres.

Ce que nous avons entendu dire depuis sur certains de ces dépôts que quelques personnes persistent à regarder comme plus anciens que l'époque quaternaire, sans qu'aucune preuve stratigraphique, minéralogique ou paléontologique le justifie aujourd'hui plus qu'il y a trente ans, tandis que d'autres les attribuent à des invasions de la mer, bien qu'il n'y ait aucune stratification caractéristique de son action, et que, sur une surface qui égale le quart de la France, on n'y ait pas trouvé la plus petite trace de corps marins, tandis que les débris d'animaux terrestres et d'eau douce y abondent partout, et enfin diverses autres opinions qui ne sont pas plus sérieuses, parce qu'elles manquent d'une véritable base, nous dispensent d'y revenir en ce moment.

Maintenant, quant aux environs plus ou moins immédiats de Paris, nous nous bornerons à rappeler que les dépôts quaternaires y affectent les mêmes caractères généraux que dans les bassins de la Somme et de l'Oise, mais que le grand nombre d'affluents qui y débouchaient anciennement ont compliqué les résultats de manière à faire croire à des distinctions qui en réalité n'existent pas. Les fossiles sont plus ou moins disséminés dans le dépôt de sable et de cailloux roulés du fond des vallées. Ce sont ceux que nous connaissons déjà sur d'autres points.

Ainsi à Viry-Noureuil, près de Chauny (Aisne), on a signalé des restes de l'*Elephas primigenius*, du *Rhinoceros tichorhinus*, d'un petit Ours distinct de l'*U. spelœus*, de l'Hippopotame, du Renne et du Bœuf musqué, recueilli aussi récemment à Précy (Oise). En redescendant la même vallée à partir de Noyon, les mêmes grands pachydermes, l'*Equus adamiticus* et le *Cervus megaceros*, ne sont pas rares. Dans la vallée de l'Aube, deux lieues au sud-est de Troyes, de nombreuses dents d'Éléphant et de Cheval avec de très-grands bois de Cerf, puis dans le voisinage de Vouziers, sur les bords de l'Aisne, deux défenses du même grand pachyderme avec une portion du bassin en partie silicifiés ont été recueillis dans le dépôt diluvien. Dans la vallée de l'Armençon, des dents et des défenses d'Éléphant ont été trouvées à Tonnerre, à Tronchoy, à Bouilly, etc. (Yonne), suivant MM. Leymerie et Raulin, ainsi que dans l'Yonne même, à Auxerre et près de Moné-tau, au port de la Bourière, près de Cézy, enfin à Sens, où une mâchoire inférieure présentait encore deux molaires de chaque côté. Des ossements de Chevaux, de Bœufs et des bois d'Élan ont été rencontrés sur divers points de ce même département.

Dès le milieu du siècle dernier, des bois de ruminants recueillis avec des ossements d'Éléphant dans une fente des grès près d'Étampes, étaient soupçonnés par Guettard avoir appartenu au Renne, ce qui a été confirmé depuis. Au nord de la Ferté-Alep, entre des blocs de grès éboulés, ont été reconnus des ossements d'Ours, d'Hyène, de Castor, de Campagnol, d'Éléphant, de Rhinocéros, de Cheval, de Bœuf, d'Aurochs et de Cerf. Aux environs de Corbeil, un gisement analogue a fait connaître des ossements d'Éléphant, de Rhinocéros, d'Hyène, d'Ours, de Cheval et de Bœuf.

Duval a signalé, en 1840, l'ancienne existence d'un petit lac situé entre Bicêtre et la barrière d'Italie. D'après le dépôt de cailloux qui en occupe le fond, et le sable fin, pur ou argileux, qui garnit ses bords et qui est rempli de graines de *Chara* et de coquilles fluviatiles et terrestres, dont les espèces vivent encore, ce lac aurait été contemporain de l'alluvion ancienne et postérieur au dépôt de cailloux roulés du fond de la vallée. Dans le sable grossier et les cailloux, qui provenaient sans doute du dépôt erratique remanié, ont été recueillis des ossements d'Éléphant, de Cerf, d'Aurochs, de Rhinocéros, de Chevrotin, de Blaireau, de Cochon, de Sanglier, de Tigre ou de Lion, de Cheval, d'*Arvicola*, d'*Arctomys primigenia*, d'oiseaux, de Grenouille, de Lézard et de Serpent. Parmi les coquilles qui y étaient associées se trouvaient des Hélices, des Paludines, des Bulimes, des Cyclostomes, des Limnées et des Cyclades.

Deux dépôts assez semblables à celui-ci et probablement du même âge ont été signalés et décrits par M. Ch. d'Orbigny en 1855 et 1859, l'un sur la route de Paris à Vincennes et en dedans des fortifications, l'autre à la station de Joinville-le-Pont, entre Charenton et Champigny. Dans tous deux, la couche avec coquilles terrestres et d'eau douce identiques avec les espèces actuelles, se trouvait entre l'alluvion ancienne et le dépôt de transport erratique du fond de la vallée ; ce dernier renfermait des ossements d'Éléphant, de Rhinocéros, de Bœuf, de Cheval, etc.

On sait que depuis longtemps Cuvier et Brongniart ont signalé et décrit, dans un dépôt quaternaire d'une tranchée du canal de l'Ourcq, près de Sévran, des dents d'Éléphant, des têtes de Bœuf, d'Antilope, des bois de *Cervus megaceros* et des fragments de crâne d'Aurochs. Sur ces derniers, M. Lartet aurait constaté des traces d'entailles faites pour rompre le merrain ainsi qu'à la base des cornes. Depuis lors, on y a signalé encore des restes d'Hyène et de Cheval.

Dans les puits et canaux naturels du gypse de Montmorency, M. Desnoyers a découvert en 1842 les débris innombrables de toute une faune locale de petits mammifères et d'autres de plus grande taille. Ce sont deux Musaraignes d'espèces vivantes, la Taupe, le Hérisson, des Campagnols, un Hamster, le Spermophile, le Lièvre, le *Lagomys* du Nord, le Sanglier, le Cheval, le Renne, un Cerf, une Grenouille, le Râle d'eau. Les petites espèces de rongeurs sont les mêmes que celles que l'on rencontre dans les cavernes où abondent les ossements d'Ours, d'Hyène et d'autres grands animaux de cette époque. En faisant allusion à ces divers gisements des environs de Paris et en particulier à ceux d'Étampes, de Corbeil et de Montmorency, C. Prévost disait : « Ainsi, dans la même contrée et très-probablement dans le même moment, des animaux qui nous représentent les habitants du Nord (le Renne, le *Lagomys*, le Spermophile, le Hamster, et il aurait pu ajouter l'Aurochs) ont pu se trouver avec d'autres que nous regardons comme essentiellement méridionaux (l'Éléphant, le Rhinocéros, l'Hyène, auxquels nous ajouterons l'Hippopotame), sans avoir aucune raison de croire qu'ils aient été réunis ainsi par une cause violente et passagère». Sous ce rapport, la faune des mammifères du bassin de la Seine nous présente donc une analogie réelle avec celle des îles Britanniques et, comme nous le verrons bientôt, avec celle de l'Auvergne.

Dans l'enceinte même de Paris, des restes d'Éléphant (*E. primigenius*) ont été rencontrés en 1839, sous le jardin de l'hôpital Necker ; des restes de *Rhinoceros tichorhinus*, à 5^m,50 de profondeur, dans les fouilles des nouvelles constructions de l'hôtel de ville ; une belle défense d'Hippopotame a été recueillie dans le diluvium de la plaine de Grenelle, lors de la fondation du pont

d'Iéna, à 6 mètres de profondeur. C'est dans ce même
dépôt des sablières, derrière le champ de Mars, qu'en
1860 M. Gosse trouva des silex taillés semblables
à ceux des environs d'Amiens et d'Abbeville, associés
avec des restes d'Éléphant et de Bœuf, et confirmant
ainsi ce qu'avait dit M. Boucher de Perthes en 1847.
M. Gratiolet a décrit en 1858 un fragment de crâne trouvé
à Montrouge en creusant un puits, et probablement dans
le dépôt de sable caillouteux rouge. Ce fossile paraît
provenir d'un carnassier aquatique de la famille des
Phoques ou des Morses, et auquel l'auteur a donné le
nom d'*Odobenotherium Lartetianum*.

Maintenant, messieurs, bien que nous n'ayons encore
exposé les résultats des phénomènes quaternaires que
dans une partie de l'Europe, vous y aurez déjà vu, nous
l'espérons, des motifs suffisants pour distinguer à la fois
cette époque de celle qui l'a précédée comme de celle
dans laquelle nous vivons.

Quelques zoologistes, ne tenant aucun compte des
phénomènes physiques si remarquables, si complexes et
en même temps si particuliers et si généraux de l'époque
quaternaire, ne prenant en considération qu'un côté de
la paléozoologie, celui naturellement dont ils s'occupent,
ont cru pouvoir dire que cette époque n'existait pas, en
tant que distincte de l'époque moderne. Raisonner ainsi,
c'est, suivant nous, méconnaître à la fois les principes
que nous jugeons par les faits avoir présidé à la succession graduelle des êtres dans le temps et les résultats, des
causes dont ces principes sont indépendants.

Pour nous, qui cherchons à voir dans la série des âges
de la nature quelque chose de plus que de simples questions d'espèces animales et végétales, nous trouvons, dans
l'organisation de cette époque, le degré d'analogie que
l'on pouvait lui assigner à priori par la place qu'elle occupe entre le terrain tertiaire supérieur et le terrain

moderne. Elle nous montre sans doute plus de ressemblance avec ce qui nous entoure que les dernières faunes et flores tertiaires, et cela devait être, car les différences sont en raison des temps, et par conséquent d'autant moins prononcées que ceux-ci sont plus rapprochés. Mais se fonder sur ces analogies, sur des identités mêmes que nous reconnaissons, pour réunir les deux époques en une seule, c'est commettre une erreur aussi manifeste que si on les réunissait elles-mêmes à la période tertiaire supérieure, parce qu'il y avait également dans celle-ci un certain nombre d'espèces de mollusques et d'autres animaux qui vivent encore.

En raisonnant ainsi, on oublie ces phénomènes physiques si particuliers à l'époque quaternaire, qui seuls suffiraient pour la distinguer et la caractériser, puisqu'ils ne s'étaient point montrés auparavant avec cette généralité et qu'ils ne se sont pas reproduits depuis.

Jetons en effet un coup d'œil sur les plages qui bordent les mers, sur les deltas qui se forment à l'embouchure des fleuves, sur les cordons littoraux, sur les dunes, sur les alluvions des rivières, les dépôts des lacs, sur les tourbières, et joignons-y l'examen des produits *antéhistoriques* de l'industrie humaine, et nous acquerrons la preuve qu'il ne s'est passé, depuis que règne cet état de choses, aucune perturbation, aucun changement notable à la surface de notre planète, rien qui ait sensiblement troublé la marche ni l'ordre normal des faits organiques et inorganiques. Nous avons donc, dans cette circonstance, une limite parfaitement naturelle pour distinguer cette période de calme de celle qui l'a précédée, et dont nous savons que tant de phénomènes divers ont marqué la durée.

Peu importe que l'homme ait apparu avant ou après cette limite; ce n'est pas sur cette circonstance isolée et fort obscure, sans relation comme sans influence par rapport aux faits généraux qui se produisaient en même temps dans les deux hémisphères, que l'on serait en droit d'établir une classification. Il y a plus, c'est que l'espèce humaine pourrait, moins que toute autre, servir à caractériser une époque; aucune ne nous montre une enfance aussi longue, aucune n'a mis autant de siècles à développer et à manifester ses caractères propres, ceux qui devaient lui assurer à la fin, au moins dans quelques-unes de ses races, une suprématie réelle sur tous les autres organismes.

Que ces Éléphants, ces Rhinocéros, ces Aurochs, ces Ours, ces carnassiers, tous plus grands que leurs congénères actuels, qui apparaissent à un moment donné pour régner dans tout l'ancien continent, et disparaître ensuite sous l'action de la même cause destructive, soient regardés comme caractérisant une époque, on le conçoit; mais que les êtres qui fabriquaient ces grossiers silex sur les bords de la Tamise, de la Somme, de la Seine, de la Loire, etc., dont à peine quelques ossements sont retrouvés aujourd'hui, soient considérés au même titre, c'est ce à quoi se refuse le plus simple bon sens. Ces traces mêmes de l'existence de l'homme ne se montrent encore avec certitude que dans les derniers dépôts de cette période, longtemps après les phénomènes physiques qui en ont marqué le commencement; elles sont donc loin de pouvoir lui servir de *criterium* dans la série des temps. En résumé, l'espèce humaine ne peut être ce que l'on appelle en géologie une *espèce caractéristique;* mais elle possède assez d'autres avantages pour qu'elle n'ait pas à regretter celui-là.

Messieurs, si notre Cours ne devait traiter des fossiles que d'une manière abstraite ou purement zoologique, nous pourrions presque terminer ici ce que nous avons à vous dire de la faune quaternaire de l'Europe et même de l'Asie, car nous avons, à très-peu près, mentionné les

espèces de mammifères qui s'y trouvent ; mais notre but
étant plus particulièrement de suivre ces animaux dans
leurs divers gisements, dans les divers pays qu'ils ont ha-
bités, de connaître en un mot leur distribution géographique et stratigraphique, cette seconde partie du Cours
de l'année sera consacrée à l'étude des dépôts et de la
faune quaternaires dans le bassin du Rhin, dans le centre
et le midi de la France, puis dans le bassin du Rhône;
nous examinerons ensuite ceux de l'Italie, du pourtour
de la Méditerranée, de l'Allemagne, et, poursuivant nos
recherches à travers l'Asie, nous serons ainsi conduit à
traiter des phénomènes correspondants de l'Amérique
septentrionale, que nous comparerons avec ceux de
l'Amérique du Sud, et nous terminerons cette revue en
vous parlant de la faune si curieuse de l'Australie et des
îles voisines.

DEUXIÈME LEÇON

Faune quaternaire de l'est et du centre de la France.

Messieurs,

Nous examinerons d'abord, dans chaque grande région, comme nous l'avons fait précédemment, les *dépôts de transport des plaines, des plateaux et des vallées ;* ensuite nous traiterons des *cavernes à ossements et des brèches osseuses.*

Est de la France. — Dans l'est de la France, nous trouvons les vallées de la Moselle, de la Meurthe, de la Meuse et de tous les grands cours d'eau qui descendent des Vosges, occupées par des dépôts de transport comparables à ceux du bassin de la Seine, et renfermant çà et là les débris des mêmes mammifères. Ainsi, dans le département de la Moselle, ont été recueillis des restes d'*Elephas primigenius,* de *Rhinoceros tichorhinus,* de *Bos primigenius,* de *Cervus tarandus* (Renne), de Cheval, etc., particulièrement dans les vallées de la Seille et de la Sarre.

La chaîne des Vosges paraît avoir été, à une époque peu ancienne, couverte de glaciers qui ont laissé des traces semblables à celles des glaciers actuels, telles que des surfaces polies, striées, sillonnées, et, dans les par-

ties basses des vallées, des accumulations de détritus connues sous le nom de *moraines latérales, frontales*, etc. Il en est de même de la chaîne parallèle de la Forêt-Noire, qui borde le Rhin à l'est.

Les dépôts quaternaires qui remplissent le fond de la dépression comprise entre ces deux chaînes se composent de trois éléments principaux :

L'*alluvion ancienne*, nommée *lehm* ou *lœss* dans le pays, qui recouvre les parties basses de la vallée, s'élève à une certaine hauteur sur ses flancs. C'est une alluvion jaunâtre, plus ou moins sablonneuse et calcarifère. Elle repose sur des dépôts de transport cailouteux et avec blocs, qui, venus des Vosges et de la Forêt-Noire, sont en rapport avec les phénomènes glaciaires de ces chaînes, s'appuyant à leur tour sur un dépôt de cailloux roulés, désigné sous le nom de *dépôt erratique alpin*, ou de *diluvium alpin*, et occupant le fond de la plaine du Rhin.

Ces trois éléments représentent trois époques successives. Le plus inférieur est d'origine alpine, les matériaux qui le composent venant en grande partie des Alpes, puis du Jura suisse, et, dans une très-faible proportion, des roches ignées récentes du Kaisersthul; le second comprend ces deux dépôts dont les montagnes latérales ont fourni tous les matériaux; enfin, le troisième est constitué par la grande alluvion qui vient recouvrir le tout.

Cette dernière, ou l'alluvion ancienne, atteint 400 à 450 mètres d'altitude sur les flancs du massif volcanique du Kaisersthul; elle s'abaisse à mesure qu'on se dirige vers le N.; ainsi, entre Heidelberg et Heilbronn, elle est à 260 mètres, et, aux environs de Bonn, à 65 mètres seulement. Lorsqu'on remonte la vallée, au contraire, elle se termine entre Waldshutt et Schaffhouse. A 3 kilomètres au sud de Bâle, elle repose presque horizontalement sur la mollasse tertiaire, à plus de 357 mètres d'altitude, ou à près de 100 mètres au-dessus des eaux actuelles du Rhin.

Les coquilles fluviatiles et terrestres sont en prodigieuse quantité dans ce lehm, d'où le nom de *Schneckenhœuselboden*, ou sol à escargots, comme on l'appelle dans le pays. Les 15 espèces les plus fréquentes sont, dans l'ordre de leur plus grand nombre : *Succinea oblonga*, sous-variété *elongata*, *Helix hispida*, *Pupa muscorum*, *Helix arbustorum*, *Clausilia parvula*, *Pupa columella*, *P. edentula*, *Helix cristallina*, *Clausilia gracilis*, *Helix pulchella*, *Helix montana*, *Pupa dolium*, *Clausilia dubia*, *Pupa pygmœa*, *Bulimus lubricus*, *Pupa secale*. 7 autres sont très-rares, et sur 22 espèces en tout, il n'y en a qu'une lacustre, le *Limnœa minuta*, dont on a seulement trouvé 28 individus, sur plus de 200 000 individus de diverses espèces recueillis dans le lehm.

Le plus grand nombre de ces espèces sont identiques avec celles qui vivent encore dans le pays ; les autres s'en éloignent si peu, qu'elles peuvent être considérées comme de simples variétés. Presque toutes vivent aujourd'hui dans les régions froides et humides, et quelques-unes s'élèvent dans les Alpes jusqu'à la limite des neiges perpétuelles.

Le même dépôt a offert, surtout vers sa partie inférieure, des ossements de mammifères éteints : *Elephas primigenius*, *Rhinoceros tichorhinus*, Bœuf, Cheval, Cerf, etc.

Sa formation a donné lieu à de nombreuses hypothèses dont nous n'avons point à parler ici, et nous nous bornerons à rappeler les conclusions de M. Lyell, qui sont : 1° Que le lehm est minéralogiquement semblable aux sédiments actuels du Rhin ; 2° que ses coquilles fluviatiles et terrestres sont analogues aux espèces vivantes ; 3° que le nombre des individus des coquilles terrestres est ordinairement supérieur à celui des coquilles aquatiques, comme on l'observe parmi celles que le Rhin charrie aujourd'hui ; 4° que le lehm doit avoir été formé graduellement, les coquilles étant intactes et les lits qu'elles forment alternant parfois avec des lits de gravier ou de matières volcaniques ; 5° que quelques éruptions volcaniques ont dû avoir lieu pendant et après sa formation.

Les *dépôts caillouteux* venus des Vosges et de la Forêt-Noire renferment, dans leurs parties inférieures, des couches de sable rouge, où l'on trouve des coquilles fluviatiles, *Planorbis*, *Paludina* et *Cyclas*, plus abondantes que dans le Rhin .

Le gravier du fond de la vallée, ou *diluvium alpin*, nous montre la marche que le cours des eaux a suivie. Il se compose de débris venus des Alpes, d'autres des cantons jurassiques de la Suisse, d'une certaine quantité provenant des Vosges et de la Forêt-Noire, et enfin quelques-uns sont originaires du massif igné du Kaisersthul.

C'est particulièrement dans ce dépôt de sable et de cailloux que se trouvent les ossements de grands mammifères : *Elephas primigenius*, *Rhinoceros tichorhinus*, *Ursus spelæus*, *Hyæna spelæa*, *Cervus megaceros*, *Equus adamiticus*, *Bos priscus*, *Cervus priscus*. C'est probablement de ce même dépôt que provient un fossile très-remarquable, désigné par Duvernoy sous le nom de *Stereoceros typus* ou *Galli*, consistant en une portion de crâne ayant appartenu à un très-grand herbivore qui devait participer à la fois du Cheval et du Rhinocéros, mais plus voisin de l'*Elasmotherium* de la Russie, si même il n'est identique avec lui.

Si nous essayons actuellement de comparer l'ensemble des dépôts quaternaires du bassin du Rhin avec ceux du nord de la France, nous trouverons que le lehm de la première région peut être représenté par l'alluvion ancienne de la seconde ; au-dessous vient le dépôt de trans-

port particulier, dû au voisinage des Vosges et de la
Forêt-Noire, résultant d'une action glaciaire et s'interca-
lant ainsi entre le lehm et le *diluvium alpin,* comme dans
certaines parties du bassin de la Seine on rencontre un
dépôt de transport caillouteux et sableux rouge sans
fossiles. Enfin, les sables à cailloux roulés du fond de la
plaine du Rhin sont parfaitement comparables avec ceux
qui occupent la partie inférieure des vallées du nord de
la France et de la Belgique, car on y trouve les mêmes
fossiles, ils ont les mêmes caractères physiques et sont
exclusivement composés de détritus des roches qui constituent les bassins respectifs de chacune de ces dépressions.

CENTRE DE LA FRANCE, AUVERGNE. — L'examen des sédiments quaternaires de la vallée inférieure de la Loire
nous offrirait peu d'intérêt au point de vue de la paléontologie, nous y reviendrons en traitant des cavernes et
des brèches osseuses; mais il en est autrement lorsqu'on
remonte le bassin particulier de l'Allier, dans la Limagne
d'Auvergne, où les dépôts de cet âge ont présenté un
vaste et curieux champ d'étude.

La publication des *Recherches* de Cuvier *sur les ossements
fossiles,* et celle des *Reliquiæ diluvianæ* de W. Buckland,
avaient, comme on le sait, donné une vive impulsion à
l'étude des restes de vertébrés du terrain tertiaire et des
dépôts plus récents. A cet égard, le centre de la France
ne resta point en arrière du mouvement qui s'était produit au nord, et ce fut surtout au delà de Clermont, où
déjà quelques échantillons avaient été signalés, que des
naturalistes du pays entreprirent des recherches fructueuses qui ne tardèrent pas à donner à la petite ville
d'Issoire une célébrité que les observations plus récentes
n'ont fait que confirmer.

Le premier ouvrage important exécuté dans cette voie,

est l'*Essai géologique et minéralogique sur les environs d'Issoire, et principalement sur la montagne de Boulade*, par MM. Devèze, de Chabriol et Bouillet, publié en 1827, accompagné d'une carte, de coupes géologiques et de 27 planches consacrées à représenter les restes de vertébrés trouvés dans les dépôts d'eau douce de ce pays.

Les profils détaillés et le profil général des environs d'Issoire que nous reproduisons sur le tableau montrent bien les rapports des roches granitiques à la base, puis des roches lacustres et d'origine volcanique, qui viennent au-dessus. Mais si, parmi les roches stratifiées, les dépôts calcaires d'eau douce réguliers se distinguent par leur position inférieure comme par leurs caractères : 1° des dépôts de cailloux roulés de la plaine d'Issoire ; 2° des sables et des cailloux roulés du plateau de la Croix de Saint-Antoine au nord-ouest ; 3° des sables et des cailloux roulés de la montagne de Boulade située un peu au delà, et recouverts à leur tour par une grande épaisseur de tufs volcaniques, les relations de ces trois dépôts clastiques ou détritiques ne sont pas suffisamment établies, de sorte que les fossiles qui y ont été trouvés sur divers points, et que les auteurs rangent dans quatre formations alluviales, ne sont pas distribués stratigraphiquement d'une manière satisfaisante. Aussi la plupart des fossiles et des faits géologiques consignés dans ce travail devront-ils être mentionnés lorsque nous traiterons du terrain tertiaire.

L'année d'ensuite, MM. Croizet et Jobert publièrent leurs *Recherches sur les ossements fossiles du département du Puy-de-Dôme*, ouvrage accompagné d'une carte hydrographique, de 8 planches de coupes détaillées et de 48 planches de vertébrés fossiles. Les coupes géologiques de ce travail sont fort instructives, et les auteurs y distinguent, stratigraphiquement et en rapport avec les éruptions basaltiques, quatre époques d'*alluvions ancien-*

nes. Mais si l'on compare les faunes ostéologiques de ces quatre époques, et surtout la plus importante, celle de la troisième, on reconnaît encore qu'elles n'appartiennent point, pour la plupart, à la période qui nous occupe, et qu'elles doivent être rangées dans le terrain tertiaire supérieur.

En général, on peut dire qu'on n'admettait alors en Auvergne que deux faunes ostéologiques, l'une comprise dans les dépôts lacustres marneux ou calcaires régulièrement stratifiés, inférieurs aux basaltes et reposant sur le granite ou le terrain houiller ; l'autre, disséminée dans les diverses couches de sable, de gravier, de cailloux alternant avec des tufs ponceux ou autres produits volcaniques, souvent surmontés de basaltes, et enfin se trouvant aussi dans des amas plus récents encore.

Si donc, en coordonnant les profils géologiques de ces deux ouvrages, comme nous le faisons au tableau, on peut se faire une idée assez exacte des relations des couches aux environ d'Issoire, il n'en est pas de même de la distribution des diverses faunes qu'elles renferment.

Ce ne fut qu'en 1843 que M. Pomel, qui avait fait une étude stratigraphique et paléozoologique de ces mêmes dépôts, parvint à y distinguer une faune réellement *quaternaire*, non pas dans le sens qu'il attribuait alors à cette expression, pour lui synonyme de tertiaire supérieure, mais dans celui que nous lui avons assigné depuis. Il désignait alors cette faune par l'expression de *faune des atterrissements*. Le type des dépôts de cet âge reposait sur le dyke basaltique qui forme l'extrémité méridionale de la montagne appelée Tour de Boulade, au nord-est d'Issoire, sur la rive gauche de l'Allier.

Cette faune, dit l'auteur, comprend les espèces de tous les gisements connus actuellement, autres que ceux précédemment cités (tertiaires). Ces gîtes sont nombreux, accidentels, éparpillés sur le sol de l'Auvergne, dans la vallée de la Limagne. Ils sont bien certainement synchroniques du grand phénomène diluvien ou erratique, car ils renferment les mêmes espèces que les dépôts assignés à cette dernière cause, quoiqu'ils ne présentent nulle part leurs caractères géologiques et qu'ils résultent le plus souvent d'éboulements lents et partiels de certaines parties peu cohérentes, sur les flancs des collines calcaires ou basaltiques. Les accumulations de fossiles que l'on trouve en outre sous les basaltes les plus récents, sous les laves, dans leurs fissures, dans les travertins et le limon de quelques grottes, font encore partie de la faune quaternaire, qui aurait commencé avant les derniers épanchements basaltiques, et se serait continuée jusque après les éruptions des volcans à cratère. Il n'y aurait eu, par conséquent, aucune relation absolue entre les phénomènes biologiques et physiques du centre de la France à cette époque.

Cette localité de la Tour de Boulade a d'abord offert des restes d'Éléphant, de *Rhinoceros tichorhinus*, de Cheval, de Bœuf, de Renne, de Cerf, d'Antilope, de *Felis* et de *Canis*, et l'on en a retrouvé ensuite dans une multitude d'autres, telles que Champeix, les Peyrolles, Tormeil, Malbattu, Paix, Anciat, Neschers, Coudes, la Maison-Blanche, Pardines, aux environs d'Issoire, et plus loin, à Gergovia, Montpeyroux, Sarlive, Aubière, Saint-Privat, dans la Haute-Loire, et Chatelperou (Allier).

En revenant plus tard sur ce sujet (1846), M. Pomel a fait voir le peu de raison qu'il y avait à distinguer deux faunes parmi ces restes de vertébrés, comme l'avait pensé Bravard : l'une composée de grands animaux, l'autre de petits. Ils appartiennent, les uns et les autres, en réalité, à une même classe de dépôts, dont les différences ne tiennent qu'à des circonstances locales et accidentelles. Dans ceux de la Limagne, il aurait reconnu l'Éléphant sous deux formes : l'*Elephas primigenius* et l'*Elephas meridionalis*, qui, pour nous aujourd'hui, constituent deux espèces distinctes. M. Pomel avait suivi probablement les idées de Blainville à ce sujet. L'Hippopotame a été trouvé dans les environs de Tormeil et de Montaigu; le Cochon ou Sanglier, à la Tour de Boulade. Des ossements de *Rhinoceros tichorhinus*, de Cheval, de Renne, une espèce de Bouc gigantesque (*Capra Rozeti*), le Mouton, le Cerf, ont été rencontrés en abondance dans plusieurs localités. Le plus remarquable de tous les ruminants, après le Renne, est cet énorme Bœuf, si différent de l'Aurochs par la disposition de ses cornes, et qui est connu sous le nom de *Bos primigenius*. Outre ces grands mammifères, on trouve des restes de Lièvres avec ceux de Renne, de Marmottes, de Hamster, de quatre espèces de Campagnols et d'insectivores (Musaraigne, Taupe, Hérisson), et enfin plusieurs carnassiers. Les petites espèces sont celles qui se rapprochent le plus des vivantes, et même souvent sont identiques avec elles.

Dans certaines circonstances, des restes de cette faune sont enfouis sous les laves, dans leurs fentes ou dans les dépôts adossés à leurs escarpements; d'où il résulte que les grands mammifères éteints vivaient avant et ont vécu depuis les derniers épanchements des volcans à cratère, dernière manifestation eux-mêmes de cette série de phénomènes ignés qui avaient caractérisé la fin de l'ère tertiaire de cette région.

Néanmoins on n'y trouve aucune trace de grandes catastrophes ni de grands bouleversements qui aient détruit ou modifié les conditions extérieures pour anéantir toutes ces générations ou en reléguer quelques-unes dans d'autres pays, et elles ont dû s'éteindre par des causes qu'il est bien difficile d'apprécier aujourd'hui. Ainsi, dans le centre de la France, il n'y a pas eu de phénomène diluvien proprement dit; il n'y a pas eu non plus, malgré l'élévation des montagnes, de phénomènes glaciaires.

Les causes qui ont amené l'enfouissement de cette faune seraient donc différentes de celles que nous avons reconnues dans le nord de l'Europe, en Angleterre, dans le nord de la France, dans le bassin du Rhin, où cependant les caractères des vertébrés fossiles sont partout sensiblement les mêmes.

Enfin, dans son *Catalogue méthodique et descriptif des vertébrés fossiles*, publié en 1853, M. Pomel énumère 62 espèces qui appartiennent à la faune quaternaire, nommée par lui *diluvienne*, et dont plusieurs sont très-voisines de celles de notre époque. Ce sont : 7 espèces d'insectivores, 15 rongeurs, 16 carnassiers, 23 ongulés (pachydermes, solipèdes, ruminants) et 4 reptiles.

La présence des proboscidiens constitue le caractère le plus important de cette faune, et la différencie surtout de la faune actuelle du pays.

Jusqu'ici, en général, nous n'avions reconnu qu'une faune de mammifères quaternaires. Nous avions bien signalé, dans l'est de l'Angleterre, le long des falaises du Suffolk et du Norfolk, quelques dépôts plus anciens que les couches lacustres supérieures à l'argile à blocs (*boulders clay*), et dans lesquels des restes d'Éléphant, d'une espèce différente de l'*Elephas primigenius*, avaient été rencontrés, mais ce fait ne s'était pas reproduit très-distinctement ailleurs, et en dernier lieu nous l'avons rapporté au terrain tertiaire.

M. Pomel, en comparant les éléments de sa *faune diluvienne* de l'Auvergne avec les divers gisements d'où ils provenaient, a cru pouvoir y reconnaître la preuve de l'existence de deux faunes appartenant à cette même époque, mais non contemporaines. C'est dans la montagne de Périer, si célèbre par sa faune tertiaire supérieure, qu'ont été aussi recueillies les espèces quaternaires les plus anciennes. Elles gisent au-dessus des conglomérats ponceux, et peut-être même dans les sables qui alternent avec ceux-ci vers la partie supérieure, tandis que les fossiles tertiaires sont dans les dépôts placés sous ces mêmes conglomérats.

Les espèces particulières à ce gisement et à ceux qui lui correspondent aux environs d'Issoire sont : *Erinaceus major*, *Ursus spelæus*, *Hyæna brevirostris*, *Canis nescheriensis*, *Elephas meridionalis*, *Rhinoceros leptorhinus*, *Tapirus*, *Equus robustus*, *Hippopotamus major*, *Cervus ambiguus*, *Cervus macroglochis*, *Capra Rozeti*, *Bos priscus*.

Les gisements de la seconde faune quaternaire seraient, dans la vallée de l'Allier, les alluvions du fond des vallées, peu élevées au-dessus des grandes eaux actuelles, les éboulis sur les flancs des collines, les fentes des travertins et des laves anciennes, quelquefois les scories mêmes de ces laves, et enfin des grottes et des cavernes. Chacun de ces gîtes ne renferme pas un grand nombre d'espèces, quelques-uns sont dépourvus des grandes, d'autres des petites ; ce qui pourrait faire croire à des différences d'âge et à des faunes distinctes, tandis qu'en réalité ce sont les résultats de causes locales purement accidentelles.

Les genres actuels du centre de la France représentés dans ces dépôts de diverses sortes sont : parmi les insectivores, des Taupes et des Musaraignes; parmi les rongeurs, des Loirs, des Campagnols, des Rats et des Lièvres ; parmi les carnassiers, des Blaireaux, des Martes, des Putois, le grand *Felis* et le Chien; parmi les ongulés, le Cochon, le Cerf, le Mouton, le Bouc, le Bœuf et le Cheval; parmi les reptiles, des Lézards, des Couleuvres et des Grenouilles.

Les espèces des genres étrangers au pays appartiennent aux genres *Spermophile*, *Arctomys*, *Lemmus*, *Crice-*

tus, *Lagomys*, parmi les rongeurs ; aux genres *Ursus* et
Hyœna (*H. spelœa*), parmi les carnassiers ; à l'Éléphant
(*E. primigenïus*), au Rhinocéros (*R. tichorhinus*), à l'Anti-
lope, parmi les ongulés.

Ainsi, messieurs, avec les Éléphants, les Rhinocéros,
les Hyènes, les grands *Felis*, l'Antilope, qui rappellent
la faune actuelle des climats chauds de l'Afrique, habitaient les Spermophiles, les Marmottes, les Lagomys, les
Lemmings et le Renne des climats froids de nos jours.

De même encore, plus nous nous avançons dans l'étude
des organismes de l'époque quaternaire, plus nous ac-
quérons la preuve de sa longue durée, aussi bien par
une succession de faunes distinctes que par la série des
phénomènes physiques qui s'y sont produits.

TROISIÈME LEÇON

Faune quaternaire du Velay, des Pyrénées et du bassin du Rhône. — Dépôts lacustres réguliers.

Messieurs,

Velay. — Si maintenant, remontant plus haut, nous passons de la vallée de l'Allier dans le bassin supérieur de la Loire, dans le Velay, nous trouverons aux environs du Puy de nouveaux sujets d'étude.

Ici les éléments de la faune quaternaire ne se montrent plus dans des dépôts sédimentaires réguliers, mais dans des conglomérats plus ou moins remaniés, d'origine volcanique, et disposés assez irrégulièrement sur les flancs ou dans les anfractuosités des produits ignés. Ces gisements sont donc bien moins comparables entre eux que la plupart de ceux que nous avons mentionnés jusqu'ici.

Lorsque du Puy on se dirige au nord, en suivant la route de Clermont, celle-ci, à une demi-lieue de la ville, atteint la montagne de la Denise, qu'elle parcourt dans toute son étendue. Le sommet et les flancs de la montagne présentent une grande quantité de scories très-fraîches, de lapilli, de pouzzolanes, à travers lesquelles percent çà et là des masses basaltiques qui se projettent autour et au-dessous. Parmi ces masses affleurent au sud deux rangées de colonnes basaltiques superposées : la supérieure connue sous le nom de la *Croix de paille*, et l'inférieure, qui baigne la rivière de la

Borne, appelée les *Orgues d'Expailly*. Le noyau de la
montagne est formé par une roche massive, brèche ou
peperino, analogue à la roche de Corneille, dans la ville
même du Puy. C'est à travers cette roche que se sont
fait jour les laves les plus récentes et les scories qui
couvrent la surface extérieure de la Denise.

Le gisement fossilifère de cette montagne n'a été découvert que depuis peu de temps, car, dans un très-bon
travail, publié en 1823, Bertrand Roux n'en faisait aucune
mention, non plus que les géologues qui, après lui,
avaient étudié ce pays; ce qui tient à ce que, complète-
ment distinct des dépôts stratifiés, il est compris dans
des produits volcaniques. En 1844, M. Aymard, naturaliste du Puy, annonça avoir reconnu, sur le versant sud-
sud-ouest de la montagne, près de la maison dite
l'Ermitage, des restes d'ossements humains dans un
bloc de la roche ignée, qu'il n'avait pas, d'ailleurs, recueilli lui-même en place, mais dont l'authenticité du
gisement ne lui laissait aucune incertitude. C'étaient deux
portions de mâchoire supérieure avec une partie des
dents, une portion antérieure du frontal, deux autres
fragments des os du crâne, une vertèbre lombaire, la
moitié d'un radius et des os du métatarse.

La roche, en cet endroit, se compose de plusieurs lits
plus ou moins épais de cendres ocracées et argiloïdes,
alternant avec d'autres lits formés de cendres, de scories,
de fragments basaltiques, quelquefois mélangés de sable
quartzeux et volcanique. M. Aymard remarqua, en outre,
que les ossements étaient brisés, couchés en divers sens,
horizontalement et obliquement, et provenaient de deux
individus. Aucun autre fossile n'a été rencontré avec ces
débris humains, et depuis lors on n'en a pas découvert
de nouveaux.

Mais en contournant la montagne et en s'avançant du
côté de Polignac, vers l'E., M. Aymard avait reconnu

l'existence de brèches semblables, en même temps que des restes de grands mammifères appartenant aux genres Bœuf, Cheval, Éléphant, Rhinocéros, Cerf, et même des ossements de Mastodonte, que nous rencontrons ici pour la première fois, mêlés à des débris d'espèces considérées comme quaternaires. L'auteur crut voir, dans la présence, sur la même montagne et à si peu de distance l'un de l'autre, de ce gisement d'ossements humains et de ce dépôt quaternaire, la preuve de la contemporanéité de l'homme avec les grandes espèces éteintes de cette faune, représentée aussi par les mêmes espèces dans les scories et les cendres volcaniques de Saint-Privat, vallée de l'Allier, comme dans les brèches et les marnes limoneuses de Solilhac.

Cette découverte de M. Aymard fut contestée, et donna lieu à d'assez longues discussions sur l'authenticité même de la pièce que l'on attribua à une supercherie de la part de quelque ouvrier intelligent, car il était évident que l'arrangement des pièces avait été fait au moins avec beaucoup d'habileté ; d'un autre côté, on objectait que l'enfouissement des os était postérieur à la formation de la roche.

En revenant, trois ans après, sur ce sujet, le même observateur signala plusieurs Mastodontes dans des gisements qu'il croyait être du même âge que les précédents. L'une de ces espèces serait plus grande que le Mastodonte de l'Ohio; il la désigne sous le nom de *M. Vellavus ;* la seconde présenterait aussi quelques caractères particuliers; la troisième est appelée *M. Vialetti,* et, dans cette localité de Vialette, le *M. angustidens* aurait encore été rencontré dans les mêmes alluvions volcaniques. M. Pomel, qui soutenait alors que le bloc à ossements humains de la Denise avait été fabriqué par quelque ouvrier, objecta à M. Aymard que ces Mastodontes, au moins les trois premiers, pouvaient bien appartenir à la même espèce, et que, quelle que fût l'ancienneté relative des débris humains, on ne pouvait pas encore admettre leur contemporanéité avec ces grands mammifères. A ce dernier égard, le naturaliste du Puy ajouta peu après : « Je me confirme de plus en plus dans l'opinion que ces dépouilles humaines ne remontent pas à des temps bien reculés. Il est probable, au contraire, que leur enfouissement est dû à l'un des derniers paroxysmes de nos volcans. Cet événement a pu être rapproché, sinon contemporain, de l'époque pendant laquelle vivaient encore, dans nos régions, les Mastodontes, les Éléphants, les Rhinocéros, etc. » Ici l'auteur appuie la contemporanéité des deux premiers de ces grands mammifères par la découverte, aux environs de Polignac, de fragments de dents appartenant à l'un et à l'autre.

Plus tard, le même naturaliste observa, à la montagne de la Denise, des fentes remplies de conglomérats volcaniques, probablement entraînés par les eaux, et dans une des plus grandes, des ossements de carnassiers, de pachydermes et de ruminants. L'Hyène, l'Ours, le Bœuf, l'Antilope, le Sanglier, le Cerf (3 espèces), le Cheval, le Rhinocéros, et le genre Ours, signalé pour la première fois dans cette partie de l'Auvergne, tous ces animaux, disons-nous, réunis ici, lui firent penser que ces dépôts des brèches et des fentes de la Denise pouvaient être comparés à desc ong lomérats également ossifères qui se trouvent dans le haut de la vallée de l'Allier, près de Saint-Privat, comme à ceux de Vialette, de Solilhac, etc., situés à peu près sous le même méridien.

D'un autre côté, dit M. Aymard, les empreintes végétales et les dépouilles testacées de certaines espèces de mollusques, recueillies dans ces alluvions volcaniques, prouvent, par leur analogie avec les espèces actuelles, que, depuis la période des volcans, il ne s'est pas écoulé

un laps de temps assez considérable pour avoir apporté
des changements notables dans la température du pays.

Il fait remarquer en outre que, dans cette partie du
bassin de la Loire, il n'y a pas eu de dépôts diluviens, et
qu'on n'y observe aucune trace d'ancien glacier. Cette
région, comme le bassin de l'Allier, a donc échappé,
dans une certaine limite, aux phénomènes qui se sont
produits dans presque tout le reste de l'Europe.

M. Pomel a cru retrouver aussi, dans cette partie du
bassin supérieur de la Loire, la faune quaternaire ancienne, dont la position stratigraphique était bien établie
à la montagne de Périer. Il y signale l'*Hyœna brevirostris*, le *Rhinoceros Aymardi*, voisin du *R. leptorhinus*, et
peut-être le *Megantereon latidens* (*Machairodus*). Les caractères de l'espèce d'Hyène sont d'ailleurs très-incom-
plétement donnés. Beaucoup d'autres espèces se rappor-
teraient à la seconde faune, mais l'auteur n'en signale
point les gisements, et il se borne à exprimer la pensée
que cette région, étudiée avec le soin convenable, pourrait permettre de résoudre ou mieux de confirmer la
question relative aux deux faunes de mammifères quaternaires.

Dans le Velay, où l'on manque de niveau stratigraphique nettement déterminé auquel on puisse se repor-
ter, ce sera seulement après avoir comparé avec soin
chaque ensemble de dépôts et de faunes que l'on pourra
établir un certain synchronisme; car ici, comme dans
l'Allier, tous ces débris de mammifères sont enfouis
dans des conglomérats volcaniques plus ou moins inco-
hérents, discontinus, ne se raccordant que très-difficile-
ment entre eux, et le plus ordinairement point du
tout.

M. Pomel, revenant ici sur les ossements humains de
la montagne de la Denise, dont il admet cette fois la
parfaite authenticité, croit que les hommes de ce gise-

ment ont été témoins de la dernière des grandes perturbations du globe. Les traces de leur existence antérieure deviennent, dit-il, chaque jour plus nombreuses, et il a eu l'occasion de la constater en Auvergne même, par la découverte de débris d'une industrie grossière. Toutefois, il ne partage pas l'opinion de M. Aymard, quant à l'époque où vivaient les individus auxquels ces débris ont appartenu. D'après ce dernier naturaliste, ils feraient partie d'une faune plus ou moins ancienne, de celle, par exemple, des conglomérats ossifères découverts sur d'autres points de la montagne, et parmi lesquels on a reconnu des ossements de Mastodontes ; tandis que M. Pomel, malgré la difficulté de déterminer l'âge d'un gisement isolé et sans autres termes de comparaison directe, pense que ces os se trouvent plutôt dans un remaniement de scories tout au plus contemporaines des atterrissements avec débris de Renne et d'*Elephas primigenius*, conformément aux observations faites en Auvergne. En traitant de la faune tertiaire, nous reviendrons sur les gisements de Vialette, de Solilhac et de Saint-Privat dont nous avons parlé incidemment.

Pied nord des Pyrénées. — Si nous jetons actuellement un coup d'œil sur le versant nord des Pyrénées, nous y verrons les dépôts quaternaires prendre une grande extension, et résulter de détritus descendus des montagnes dans les bassins de l'Adour, de la Garonne, de l'Ariége et de l'Aude. Nous avons déjà eu occasion de signaler leurs caractères dans le second volume de l'*Histoire des progrès de la géologie* ; depuis lors, les études ont été continuées, mais, sous le rapport paléozoologique, elles ont encore apporté peu de faits d'un grand intérêt.

Ces dépôts sont, comme partout, formés par une vaste

accumulation de cailloux roulés, dont l'âge est parfois difficile à distinguer nettement de ceux des dépôts plus anciens. Au-dessus règne aussi un sédiment argilo-sableux assez analogue au lehm de la vallée du Rhin et à l'alluvion ancienne du nord de la France.

M. Noulet a décrit, en 1851, sous le nom de *lehm sous-pyrénéen*, un dépôt fort étendu dont les caractères semblent varier, suivant qu'il appartient à des bassins creusés dans le terrain tertiaire moyen (mollasse), ou bien en communication directe avec les vallées des Pyrénées.

Dans les bassins intérieurs qui n'ont de communication directe ni avec la chaîne, ni avec les grands amas de cailloux déposés le long de son pied, c'est un limon jaunâtre, argilo-sableux, un peu ferrugineux, micacé, calcarifère. Quelques ossements d'*Elephas primigenius* y ont été rencontrés avec beaucoup de coquilles terrestres d'espèces vivantes. Les ossements sont le plus fréquents dans un lit de sable grossier placé à la base du dépôt, reposant immédiatement sur la mollasse, et dont les caractères varient suivant les lieux. Les coquilles fluviatiles et terrestres manquent dans ce gravier.

Ces dépôts, qui se lient intimement entre eux, s'observent à toutes les hauteurs, depuis le sommet des collines tertiaires jusqu'à quelques mètres au-dessus du lit des cours d'eau; en dehors des grandes vallées, ils ne se montrent plus que par places.

Dans le bassin de l'Adour plus particulièrement, on remarque à la base tous les cailloux roulés des roches des Pyrénées, dont le volume décroît à mesure qu'on s'éloigne de la chaîne, puis au-dessus le lehm ou l'alluvion argilo-sableuse, calcarifère, plus ou moins mélangée de gravier. On doit à M. Leymerie la description des modifications et de la distribution de ces sédiments dans l'étendue du bassin.

Le lehm et les graviers qui l'accompagnent renferment

partout, dans celui de la Garonne et de ses affluents, des restes des mêmes mammifères éteints; toutes les coquilles fluviatiles et terrestres qu'on y trouve sont vivantes. Les dépôts d'ossements se montrent dans les vallées, à une hauteur intermédiaire entre le point le plus bas et le point le plus haut que ces dépôts atteignent.

M. Noulet a signalé ensuite les diverses localités où des ossements d'Éléphant, de *Rhinoceros tichorhinus*, de Bœuf, de Cheval, de *Felis*, de grand Cerf, ont été rencontrés dans les vallées de la Garonne, de l'Ariége, du Tarn, du Lot, de la Baize et du Gers. Sur dix-neuf gisements indiqués, l'*Elephas primigenius* a été trouvé dans dix-huit ; le Rhinocéros, dans trois (Clermont, Moissac, Agen) ; les Bœufs et les Chevaux, dans un grand nombre ; le grand *Felis*, une seule fois. C'est la localité de Clermont près de Toulouse, décrite par le même naturaliste en 1859, qui, jusqu'à présent, s'est montrée la plus riche.

Au sud-est de la ville, touchant au faubourg, au lieu dit l'Infernet, à un kilomètre de l'embouchure de l'Ariége, sur sa rive droite, on a rencontré, au-dessus des couches tertiaires moyennes et à la base de ce lehm, un lit de sable grossier, siliceux et argilo-calcaire, mélangé de galets et d'autres éléments de la roche sous-jacente. Cette couche de gravier se suit régulièrement à une altitude de 161 mètres, et a présenté les mêmes caractères dans les diverses exploitations qu'on y a faites. Les os qu'elle renfermait étaient, pour la plupart, brisés. Ce sont : une dent du *Felis spelæus*, des dents de l'*Elephas primigenius* avec des défenses, des os de *Rhinoceros tichorhinus*, de l'*Equus caballus*, nombreux, de Bœuf, de *Cervus giganteus*, associés avec des cailloux quartzeux, évidemment taillés de main d'homme et provenant des Pyrénées. Ce sont d'ailleurs les seuls ayant cette origine que l'on trouve dans ce dépôt.

Aux environs de Toulouse, ces graviers à ossements

ne s'élèvent jamais beaucoup au-dessus du cours actuel des eaux, et ces pierres taillées doivent annoncer ici la contemporanéité de l'homme avec les grands mammifères éteints, comme dans la vallée de la Somme, dans les comtés de l'est de l'Angleterre, etc.

BASSIN DU RHÔNE. — Nous avons déjà éprouvé, dans certaines parties de la France, quelque difficulté à classer les dépôts quaternaires, par suite de leur discontinuité ou de l'incertitude de leurs autres caractères ; cette difficulté augmente dans le bassin du Rhône et de la Saône en raison de certaines circonstances que nous indiquerons tout à l'heure.

Lorsqu'il y a quinze ans nous nous occupions de coordonner les matériaux publiés jusque-là sur ce sujet, les résultats paraissaient assez simples ou pouvoir être raccordés sans trop de peine avec ce que l'on connaissait ailleurs ; mais les nombreux travaux exécutés depuis, quoique dus à des observateurs de mérite, loin d'avoir contribué à éclaircir et à généraliser les vues, semblent, par la diversité des opinions émises, n'avoir produit qu'une obscurité plus profonde. Nous n'avons pas, on le conçoit, à rechercher ici, par un examen détaillé, l'origine et les causes de ces dissentiments ; nous ne dirons à ce sujet que ce qui est nécessaire pour nous rendre bien compte du niveau de la couche principale où se rencontre la faune qui nous occupe, niveau sur lequel on est d'ailleurs assez généralement d'accord.

A la surface de la Bresse, comme dans la vallée du Rhône et dans les parties basses de celles de ses affluents, l'Isère, la Drôme et la Durance, est un limon plus ou moins argileux, ferrugineux, jaunâtre ou brunâtre, désigné, aux environs de Valence, sous le nom de *terre à pisé ;* montrant souvent à sa base des cailloux plus ou moins roulés, souvent quartzeux (environs de Lyon) et quelquefois striés, caractère assigné aux débris de roches dures qui ont été soumis à l'action des glaciers. Or, c'est ce dépôt qui, dans la vaste dépression que nous considérons, est le gisement des restes de grands mammifères de l'époque quaternaire.

Pour donner une idée de la diversité des opinions émises sur quelques-unes des couches meubles sous-jacentes, nous rappellerons que la colline de la Croix-Rousse, à laquelle la ville de Lyon est adossée, présente du côté du Rhône, le long du faubourg Saint-Clair, au-dessus de la mollasse tertiaire à fossiles marins qui en constitue la base, un dépôt de sable, de gravier et de cailloux, regardé longtemps comme le type du *diluvium alpin*, et analogue, par conséquent, à celui que nous avons vu occuper le fond de la vallée du Rhin. Ce qui devait appuyer cette manière de voir, c'est que, plus haut, le plateau de la Croix-Rousse offrait une assise de cailloux roulés de quartz, des argiles sableuses et le véritable lehm. Sur le versant opposé, le long de la Saône, en face de l'île Barbe, le tout recouvrait le gneiss, sans intermédiaire.

Plus récemment, le dépôt de cailloux avec sable et gravier de la route de Genève a présenté des fossiles marins de l'âge de la mollasse, mais leur état a fait penser à quelques personnes qu'ils pouvaient être remaniés et provenir originairement de couches plus anciennes ; ce qui permettait de conserver le dépôt en question dans le terrain quaternaire, tandis que d'autres observateurs, ayant trouvé des restes de Mastodontes dans des dépôts qu'ils croyent analogues, n'ont pas hésité à en faire un sédiment tertiaire.

D'un autre côté, le grand dépôt de cailloux roulés de la Bresse, qui s'étend entre le pied du Jura et les montagnes du Mâconnais et du Beaujolais, a été aussi le sujet d'opinions opposées ; mais ici, comme en aval de Lyon, dans les bassins de l'Isère et de la Drôme, c'est au-dessus que paraissent avoir été seulement rencontrés les débris de mammifères quaternaires, associés, comme toujours, aux coquilles fluviatiles et terrestres qui vivent encore dans le pays. Ainsi, des ossements d'*Elephas primigenius* sont signalés aux environs de Lyon, à Saint-Cyr, à Saint-Symphorien, sur la route de Vienne, à Sainte-Foy, à Saint-Just, et sur d'autres points où le sol est composé comme sur le plateau de Sathonay, de cette alluvion ancienne argilo-sableuse, avec un lit de cailloux roulés. En 1822, on a découvert, à la Croix-Rousse, une grande quantité d'ossements d'Éléphants, de Chevaux, de Bœufs, brisés et mêlés, à $2^m,50$ de profondeur au dessous du Cours.

Les recherches de la paléozoologie réellement quaternaire ont donc été peu fructueuses jusqu'à présent, si nous nous bornons aux dépôts réguliers du bassin de la Saône et du Rhône, et l'horizon général marqué par la présence de rares débris de mammifères éteints, dans l'alluvion ancienne (*lehm*, *lœss*, ou terre à pisé), avec le lit de cailloux de quartz immédiatement sous-jacent, est le seul qui semble appartenir avec certitude à l'époque dont nous parlons. Tout ce qui est au-dessous serait le résultat de phénomènes plus anciens (glaciaires ou diluviens) sans faune correspondante connue, ou même de sédiments tertiaires.

Disons maintenant quelques mots pour justifier les incertitudes qui règnent encore sur l'âge véritable et la relation de beaucoup de ces dépôts meubles que l'on suit depuis les environs de Dijon, depuis le cœur de la Bourgogne, jusqu'aux vastes plaines de cailloux de la Crau, jusqu'au delta du Rhône constituant la Camargue. Le manque de vues générales systématiques suffisamment démontrées semble tenir aux causes suivantes : 1° à l'absence de dépôts marins réguliers, continus, à un niveau bien déterminé et bien caractérisé, après la formation de

la molasse, et comme nous en avons trouvé dans le nord
et l'ouest de l'Europe, par conséquent, à l'absence de
repère général certain; 2° aux dislocations plus ou moins
nombreuses et plus ou moins prononcées, qui, après
cette même époque, ont modifié le niveau des diverses
parties de cette surface, et en ont rendu le raccordement
plus difficile; 3° aux dépôts lacustres qui se sont formés
sans continuités ou ont été partiellement dénudés depuis,
et qui sont également difficiles à paralléliser; 4° enfin
aux reliefs fort accidentés des parois des bassins, surtout
en aval de Lyon, et qui, pendant l'époque quaternaire,
ont dû modifier et diversifier à l'infini des phénomènes
eux-mêmes très-variés et très-complexes.

L'orographie du Dauphiné et de la Provence, comparée
à celles du pied nord des Pyrénées et des chaînes latérales
de la vallée du Rhin, fait en outre très-bien comprendre
l'enchevêtrement et le polymorphisme de résultats qui,
depuis plus de trente ans, exercent la sagacité des géologues.

DÉPÔTS LACUSTRES RÉGULIERS. — Jusqu'ici nous n'avons
pas eu à mentionner en France de dépôts lacustres
d'une certaine importance, et comparables, par leur
position, à ceux de l'est de l'Angleterre. Quelques traces
peu caractérisées, surtout peu étendues, ont seulement
été signalées dans les vallées de la Somme et de la Seine;
mais dès 1818, Marcel de Serres en indiquait aux environs de Montpellier, où des observations subséquentes
ont bien constaté leur postériorité aux dépôts des sables
jaunes de cette localité, représentant les derniers sédiments tertiaires.

Au nord et à l'est de Montpellier, à Castelnau, sur les
bords du Lez, et sans doute sur d'autres points, des tufs
d'eau douce ont jusqu'à 20 et 30 mètres d'épaisseur. Dans
la plaine de Sauret, à la Vallette, à Gasconnet, Mont-

ferrier, aux Clapiers et dans la plaine de Fontcouverte, on en indique également.

La roche n'est point stratifiée; elle est tantôt dure et compacte, tantôt tendre, poreuse, presque uniquement composée de troncs et de feuilles de végétaux, ou bien c'est un sable blanchâtre passant à un poudingue. On y remarque des canaux sinueux fort étendus et de grands troncs d'arbres dicotylédones pétrifiés. Les fossiles de ce travertin sont des Paludines, des Cyclostomes (*C. elegans*, très-commun), des Bulimes, des Helix, des Limnées, des restes de bois de Vigne, de conifères, de laurinées, et le Chêne vert. On n'y a pas encore trouvé d'ossements de mammifères, et toutes les coquilles fluviatiles et terrestres ont leurs analogues vivant dans le pays.

Ces tufs d'eau douce sont recouverts, quoique rarement, par le grand dépôt de cailloux roulés qui se continue à travers le département du Gard jusqu'à la plaine de la Crau, sur la rive gauche du Rhône, mais dans lequel il ne semble pas qu'aucun fossile ait été signalé jusqu'à présent.

Tels sont, messieurs, les faits qu'il nous a paru nécessaire d'exposer d'abord sur la distribution générale de la faune quaternaire de la France, dans les dépôts de transport des plaines, des plateaux et du fond des vallées. Nous en poursuivrons actuellement l'étude dans des gisements moins réguliers sans doute, mais beaucoup plus riches, plus variés, où les animaux vertébrés, plus abondants, et dans un meilleur état de conservation, nous donneront une idée plus complète aussi des caractères de la population qui vivait alors à la surface de notre pays.

QUATRIÈME LEÇON

Cavernes et brèches osseuses de l'est de la France.

Messieurs,

L'étude des fossiles rencontrés dans les cavernes, dans les brèches osseuses et les grottes, est plutôt du domaine de la zoologie que de la géologie proprement dite ; car il n'y a point de rapport nécessaire entre ces débris organiques et les roches qui les entourent ; il n'y a point cette relation regardée comme une des bases de la paléontologie stratigraphique, parce qu'il n'y a point de contemporanéité entre la formation des couches et l'enfouissement des fossiles, en un mot, entre le contenant et le contenu.

La présence de ces corps dans les cavernes, résulte de circonstances indépendantes de celles qui ont déposé les couches qui en constituent les parois, et de plus, le moment où ils y ont été entraînés et ensevelis peut être assez différent de celui où ils vivaient, comme de celui où la cavité a été formée.

Cependant, quelle que soit l'ancienneté du terrain dans lequel se trouvent les cavernes et les brèches osseuses, depuis les dépôts de transition jusqu'aux derniers sédiments tertiaires ; quel que soit le point de la terre où on les observe, dans l'ancien comme dans le nouveau continent, dans l'hémisphère nord comme dans l'hé-

misphère sud, partout les débris organiques qu'on y a
trouvés appartiennent à la même faune contemporaine,
précisément celle que nous rencontrons dans les dépôts
stratifiés des plaines et des vallées, et que nous désignons
sous le nom de *faune quaternaire.*

Ainsi les cavernes, les grottes et les fentes des roches,
à quelque terrain et à quelque pays du globe qu'elles
appartiennent, seraient restées vides pendant des mil-
liers de siècles, car les causes qui les ont produites ont
pu agir dans tous les temps; tandis que toutes, à un
moment donné, ou dans une période très-courte, géologiquement parlant, ont été plus ou moins remplies par
des alluvions locales, sableuses ou argileuses, enveloppant les débris de la faune contemporaine qui y furent
entraînés en même temps. C'est là sans doute un phénomène bien remarquable qui ne s'était jamais produit
avec ce caractère de généralité, et qui ne s'est pas re-
nouvelé depuis. Il est donc bien propre aussi, à distinguer l'époque où il s'est manifesté, de celle qui l'a précédé
comme de celle qui l'a suivi.

Nous avons déjà décrit, en Angleterre et en Belgique,
des cavernes qui présentaient sous le double rapport géologique et paléozoologique un très-vif intérêt ; il en sera
de même, et plus encore, en France, parce que notre
pays contient un grand nombre de roches calcaires, et
que c'est en général dans les couches de cette nature que
se trouvent les brèches et les cavernes à ossements.

Quoique depuis 1825, il se soit manifesté, en France,
un mouvement prononcé vers ce genre de recherches,
et que d'importants ouvrages, dont nous aurons à faire
connaître les principaux résultats, aient été publiés, il y
a eu, de 1840 à 1855, un certain ralentissement, soit que
l'on crût n'avoir plus rien à découvrir, soit par tout autre
motif; mais, dans ces derniers temps, une impulsion
plus vive que jamais a été donnée à ces études, parce

qu'on s'efforce aujourd'hui de trouver en fouillant les cavernes, non plus seulement les restes des populations d'animaux qui avaient précédé l'arrivée de l'homme sur la terre, mais des preuves que l'homme lui-même a été contemporain de ceux d'entre eux dont les espèces sont éteintes.

Tous les anatomistes qui se sont occupés des ossements fossiles ont compris l'importance de l'examen des cavernes et des brèches osseuses. Parmi ceux de notre temps, W. Buckland, dans ses *Reliquiæ diluvianæ*, et G. Cuvier, dans les tomes VI et VII de ses *Recherches*, insistent particulièrement sur ce point, en donnant une description sommaire des cavernes à ossements et des brèches osseuses connues de leur temps. Depuis lors, Marcel de Serres a publié, en 1838, son *Essai sur les cavernes à ossements*, dans lequel il a rassemblé une foule de documents sur ce sujet; M. J. Desnoyers, dans un excellent article du *Dictionnaire universel d'histoire naturelle* (vol. VI, page 343, 1845), et nous-même, avons dû, dans le second volume de l'*Histoire des progrès de la géologie*, rapporter tout ce qui avait été écrit de 1834 à 1848. Ces diverses publications générales, faciles à consulter, nous permettront de nous arrêter davantage sur les résultats des recherches les plus récentes. Nous ne nous astreindrons pas, on le conçoit, à mentionner toutes les cavernes ou brèches osseuses dans lesquelles des fossiles ont été rencontrés, mais nous décrirons celles dont les fouilles ou l'étude des animaux qu'elles renfermaient ont apporté des faits importants à la paléozoologie, et nous commencerons par les grottes les plus intéressantes de la Bourgogne.

Parmi ces dernières se font remarquer, au sud de Vermanton, celles d'Arcy, qui traversent presque entièrement un petit promontoire de calcaire jurassique dont la rivière de la Cure suit les contours.

Ces cavités, dont les ouvertures sont situées au sud, à

9 mètres au-dessus du niveau de la rivière, sont disposées en chapelets les unes à la suite des autres, et présentent des rétrécissements et des expansions plus ou moins considérables, sur une longueur totale de 875 mèt.

Observées par Buffon dès 1740, elles ont été visitées depuis par P. Perrault, Desmarest, Daubenton, et plus récemment par de Bonnard, inspecteur général des mines, l'un des premiers qui ont introduit en France la véritable méthode d'observation géologique. Ce savant fit faire, en 1829, des recherches qui ne furent pas très-fructueuses, ayant seulement découvert une portion de crâne d'Hippopotame très-bien conservée.

En 1845, la Société géologique de France parcourut ces grottes dont M. Belgrand avait levé le plan, et l'on n'y trouva qu'un os d'Éléphant.

Ce fut en 1853 que Robineau-Desvoidy fit exécuter des fouilles plus heureuses, car il y reconnut des restes d'*Ursus spelæus*, d'*Hyæna spelæa*, de *Rhinoceros tichorhinus*, d'*Elephas primigenius*, de Daim, de Cerf, de Chevreuil, de Bœuf, de Renne, d'Ane et de Cheval.

En 1858, M. de Vibraye entreprit, dans la grotte dite *des Fées*, des fouilles plus suivies, mieux dirigées que les précédentes et qui amenèrent aussi des résultats plus importants. Les tranchées, exécutées en travers, ou d'une paroi à l'autre, firent connaître que les couches de remblai qui formaient le sol de la caverne, se composaient de haut en bas de la manière suivante :

1° Dépôt argilo-sableux que l'auteur compare au lœss ou lehm, ne renfermant que des restes d'animaux vivant encore dans le pays (Renard, Blaireau).

2° Couche composée de débris empruntés aux roches oolithiques des parois de la caverne. Ces fragments étaient agglomérés par une matière argilo-sableuse rougeâtre, qui est, comme on le sait, le caractère constant de tou tes les brèches osseuses du midi de la France, et l'on pourrait même dire de tous les pays. Dans cette brèche rouge, de 0^m,75 d'épaisseur, ont été trouvés des restes de ruminants (Renne, etc.).

3° Couche de 1^m,50 ayant nivelé les inégalités du plancher de la grotte, et renfermant des restes d'*Ursus spelœus*, d'*Hyœna spelœa*, de *Rhinoceros tichorhinus*, peut-être de *Bos priscus* et d'*Equus adamiticus*.

Dans cette grotte, qui a dû servir d'habitation aux premières populations humaines du pays, on a trouvé d'anciens foyers creusés en forme d'entonnoirs, avec des silex taillés (couteaux), des os et des bois de Cerf, également travaillés en fer de lance ou de flèche. La construction de ces entonnoirs est évidemment postérieure aux dépôts précédents dans lesquels ils ont été excavés. Aucun instrument ou objet de métal n'ayant été rencontré, on est naturellement porté à placer dans l'âge de pierre les habitants de ces cavernes.

Dans la brèche osseuse rouge, M. de Vibraye a trouvé des silex travaillés colorés par le fer, comme les ossements de Cerf, de Bœuf ou de Cheval, avec lesquels ces couteaux sont associés.

Enfin, dans la troisième couche, ou la plus basse, en un point de la grotte où les dépôts ne paraissaient avoir subi aucun dérangement depuis leur formation, on découvrit en contact avec des os d'*Ursus spelœus*, d'*Hyœna spelœa*, de *Rhinoceros tichorhinus*, une mâchoire humaine ayant encore deux de ses dents en place : la première prémolaire inférieure droite, et la première grosse molaire du même côté. Tous les caractères de la substance de cette mâchoire étaient d'ailleurs identiques avec ceux des os des grands mammifères qui lui étaient associés, mais très-différents, au contraire, de ceux de la brèche osseuse rouge placée dessus, et plus encore des os récents de la couche la plus élevée.

M. de Vibraye a mis tous ses soins à vérifier l'authenticité du gisement de cette mâchoire, et à s'assurer qu'aucune circonstance étrangère n'avait pu l'y introduire après la formation du dépôt. Il y a donc lieu de croire à la contemporanéité de son enfouissement avec celui des restes d'animaux éteints. On a objecté, cependant, qu'elle avait pu y être introduite accidentellement ; que, comme la rivière, dans ses grandes crues, s'élevait assez haut pour pénétrer dans la grotte, elle pouvait y avoir charrié cette mâchoire à une époque plus récente que la couche où elle a été trouvée ; que le diluvium de la vallée n'étant pas semblable à cette même couche, celle-ci pouvait en être un remaniement plus récent. Mais, sans prendre parti dans la question, on doit reconnaître que ces diverses objections sont peu fondées ; d'ailleurs, la succession normale des trois couches et leurs caractères distinctifs pétrographiques et zoologiques y répondent suffisamment quant à présent.

Près de Châtillon-sur-Seine, M. J. Baudoin a signalé aussi, en 1860, des silex taillés de diverses formes, disséminés à 1, 2 et 3 mètres de profondeur, dans un dépôt d'argile marneuse quaternaire, qui n'avait évidemment subi aucun dérangement depuis sa formation. Dans les cavernes de Balot, au sud-ouest de la même ville, il a recueilli des restes d'*Ursus spelæus*, de Chien, de Renard, de Rat-d'eau, de Lapin, de Cochon, de Cheval, d'Ane, de Renne, de Cerf, d'Aurochs et du Bœuf commun. Des ossements de Chauves-Souris, de Taupes et de Rats, trouvés dans la partie supérieure du limon, sont peut-être plus récents que ceux qui constituent l'ensemble du dépôt ossifère.

Des ossements de mammifères ont aussi été observés dans les grottes de Plombières-lez-Dijon, à la montagne de Genay, au nord de Semur. Sur la rive gauche de la Saône, en face de Tournon, M. Canat a découvert les défenses et une grande partie du squelette d'un Éléphant, dans une argile rougeâtre remplissant une fente du calcaire jurassique. Rozet a décrit aussi plusieurs cavernes ossifères de la Bourgogne, entre autres celles de Vergisson (Saône-et-Loire), ouverte également dans un calcaire jurassique, et dans laquelle se trouvaient des ossements de deux époques différentes. Les uns, engagés dans un travertin rougeâtre, sont distribués à l'entrée, dans une partie du fond et dans les anfractuosités des parois de la caverne; les autres ont été apportés depuis par des animaux carnivores qui la fréquentent encore aujourd'hui.

Nous mentionnerons ces restes qui sont sous vos yeux d'une espèce de Bœuf (crâne, humérus, fémur, métatarse, sacrum, vertèbres), dont le gisement n'est pas bien connu, mais qui sont étiquetés comme provenant des environs de Langres. Ils n'ont point l'aspect des os des cavernes, et ressemblent plutôt à ceux qui proviennent des sols tourbeux. Les caractères du crâne sont exactement ceux du *Bos longifrons*, Owen, trouvé d'abord en Irlande, puis dans les dépôts lacustres de l'est de l'Angleterre, avec l'Éléphant et le Rhinocéros, dans les marais des environs de Bridgewater, etc. Cette espèce n'avait pas encore été signalée en France.

Si nous passons actuellement aux grottes plus importantes de la Franche-Comté, nous parlerons d'abord de celle d'Échenoz, située à une lieu au sud de Vesoul, dans les calcaires de l'oolithe inférieure. La présence des ossements fossiles y était connue depuis longtemps, mais cette cavité ayant été étudiée particulièrement en 1830 par M. Thirria, les restes de mammifères qu'il y a recueillis ont été déterminés par Cuvier. Ils forment en général, au milieu de l'argile que recouvre une couche de stalagmites, un lit de 8 à 16 centimètres d'épaisseur, où ils sont entassés confusément, sans jamais avoir conservé leur position relative. Ils n'ont pas cependant été complétement disloqués, car on trouve presque toujours des vertèbres dorsales près des crânes et des mâchoires; des humérus et des cubitus près des bassins; des calcanéums, des os métatarsiens, métacarpiens ou phalangiens, près des fémurs, des tibias, des cubitus, etc.

Ces os ont été rapportés à l'*Ursus spelæus arctoideus*, Cuv. (*U. Pitorrii*, M. de S.), à l'Hyène des cavernes, au *Felis spelæa*, au Lyon, au Cerf, au Sanglier, à l'Éléphant, dont les échantillons sont sous vos yeux, comme tous ceux qui ont été décrits par notre grand anatomiste, et qui font partie des collections du Muséum.

Dans l'une des grottes de Fouvent-les-Bas, près de Champlitte, les restes d'herbivores se sont montrés plus nombreux que ceux des carnassiers, et constituent une sorte de brèche. Cuvier y a reconnu diverses parties de squelettes et des dents d'Éléphant, de Rhinocéros, d'Hyène, d'*Ursus spelæus*, de Cheval, de Bœuf et de Lion. Ces deux derniers genres résultent de fouilles récentes; la connaissance des autres remonte à la première année de ce siècle.

Les grottes d'Osselles, sur la rive droite du Doubs, au sud de Besançon, décrites par Fargeaux en 1827, et visitées par W. Buckland, ont présenté surtout une très-grande quantité d'ossements d'Ours (*U. spelæus*) de tous les âges, et dont on a souvent fait des espèces différentes, comme nous le dirons tout à l'heure. La grotte de Gondenans, ouverte aussi dans des calcaires jurassiques, a présenté, enfouis dans le dépôt marneux qui en recouvrait le sol, des restes du même Ours, de Bœuf, de *Sus*, de Chèvre, de *Canis*, etc.

Quoique les os d'Ours fossiles soient très-répandus en France, comme dans les autres parties de l'Europe, ce n'est qu'assez tard qu'ils y ont été distingués, puisque nous voyons que les premiers qu'ait connus Cuvier, sont ceux que lui avait envoyé Duvernoy, et qui provenaient, non pas des cavernes de la Franche-Comté, mais d'une brèche remplissant une fente du calcaire jurassique de Châtillon, près de Saint-Hippolyte, sur la rive gauche du Doubs.

La caverne de Senteinheim, ouverte aussi dans les calcaires jurassiques, à l'entrée de la vallée de Massevaux, au pied oriental du Ballon d'Alsace, a donné lieu à des recherches qui ont été plus fructueuses encore que les précédentes par leurs résultats paléozoologiques.

M. Delbos, qui a fait une étude particulière des ossements qu'on y a trouvés, y a reconnu des restes de Loup, de Renard, de ruminant de la taille d'un Chevreuil, et peut-être d'un petit insectivore ; mais ce sont surtout les ossements d'Ours, dont plus de deux cents pièces déterminables ont été recueillies, qui ont suggéré à l'auteur la pensée d'une révision comparative de toutes les espèces du genre, tant à l'état vivant qu'à l'état fossile. Ce qui est digne de remarque, c'est que ce gisement n'a encore présenté aucun reste d'Hyène, de *Felis* ni de pachyderme.

Cet examen monographique du genre Ours a conduit M. Delbos à des résultats intéressants aux points de vue anatomique et géologique, résultats que nous résumerons, tout en faisant observer que ce travail, quoique minutieux, laisse à regretter des dessins représentant les objets en discussion.

L'auteur remarque d'abord qu'aux trois espèces fossiles admises par Cuvier (*U. spelæus, arctoideus* et *priscus*), M. de Serres a ajouté l'*U. Pitorrii*, et Schmerling les *U. giganteus* et *leodiensis ;* tandis que de Blainville, partant d'un principe différent, réduisait ces six espèces à une seule, qui elle-même aurait été la souche des Ours brun, noir et gris actuels, lesquels à leur tour ne constitueraient que trois variétés d'un seul type. Comprenant ensuite

que la connaissance de la tête, des dents, des os longs
et de quelques autres pièces qui servent aux anatomistes
pour déterminer les genres et les espèces, pouvait être
étendue plus loin, c'est-à-dire aux autres parties du
squelette, M. Delbos a apporté dans l'examen comparatif de ces parties, jugées jusqu'alors moins importantes,
toute l'attention concentrée sur les autres, et a cherché
des caractères génériques et spécifiques dans tous les
éléments constitutifs de la charpente osseuse de ces
vertébrés.

Il commence par comparer quatre espèces vivantes,
telles que les admettait Cuvier : l'Ours brun d'Europe,
l'Ours noir d'Europe, l'Ours noir d'Amérique et l'Ours
blanc polaire ; ce dernier différant d'ailleurs beaucoup
plus des trois autres que ceux-ci ne diffèrent entre eux.
Les Ours brun et noir d'Europe se ressemblent également
davantage qu'ils ne se rapprochent de l'Ours noir d'Amérique ; aussi plusieurs naturalistes les regardent-ils comme
ne faisant qu'une seule espèce.

De la comparaison de ces quatre types auxquels viennent s'ajouter les Ours de l'Asie et des Cordillères, il
résulterait que les espèces actuelles pouvant être admises
se distinguent par de légères modifications dans la forme
des crêtes du crâne (temporales et sagittales), des dents,
la perforation du condyle de l'humérus ; par des proportions différentes dans les parties homologues, telles que
la longueur relative du crâne et de la face, la largeur, la
hauteur de la tête, etc.; par les différences dans les proportions de certaines parties, relativement à l'ensemble,
telles que la longueur du corps, du cou, des pieds. Enfin, quant à la taille, elle dépendrait autant des races et
des variétés que des espèces elles-mêmes.

Si donc, dit l'auteur, nous trouvons dans les Ours fossiles des différences de cette sorte, on pourra les considérer comme indiquant aussi des espèces distinctes. On

remarquera, cependant, que M. Delbos ne s'appuie pas encore sur un principe hors de contestation, car il prend ses caractères différentiels sur des types jugés différents, mais sans démonstration préalable rigoureuse, puisqu'ils sont contestés, et ensuite il omet de mentionner, comme terme de comparaison, l'espèce la plus remarquable de nos jours, et sur laquelle nous reviendrons tout à l'heure.

Passant à la discussion des espèces fossiles, M. Delbos s'attache à faire voir que l'*Ursus arctoideus* de Cuvier n'est qu'une simple variété, à front moins bombé, de l'*U. spelæus;* que l'*U. Pitorrii* de Marcel de Serres ne peut non plus être conservé ; c'est seulement le type d'une grande race de l'Ours des cavernes. Les *U. giganteus, spelæus minor* et *leodiensis,* que Schmerling a signalés dans les cavernes de la province de Liége, ne reposent que sur des différences de taille. Ainsi, le premier représente l'*U. Pitorrii,* le second, ne diffère pas même par la taille de l'*U. spelæus* type, et le troisième n'est qu'une variété de l'Ours à front plat, *U. arctoideus.*

Ainsi, après ce travail d'analyse comparative assez attentif, mais qui ne met pas sous nos yeux tous les éléments de la discussion, il n'y aurait que deux espèces d'Ours fossiles suffisamment caractérisées : l'*Ursus spelæus* et l'*U. priscus,* Goldf.

L'Ours des cavernes, distingué des espèces vivantes par Cuvier, Laurillard, M. R. Owen, etc., a été considéré, ainsi qu'on l'a dit, par de Blainville, comme la souche originaire de ceux de nos jours. Mais il s'en éloigne, au premier abord, par sa taille, constamment d'un cinquième ou d'un quart plus grande, par l'élévation très-prononcée du front, au-dessus de la base du nez, et par les deux protubérances convexes de ce même front, qui donnent au profil un aspect particulier. Le diamètre de l'orbite est plus petit que dans l'Ours brun d'Europe ; le crâne est presque de moitié plus long ; l'humérus, de deux septièmes, quoique le cubitus, le radius et le tibia soient de même longueur. Les grands Ours bruns vivants ont les os beaucoup plus grêles que les fossiles. A taille égale, ces derniers devaient être plus massifs et plus robustes que les vivants.

Pour faciliter la comparaison, nous mettons ici sous vos yeux, non-seulement les crânes des Ours d'Europe et plusieurs crânes fossiles parfaitement caractérisés, mais encore le squelette de la plus grande espèce de nos jours, de l'Ours de la Californie ou des montagnes Rocheuses (*U. ferox*, Lew., *U. horribilis*, Ord., *Danis ferox*, Gray), qui n'était pas connu dans nos collections au temps de Cuvier, et dont les dimensions, comme vous le voyez, sont bien loin d'atteindre celle de l'Ours des cavernes, ou à *front bombé*. Quant à l'*U. arctoideus* de Cuvier, on peut encore le considérer comme une variété du précédent, dont il diffère par son front moins bombé qui le rapproche de l'Ours ordinaire (*U. arctos*). Tous les ossements de la caverne de Sentenheim appartenant au genre Ours se rapportent à une seule espèce, l'*U. spe-læus* et sa variété.

Quant à l'*U. priscus*, Gold., des cavernes de l'Allemagne, il semble en différer beaucoup plus que les espèces vivantes ne diffèrent entre elles. Ainsi il présente, à l'état adulte, de petites fausses molaires qui manquent dans l'*U. spelæus ;* le front est déprimé ; la ligne du profil, plus basse, forme un arc régulier, à peu près comme dans l'Ours polaire, et sa taille est constamment plus petite.

La caverne de Senteinheim renfermait d'ailleurs des individus de tous les âges et des coprolithes prouvant que, comme les autres grottes du voisinage, elle avait dû être longtemps fréquentée par les Ours ; ce qui n'exclut pas la possibilité que les eaux y aient apporté, par la suite, du gravier et des cailloux qui auront contribué à l'enfouissement des restes d'animaux et au remplissage partiel de ces cavités.

L'absence d'autres carnassiers et de ruminants, ou leur petit nombre relatif, pouvait confirmer cette explication de M. Delbos; mais, d'un autre côté, nous avons vu que Schmerling s'était fait une opinion contraire pour les cavernes de la province de Liége, où il n'admettait pas que les Ours eussent vécu plutôt que les Hyènes.

Nous avons dû insister un peu sur cette étude particulière d'un genre, à cause de l'enseignement général qui en ressort pour les personnes qui s'occupent des grands vertébrés fossiles, et qui croient souvent trouver plusieurs espèces du même genre réunies sur un point où elles auraient vécu ensemble.

Pour compléter ici une idée que nous avons déjà émise, voyons ce qui se passe aujourd'hui à cet égard. Dans les mammifères comme chez les oiseaux et les reptiles, plus un animal est de grande taille, moins il y a d'espèces de son genre habitant la même région; et, pour les extrêmes, tels que l'Éléphant, le Rhinocéros, l'Hippopotame, le Chameau, la Girafe, l'Autruche, le Casoar, le Crocodile, le Boa, etc., il n'y en a qu'une seule espèce dans un pays donné. Que l'on prenne les carnassiers, en particulier le Lion, le Jaguar, l'Hyène, l'Ours, le Tigre, ou bien des ruminants et des solipèdes, ce sera la même chose; toujours une ou deux espèces au plus bien caractérisées.

Or, cette répartition, qui tient évidemment à l'équilibre que la nature a toujours dû maintenir, a dû exister dans les temps géologiques comme actuellement. De sorte, qu'à priori, lorsque l'on trouve, dans une caverne ou dans une couche de peu d'étendue, une multitude d'os appartenant à un même genre, il y a de grandes probabilités pour qu'ils proviennent d'une seule espèce.

Nous devons, dans ce cas, nous défier d'autant plus de notre propension à multiplier ces dernières, que les éléments ostéologiques que nous comparons sont moins complets.

Il ne peut pas y avoir eu sur la terre à la fois beaucoup d'espèces d'animaux de très-grande taille, et il y en avait d'autant moins, que les continents ou les portions émergées du sol étaient moins étendues. Aussi ne les voit-on se multiplier que dans les dépôts tertiaires moyens et supérieurs, puis acquérir leur maximum de développement pendant l'époque quaternaire, tandis que dans la période tertiaire inférieure, et surtout pendant ses premiers temps ou jusqu'après les dépôts nummulitiques, les terres émergées étaient comparativement peu considérables.

En résumé, messieurs, il est toujours important, pour ne point s'égarer dans l'étude des fossiles, d'avoir présent à la pensée ce qui se passe de nos jours. Il y a des lois que la nature n'a jamais enfreintes, parce qu'elles tiennent à l'essence même des choses, et nous ne devons pas non plus les perdre de vue dans nos recherches sur le passé de la Terre.

CINQUIÈME LEÇON

Cavernes et brèches osseuses du centre et de l'ouest de la France.

Messieurs,

Si, poursuivant nos recherches dans les parties centrales et occidentales de la France, nous jetons d'abord un coup d'œil sur le bassin inférieur de la Loire, nous aurons à signaler les résultats de quelques observations faites par M. Bourgeois au hameau des Caves, près de Vallières-les-Grandes, non loin d'Amboise, dans la petite vallée de la Maze (Loir-et-Cher), et à 7 mètres au-dessus du niveau du ruisseau.

Une fente, ou cavité allongée, ouverte en cet endroit dans la craie jaune de Touraine, paraît avoir été remplie à trois reprises différentes. La partie inférieure du sol de remblai consiste en une marne argileuse; la partie moyenne est une argile jaune, et la partie supérieure une alluvion sableuse, contenant des cailloux roulés, semblables à ceux du diluvium de la vallée de la Loire.

La couche inférieure était la plus riche en débris organiques, et renfermait les ossements les plus volumineux; la seconde en a présenté fort peu, et la troisième offrait presque partout une multitude d'ossements de petites dimensions. Malheureusement, en les recueillant,

M. Bourgeois ne songea pas à noter la couche dans laquelle chaque os avait été trouvé, de sorte que la liste qu'il en a donnée, en faisant connaître l'ensemble des caractères de ces animaux, ne permettait pas de juger s'il y avait eu dans le pays plusieurs faunes successives en rapport avec chacune de ces couches.

Les espèces et les genres mentionnés sont l'*Hyæna spelæa*, un grand *Felis* (Tigre ou Lion), un Chien ou Loup (*Canis spelæus*, Gold.), le Renard, le Blaireau (*Meles fossilis*, Munst.), une Belette ou Putois ; des ossements de rongeur (Campagnol), de Cheval (*Equus adamiticus*), très-communs ; parmi les pachydermes, des restes de *Rhinoceros tichorhinus*, très-rares, le Cochon (*Sus fossilis*) ; parmi les ruminants, le *Bos primigenius*, très-commun ; des ossements de deux espèces de Cerfs, dont un serait le *C. megaceros* ; beaucoup de restes de petits batraciens, des poissons voisins des Erythrins, et des coquilles qui vivent encore aujourd'hui dans le pays, particulièrement les *Helix lapicida, nemoralis,* et le *Cyclostoma elegans.*

Ce qui est venu ajouter un intérêt particulier à ces premiers résultats qui remontent à 1849, c'est que, tout récemment, le même observateur a constaté, dans cette localité, la présence de silex taillés, disséminés, dit-il, à tous les niveaux, depuis la partie inférieure où se rencontrent plus fréquemment les gros ossements, jusqu'à la supérieure où dominent ceux de petits rongeurs, de batraciens, les écailles et les vertèbres de poissons. La simple inspection des lieux suffit pour démontrer que le sol est parfaitement vierge, et que les objets travaillés n'ont pu y être introduits par une cause quelconque depuis sa formation.

Un peu au sud-est de ce point, près de Saint-Aignan, dans la vallée du Cher, une cavité également dans la craie jaune du pays, a présenté des restes d'Éléphant en assez mauvais état, mais reconnaissables ; des os de Rhinocéros, de Cheval, une mâchoire de Chien-loup et quelques autres débris moins déterminables ; ce qui prouve que le remplissage des fentes s'est effectué dans cette vallée comme dans toutes les autres.

En descendant plus loin dans la vallée de la Loire, jusqu'au delà d'Angers, les calcaires anciens des environs de Chalonne, sur la rive gauche du fleuve, nous offrent encore des excavations naturelles dont le sol est jonché d'ossements d'Ours, d'Hyène, de Blaireau, de Campagnol, de Lièvre, de Lapin, de Cheval, de *Rhinoceros tichorhinus*, de Cerf, de Renne, de Mouton, de grand Bœuf, de Sanglier et de Grenouille. Il en est de même dans certaines carrières des environs, telles que celles du Petit-Fourneau et de Liré.

Ainsi, le long de la Loire, comme le long de la Seine, de l'Oise, de la Somme et de la plupart de nos rivières, nous retrouvons les éléments de la faune quaternaire dans les cavernes et les brèches, aussi bien que dans les alluvions qui occupent le fond des vallées.

Lorsque nous avons traité de cette faune dans la Limagne, ou en remontant la vallée de l'Allier, affluent de la Loire, nous avons dit comment une partie de ses éléments se trouvait comprise dans des éboulements au pied des collines, et dans les fentes des roches volcaniques ; aussi nous bornerons-nous à rappeler sommairement les faits pour les lier à ce qui précède.

Les brèches osseuses de l'Auvergne se trouvent dans des travertins et dans les laves des volcans à cratère. C'est au village de Coudes, sur l'Allier, à deux lieues d'Issoire, que se trouvent les premières. Des fentes de la roche calcaire ont été remplies de fragments d'aragonite, de travertin, de quartz résinite ou de carbonate de chaux pulvérulent qui entourent des ossements dont les analogues se rencontrent enveloppés dans le travertin lui-même. Près d'Orbières, au sud de Clermont, des fissures de la lave sortie du cratère de Gravenoire sont aussi remplies de sable volcanique, de calcaire pulvérulent et d'ossements pour la plupart encroûtés de carbonate de chaux. Ce sont les mêmes que ceux de Coudes et des autres dépôts d'atterrissements de cette époque dans lesquels M. Pomel a cité deux espèces d'Éléphants, mais dont le gisement était douteux, le *Rhinoceros tichorhinus*, le Cheval, le Sanglier, le Bœuf, l'Antilope, le Cerf, un *Felis*, le Putois, le Chien, la Taupe, la Musaraigne, le Lièvre, le Spermophile, le Campagnol, le Hamster, le Rat, huit espèces d'Oiseaux, un Lézard, des Batraciens, des Serpents, des Poissons avec des hélices, des Cyclostomes, des Bulimes, des Maillots, dont les espèces vivent encore dans le pays.

Cette faune fossile, la plus récente de celles qui ont successivement vécu sur le sol de l'Auvergne, se trouve parfaitement caractérisée par le mélange d'espèces perdues et d'animaux encore vivants, dont quelques-uns habitent les régions glacées du Nord, tandis que d'autres ont leurs analogues sous les zones tropicales. (Voyez *ante* p. 42-43.)

Passant à l'examen des cavernes et des brèches osseuses sur le pourtour du plateau central, nous trouverons celle de Lhommaizé, dans la formation oolithique, à cinq lieues à l'est de Poitiers, où M. Mauduyt a reconnu trois couches distinctes renfermant des ossements. Dans la plus inférieure, étaient ceux de pachydermes et de ruminants (Cerf, Bœuf, Cheval, Cochon, etc.) complétement fossilisés ou mal conservés; dans la couche immédiatement au-dessus, les débris, dans un meilleur état de conservation, ont appartenu à des carnassiers (Lion, Tigre, Hyène ou Chien); enfin les ossements répandus dans l'alluvion supérieure de la caverne étaient peu ou point altérés, et provenaient de rongeurs, de petits carnassiers, dont les analogues vivent encore sur les lieux mêmes.

On remarquera ici une certaine disposition générale qui rappelle celle que nous venons d'indiquer dans la brèche de Vallières, dans les grottes d'Arcy, et qui prouve l'utilité d'observer avec soin la succession des dépôts de ces excavations, ainsi que la distribution des fossiles de chacun d'eux. Ce n'est que de cette manière que l'on parviendra à établir une chronologie, qui, sans doute, ne remontera jamais bien haut, mais pourra cependant nous éclairer sur l'existence de l'homme avant les temps historiques.

Dans une brèche dure, tapissant les parois d'une grotte du calcaire jurassique de Savigné, entre Civray et Charroux, M. Jolly a trouvé des armes en silex, des os travaillés et des ossements d'herbivores et de rongeurs ; mais rien ne prouvait encore que ces derniers appartinssent à des espèces éteintes, et, par conséquent, que la brèche fût antérieure à l'époque actuelle.

Plus au sud-ouest, dans le département de la Charente-Inférieure, près de la petite ville de Pons, au hameau de Soute, les carrières de Piplart, ouvertes dans un calcaire de la craie, ont fait découvrir de nombreux ossements de carnassiers, de pachydermes, de ruminants et de rongeurs (Tigre, Chien, Éléphant, Rhinocéros, Hippopotame, Bœuf, Bison, Renne, Daim, Élan, Cheval, etc.). Ils étaient enfouis dans un dépôt d'alluvion de 1m,50 d'épaisseur, et divisé en plusieurs lits. Leur détermination, faite très-sommairement il y a trente ans par Chaudruc de Crazannes, demanderait sans doute un nouvel examen plus approfondi.

Dans le département de la Gironde, les calcaires tertiaires de Saint-Macaire, sur la rive droite du fleuve, ont présenté, en 1827, à Billaudel, dans la carrière d'Avison, les ossements d'Hyène, de Blaireau, de *Felis*, de Marte,

de Taupe, de Musaraigne, de Campagnol, de Cheval, de
Sanglier, de Renne, de Cerf et de Bœuf, qui sont sous
vos yeux.

Ainsi, vous le voyez, messieurs, dans le calcaire de
transition, aussi bien que dans les calcaires tertiaires,
dans ceux de la formation crétacée comme dans ceux de
la formation jurassique, partout, quel que soit l'âge du
terrain, nous retrouvons la faune quaternaire composée
des mêmes éléments que nous vous avions signalés dans
l'ouest et le nord de l'Europe.

Nous devrions, pour suivre l'ordre géographique, parler ici des cavernes du département de la Dordogne,
mais nous y reviendrons tout à l'heure, après avoir traité
de celle des environs de Figeac (Lot), qui, sous le rapport zoologique, offre un intérêt particulier.

A quatre lieues et demie de cette ville, sur la rive
droite de la Celle, au sommet d'une montagne, à environ 356 mètres d'altitude, on découvrit, en 1818, dans
un calcaire jurassique, non loin du village de Brengues,
une caverne, ou plutôt une fente verticale de $4^m,4$ de
large, dans laquelle on descendit jusqu'à environ 18 mètres. Une grande quantité d'os s'y trouvaient mélangés
dans une terre rougeâtre avec des fragments de la roche
encaissante, soit libres, soit réunis par du carbonate de
chaux.

Un certain nombre de ces os furent adressés par
Delpont à G. Cuvier, qui y reconnut les restes de Cerf,
de Renne, de Rhinocéros, de Bœuf et de Cheval, que
vous voyez ici.

En général, messieurs, nous profitons des occasions
que les circonstances nous présentent, pour faire l'histoire des fossiles les plus importants, et lorsqu'une espèce, ayant offert, dans une localité, une très-grande
quantité de débris, a donné lieu à un travail ostéologique comparé assez approfondi, nous devons exposer

les résultats de ces études particulières, afin de faire disparaître, au fur et à mesure que nous avançons, les incertitudes qui peuvent encore rester dans l'esprit des paléontologistes sur la valeur de telle ou telle distinction spécifique. Or, la caverne de Brengues a permis de résoudre la question qui se rattachait à l'histoire du Renne fossile.

Lorsque Cuvier reçut ces fragments fort incomplets de bois de ruminant, il fut frappé de leur ressemblance avec ceux que, près d'un siècle auparavant, Guettard avait présentés à l'Académie des sciences, et qui provenaient d'une fente des grès supérieurs d'Étampes. Quoique les éléments de comparaison fussent alors très-insuffisants, on avait déjà soupçonné que ce pouvait être des bois de Renne, et Cuvier, avec ces nouveaux matériaux dont fait partie cette portion de crâne, confirma la détermination de son prédécesseur, sans cependant que les pièces qu'il possédait lui permissent de se prononcer sur l'identité ou la non-identité du Renne fossile de France, avec celui qui vit encore dans les régions polaires arctiques. Néanmoins il penchait pour les rapprocher, tandis que Schmerling, dans son grand travail sur les cavernes de la province de Liége, tout en admettant l'identité des bois trouvés dans ces cavernes avec ceux décrits en France, pensait que les uns et les autres appartenaient à une espèce fossile différente de la vivante. De son côté, J. de Christol, d'après une tête de Renne trouvée aux environs de Pézénas, établissait une autre espèce fondée sur la jonction des intermaxillaires aux os propres du nez, sur l'absence de canines et sur d'autres caractères qui, s'ils eussent été démontrés, eussent eu une valeur réelle, mais que l'état incomplet du spécimen ne permettait pas de constater suffisamment.

Tel était l'état de la question, lorsqu'en 1837, M. Puel,

médecin distingué qui s'occupe avec succès d'histoire naturelle, reprit les fouilles de la caverne de Brengues.

Elles produisirent de nombreux ossements de Lièvre, de Campagnol et d'autres rongeurs, de trois espèces d'oiseaux (Perdrix, Pie), de Rhinocéros, de Cerf du Canada, de Cheval (*Equus caballus*), d'Ane (*E. asinus*), d'Aurochs ou Bœuf, à front large et bombé, mais surtout de Renne dont on reconnut 21 mâchoires, 17 dents isolées, 15 fragments de bois, 11 portions de crâne, 54 vertèbres, 10 portions de sacrum, 40 côtes, 10 omoplates, 26 humérus, 5 cubitus, 23 radius, 32 fémurs, 32 tibias, etc. Ce sont ces matériaux qui ont permis à M. Puel de se livrer à une étude comparative approfondie du Renne fossile avec le Renne vivant.

Discutant avec sagacité les opinions de ses prédécesseurs, et démontrant combien étaient peu fondées les prétendues distinctions invoquées par Schmerling et de Christol, il fit voir que tous les restes recueillis dans la caverne de Brengues appartenaient à une seule espèce, laquelle était identique avec le *Cervus tarandus* ou Renne actuel du nord de l'Europe et de l'Asie.

Cette conclusion, qui n'a point été infirmée depuis, à ce que nous sachions, était fort importante en ce qu'elle établissait la contemporanéité, dans cette partie de la France comme dans les autres, d'une espèce très-répandue alors, qui n'y vit plus aujourd'hui, mais est reléguée dans les parties les plus froides de l'ancien et du nouveau continent, avec des espèces dont les congénères n'existent plus, au contraire, que sous les tropiques ou dans leur voisinage. Cette détermination avait encore un autre intérêt que des recherches plus récentes sont venues justifier.

Si nous revenons actuellement sur nos pas, dans le département de la Dordogne, nous rappellerons d'abord que depuis longtemps on avait signalé, dans la caverne de Miremont, au sud-est de Périgueux, ouverte dans des calcaires de la craie supérieure du pays, un limon rouge avec cailloux, renfermant des os d'*Ursus spelæus* et beaucoup d'autres brisés, des fragments de silex également nombreux, et des coquilles terrestres d'espèces vivantes. Mais des recherches plus récentes, faites l'automne dernier par MM. Lartet et Christy, ont appelé particulièrement l'attention sur cette partie du bassin de la Vézère. En mettant sous vos yeux ces curieux produits des fouilles exécutées par ces savants dans la caverne des Eyzies, nous y ajouterons les détails que le premier a bien voulu nous communiquer, et qui n'ont pas encore été publiés (1).

La grotte des Eyzies, située près de Tayac, dans l'escarpement qui borde la petite rivière de la Beune, non loin de sa jonction avec la Vézère, est ouverte, comme celle de Miremont, dans un calcaire crétacé supérieur, à 35 mètres environ au-dessus du fond de la vallée; sa largeur est de 16 mètres, sa profondeur de 12 et sa hauteur de 6. Le sol est formé par une brèche osseuse dont vous pouvez apprécier ici tous les caractères, et qui est recouverte d'une terre-meuble, noirâtre, renfermant, comme la brèche elle-même, des os nombreux, des silex taillés et des cailloux de diverses roches, la plupart étrangères au bassin de la Beune.

La partie inférieure de la brèche, composée ainsi d'os brisés, de silex taillés ou non et de cailloux divers, est consolidée en une sorte de conglomérat brunâtre, par des infiltrations de carbonate de chaux, constituant en quelque sorte le plancher d'un ancien lieu d'habitation que MM. Lartet et Christy ont pu faire enlever par

______

(1) Ces recherches ont été publiées depuis sous le titre de : *Cavernes du Périgord*, etc. 1864.

grandes plaques. On y fabriquait sans doute aussi des pierres taillées, si l'on en juge par la prodigieuse quantité des silex désignés sous le nom de *couteaux*, et la présence de ces pierres appelées *nuclei* ou *bloc-matrice*.

La plupart des os reconnus proviennent d'animaux qui ont pu servir à la nourriture de l'homme, tels que le Renne, le Bœuf (Aurochs?), le Cheval, le Chamois ou petit Mouflon, le *Cervus megaceros* (?), le Cerf commun, des oiseaux et des poissons probablement d'eau douce.

Tous les os longs qui renfermaient de la moelle sont fendus; les autres sont entiers; beaucoup portent des traces, des entailles ou rayures d'instrument tranchant. On n'a pas observé de restes du Sanglier, comme dans la plupart des grottes qui ont servi d'habitation, et l'on n'a reconnu qu'un os de Lièvre. Outre les silex taillés, répandus à profusion dans la partie meuble et dans la partie consolidée du plancher de la grotte, on y a observé des objets travaillés en bois de Renne, des flèches barbelées, des aiguilles ou alènes, etc. Un fragment de défense d'Éléphant, également travaillé, y est signalé, et des restes de charbons abondants sont quelquefois engagés dans la partie solide du conglomérat.

Plusieurs autres grottes du pays, visitées par MM. Lartet et Christy, leur ont présenté les mêmes circonstances. Dans celle de Moustier, située au nord, sur les bords de la Vézère, ils ont remarqué la présence de silex taillés en hache, du type de ceux de la vallée de la Somme, ou du diluvium, qui ne s'étaient trouvés que très-rarement dans les autres : ils y étaient associés avec les os de Renne, d'Aurochs, de Cheval, d'Hyène et des lames détachées de dents d'Éléphant.

Cependant il n'est pas encore démontré, à ce qu'il semble, que les os d'*Ursus spelæus* et d'*Hyæna spelæa* proviennent ici d'animaux contemporains de l'homme, parce qu'ils ne portent pas ces marques indiquant que les animaux ont pu servir à sa nourriture, ce qui, d'ailleurs, est rare sur les os des carnivores.

On trouve aussi, dans plusieurs vallées du même pays, le long des escarpements ou adossées à des roches en saillie et surplombantes, des preuves que les habitants de la même époque y ont fait un long séjour. Ce sont les accumulations des restes de la nourriture des aborigènes, sorte de Kjökkenmöddings formés ici, non pas de coquilles marines, mais d'innombrables ossements de Renne, d'Aurochs, de Cheval, toujours fendus, brisés et accompagnés de silex taillés.

Les os qui n'avaient point de moelle sont intacts, ce qui prouverait l'absence du chien domestique, qui, nous le savons, utilisait ces restes chez les anciens habitants du Danemark.

En résumé, suivant M. Lartet, tous ces matériaux laissés comme témoignage de leur présence par les populations aborigènes de cette partie de la France, soit dans les grottes, soit à ciel ouvert, appartiendraient à une phase intermédiaire où le Renne abondait encore dans l'ouest de l'Europe. Les restes de Rhinocéros n'y ont été observés nulle part, et, d'un autre côté, on n'y a point rencontré de silex polis de *l'âge de pierre anté-historique*.

Or, si nous nous rappelons, messieurs, que nous avons signalé, dans les leçons précédentes, des preuves de la contemporanéité de l'homme avec les grandes espèces éteintes de pachydermes dont nous ne retrouvons plus de traces dans ces cavernes, où les restes de Rennes sont au contraire si constants, et si nous vous annonçons en même temps qu'on vient de découvrir, dans plusieurs grottes de la haute vallée de l'Ariége, des témoignages de l'existence de populations qui auraient été contemporaines des habitations lacustres de la Suisse, nous pouvons espérer, par des études comparatives très-suivies, de reconstruire un jour l'histoire de l'humanité dans notre pays antérieurement à toute tradition écrite. Les leçons prochaines nous apporteront d'ailleurs encore de nombreux témoignages à l'appui de ces vues nouvelles.

SIXIÈME LEÇON

Cavernes et brèches osseuses du Languedoc.

Messieurs,

Le Languedoc est la province de France dont les cavernes à ossements ont fourni le plus de matériaux à la paléozoologie de notre pays, matériaux qui ont été l'objet de publications remarquables.

Dès 1828, M. Tournal signalait dans la caverne de Bize, au nord-ouest de Narbonne, des ossements humains enfouis dans un limon et une brèche, avec des restes de poteries, des bois de Cerf, des os travaillés, et des débris d'animaux, dont plusieurs espèces seraient éteintes, et d'autres vivraient encore dans le pays ou ailleurs (Cerf, Chamois, Chevreuil, Antilope, Ours, etc.). Dans le département du Gard, de Christol indiqua, vers le même temps, des cavernes où des os humains se trouvaient associés à ceux du Rhinocéros, du Cerf, du Cheval, du Bœuf et de l'Hyène ; aussi le premier de ces naturalistes n'hésita-t-il pas à admettre la contemporanéité des uns et des autres.

M. Tournal divisa la période géologique moderne, qu'il appelait *anthropœienne* ou caractérisée par la présence de l'homme, en sous-périodes, l'une *anté-historique*, l'autre *historique*, précisément comme nous le faisons aujourd'hui, cette dernière ne remontant pas, dit-il, au delà de sept

mille ans, lors de la construction de Thèbes. Marcel de
Serres admettait aussi la contemporanéité de l'homme
avec les espèces éteintes, et l'on a vu qu'en 1833, Schmerling arrivait à la même conclusion par l'étude des cavernes
de la province de Liége. La démonstration donnée alors
de ce fait important, dont nous verrons que la première
notion remonte bien plus loin encore, n'eut cependant
aucun effet sur les esprits, qui n'en continuèrent pas
moins à se rattacher à une négation commode, dispen-
sant de tout examen. Si nous insistons sur cette circonstance, c'est parce que beaucoup de personnes, peu versées dans l'histoire de la science, sont souvent disposées
à faire honneur de ces résultats à des recherches et à des
publications de vingt-cinq ou trente ans postérieures à
celles que nous venons de rappeler.

Mais, des divers travaux exécutés dans les cavernes
du Languedoc, ceux de la caverne de Lunel-Viel, découverte en 1800, ont été de beaucoup les plus fructueux.
Après celles du Yorkshire et de la province de Liége, c'est
cette localité qui a présenté le plus de formes variées.

Situées à trois lieues à l'est de Montpellier, sur la route
de Nîmes, à 18 mètres seulement au-dessus du niveau
de la Méditerranée, ces cavités sont ouvertes dans un
calcaire de la période tertiaire moyenne ou mollasse (calcaire moellon). Elles constituent plusieurs pièces ou
chambres, reliées par des couloirs, et dans lesquelles
ont été apportés successivement un limon avec gravier
et dents de Squales, un dépôt limoneux rougeâtre, rempli d'ossements, et du sable au-dessus. Leur étendue en
longueur est d'environ 140 mètres ; leur plus grande largeur est de 12 mètres, et la hauteur de 3 ou 4.

Les fouilles exécutées à partir de 1824, par une com-
mission désignée à cet effet, furent continuées jusqu'en
1827, et leurs résultats, étudiés avec soin, furent publiés
en 1839 par MM. Marcel de Serres, Dubreuil et Jean-Jean,

dans un ouvrage accompagné de nombreuses planches. Ces
naturalistes ont pu déterminer 35 ou 36 espèces de mammifères terrestres dont 17 carnassiers, 4 ou 5 rongeurs,
6 pachydermes, 8 ruminants ; par conséquent 18 ou 19
herbivores, c'est-à-dire plus de la moitié du total. Dans
aucune des cavernes du midi de la France, la proportion
des carnassiers n'a été trouvée aussi considérable qu'ici.

Parmi les herbivores, les restes de Cerfs, de Bœufs ou
de Chevaux sont les plus abondants ; parmi les carnassiers, le genre Hyène domine, sans que cependant ces
animaux paraissent avoir été très-nombreux. A l'exception du genre Lion ou Tigre (*Felis*), des Hyènes, du Rhinocéros et de l'Éléphant, les autres mammifères ont encore leurs analogues dans le pays. Les restes de reptiles,
d'oiseaux et de mollusques terrestres, offrent la même
analogie avec les espèces vivantes.

Les ossements rapportés au Lion, au Tigre, à l'Hyène,
annoncent des animaux d'un sixième plus grands que
leurs congénères actuels, et montrent en outre des différences spécifiques que nous apprécierons plus loin. Il
y aurait des traces de deux espèces de Rhinocéros, que
les auteurs rapportent aux *R. incisivus*, Cuv., et *minutus.*
Les restes d'Éléphant sont d'ailleurs très-rares. En résumé, sur 19 espèces d'herbivores, Marcel de Serres et
ses collaborateurs pensent qu'il n'y en a que 2 d'éteintes,
et sur 14 carnassiers, 4, les autres étant peu déterminables. Suivons un instant MM. Marcel de Serres, Dubreuil et Jean-Jean dans l'énumération des caractères de
cette faune.

Parmi les carnassiers plantigrades, ils admettent la
présence de deux espèces d'Ours, l'*U. spelœus* et l'*U. arctoideus*, ou l'Ours à front bombé et l'Ours à front aplati.
Déjà de son côté, Marcel de Serres avait établi, comme
on l'a vu, une troisième espèce, sous le nom d'*U. Pitorrii*, pour des ossements trouvés dans la caverne de

Fausan ; mais, en réalité, nous avons fait remarquer que cette espèce devait être réunie à l'Ours des cavernes, dont l'*U. arctoideus* n'était lui-même qu'une variété à front moins bombé, de sorte qu'il n'y aurait à Lunel, comme dans tous les gisements analogues, qu'une seule espèce d'Ours.

Le Blaireau est ensuite signalé, ainsi que le Putois, la Loutre, le Chien, le Loup et le Renard. Les auteurs auxquels nous devons ces recherches ont fait ici une étude particulière du genre Hyène, et après avoir rappelé les caractères des trois espèces vivantes, l'Hyène rayée du Levant, l'Hyène tachetée du Cap, et l'Hyène brune de la Nubie et de l'Abyssinie, qui est la plus petite, ils croient pouvoir en distinguer aussi trois, ou au moins deux autres dans cette caverne.

Cependant, tout en donnant les noms d'*Hyena spelæa* à la première, celle qui avait été depuis longtemps décrite, et qui se rapprocherait de l'Hyène tachetée, puis d'*H. prisca* à la seconde, qui se rapprocherait de l'Hyène rayée, et enfin d'*H. intermedia* à la troisième, qui présente des caractères communs avec les deux autres, les auteurs ne prétendent point affirmer qu'elles diffèrent absolument des espèces actuelles, les éléments fournis par les têtes et les dents trouvées dans la caverne de Lunel-Viel leur paraissant insuffisants. Il semble donc que la réserve eût encore dû être poussée plus loin, et qu'il ne fallait pas mentionner trois espèces et surtout leur donner des noms, quand on n'avait que cinq têtes en tout à comparer.

Quoi qu'il en soit, avec ces Hyènes devaient vivre cinq espèces de *Felis*, dont deux atteignaient une très-grande taille. Le *Felis spelæa*, entre autres, surpassait d'un sixième les plus grands Lions de nos jours. Sa force, sans doute proportionnée à sa taille, devait le rendre un ennemi redoutable pour tous ses contemporains. Une seconde espèce était voisine du *Felis leo* de l'Afrique : une troisième, du Léopard ; une quatrième, du Serval, et la dernière du Chat sauvage (*F. ferus*). Une sixième espèce semble être aussi voisine des Genettes. Parmi ces carnassiers, trois seulement, suivant les auteurs, seraient éteints (*Hyæna intermedia, Felis spelæa, Ursus spelæus*).

Les rongeurs montrent des représentants de trois genres, dont les espèces auraient leurs analogues vivants Ce sont : 1 Castor, 2 Rats et 3 Lièvres ou Lapins.

Les pachydermes n'ont présenté que quelques restes d'Éléphant peu déterminables, rapportés à l'*E. primigenius* ; des dents et d'assez nombreux ossements qui sembleraient indiquer deux espèces de Rhinocéros, peut-être les *R. incisivus*, et *minutus*, comme on l'a déjà dit ; deux Sangliers : l'un, désigné sous le nom de *Sus priscus*, serait de grande taille ; l'autre, le Sanglier actuel (*Sus scropha*).

Deux races de Chevaux ont été distinguées : l'une, grande comme les plus élevées de nos jours ; l'autre, petite, rappelant celle de la Camargue. Des individus de divers âges, comme dans les animaux précédents, ont permis de constater le fait. Ces races se rapportent d'ailleurs à l'espèce actuelle (*E. caballus*), et d'autres cavernes, telles que celles de Bize et d'Argou, ont aussi présenté des races différentes, qui s'étaient produites indépendamment des croisements dus à l'influence de l'homme. Ces Chevaux ont offert, les uns le sabot élevé, comme ceux qui vivent encore dans les lieux secs et arides; les autres, le sabot bas, élargi, comme ceux qui fréquentent les lieux humides et marécageux, conditions d'*habitat* que nous voyons encore aux environs de Lunel-Viel comme aux environs de Narbonne.

Les Chevaux sauvages d'alors, de même que ceux d'aujourd'hui, avaient généralement la tête plus forte et plus grande que ceux qui ont été soumis à la domination de l'homme. Les restes, d'ailleurs très-nombreux, ensevelis dans le limon rouge de la caverne de Lunel-Viel, étaient dans un fort mauvais état, tous brisés et fracturés, à peu près comme dans celle de Bize.

Parmi les ruminants, l'abondance et la variété des restes du genre Cerf ont surtout appelé l'attention de MM. de Serres, Dubreuil et Jean-Jean. Ils ont d'abord fait remarquer que, malgré la multiplicité des espèces actuelles, elles conservaient leurs caractères en rapport avec les pays qu'elles habitent. Un petit nombre sont aujourd'hui communes aux deux continents; l'Élan et le Renne ont pu s'y répandre par le Nord; 5 espèces seraient propres à l'Amérique septentrionale; 4, à celle du Sud; 4, communes à l'Europe et à l'Asie (le Cerf commun, le Daim, le Chevreuil et l'Ahu); 14, particulières à l'Inde, à l'Indo-Chine et aux archipels du sud-est. De sorte que si ces données résultent d'études comparatives suffisantes de 29 espèces de Cerfs vivants, 2, comme on vient de le dire, seraient communes à l'ancien et au nouveau continent, 9, propres à celui-ci et 18 à celui-là.

La distribution de ces animaux dans le sens de la hauteur est limitée comme leur parcours géographique. Dans l'Amérique centrale et méridionale, certaines espèces vivent jusqu'à 14 et 1500 mètres d'altitude. Une seule, suivant Alexandre de Humboldt, s'élèverait jusqu'à 4000 mètres.

Maintenant, la population des Cerfs du Languedoc, pendant l'époque quaternaire, à en juger d'après le travail que nous analysons, aurait été supérieure à celle d'une province quelconque de nos jours, car ils formeraient un cinquième de la population des mammifères recueillis dans la caverne de Lunel-Viel.

Comme pour les genres précédents, les auteurs ont désigné les espèces qu'ils on cru devoir admettre par des noms particuliers, sans toutefois prétendre qu'elles dussent constituer des espèces réellement différentes de celles qui ont été décrites jusqu'à présent. Ce mode de procéder, qui avait pour but de se faire mieux comprendre du lecteur et d'attirer l'attention sur ces fossiles, a les plus graves inconvénients dans une nomenclature, où il introduit une confusion d'idées et de noms très-fâcheuse. Ainsi le Cerf intermédiaire (*C. intermedius*), la plus grande des espèces des cavernes de Lunel-Viel, se rapproche du Cerf commun et de celui du Canada ; le Cerf à meules couronnées (*C. coronatus*) ; le Cerf dont la dernière molaire inférieure présente un double cône (*C. antiquus*) ; celui dont les meules et les bois sont demi-aplatis, et qui est désigné sous le nom de *C. pseudo-virgineus*, à cause de sa ressemblance avec le Cerf de la Virginie, sont des dénominations établies sans doute après un travail consciencieux, mais qui n'ont aucune valeur réelle, et attendent un nouvel examen critique des faits.

Pour les Bœufs, dont le nombre des espèces vivantes est moins considérable que celui des Cerfs, dont les espèces du nouveau continent différeraient toutes de celles de l'ancien, et dont le genre n'a pris un grand développement que dans la période qui nous occupe, on en compte actuellement trois espèces en Europe, et MM. de Serres, Dubreuil et Jean-Jean en reconnaissent aussi trois dans la caverne de Lunel-Viel : l'Aurochs, le *Bos intermedius*, un peu plus grand que le Bœuf domestique, mais qui pourrait n'être pas une espèce nouvelle, et un Bœuf de la taille des Bœufs actuels, ne paraissant pas différer non plus du *Bos taurus*.

Mais en faisant remarquer que le nombre des espèces de ruminants trouvées dans ces cavernes est peu considérable en comparaison des animaux de cet ordre qui vivent actuellement à la surface du globe, les auteurs ne

songent pas qu'il n'y a aujourd'hui, sur aucun point de
la terre, une étendue égale à celle du département du
Gard, où l'on trouve, réunies et vivant ensemble, un pareil nombre d'espèces du même genre, Cerf ou Bœuf;
et nous en dirons autant pour les grands *Felis* et les
Hyènes; ce qui nous permet encore de douter de la valeur absolue de ces déterminations spécifiques.

Outre ces nombreux ossements de mammifères terrestres, le dépôt de remplissage de la caverne de Lunel-
Viel a encore présenté des restes d'oiseaux de proie, de
passereaux, d'échassiers et de palmipèdes, puis de reptile (*Lacerta ocellata*). Les fossiles marins qu'on y a
rencontrés provenaient évidemment de la roche environnante. C'étaient des dents de Squales et des coquilles.
Des six espèces de coquilles terrestres qui s'y trouvaient
mélangées (*Cyclostoma elegans*, **Bulimus decollatus**, **Helix
nemoralis**, *fruticum*, *variabilis rhodostoma*), deux, les
H. nemoralis et *fruticum*, ne vivent plus sur les lieux;
quelques restes d'insectes (*Helope*, *Carabus*, *Trichius*,
Cetonia, *Chrysomela*) ont aussi été rencontrés.

Des faits qui précèdent, et d'un grand nombre d'autres
qu'ils énumèrent, les auteurs concluent que le remplissage des cavernes et l'enfouissement des restes d'animaux
qu'on y trouve sont postérieurs à l'établissement de
l'homme dans le pays, conclusions qui reposent sur le
mélange d'un grand nombre d'espèces perdues, disent-
ils (page 230), avec des ossements humains, des produits
de notre industrie, et enfin avec des restes de ces mêmes
races éteintes, travaillés et façonnés par la main des
hommes.

Marcel de Serres, dans son *Essai sur les cavernes à ossements* (page 196), publié l'année précédente, disait également : « Il paraît donc bien établi, soit d'après les faits,
» soit d'après ceux que nous avons énumérés dans nos
» différents travaux, que l'homme a été contemporain

» des espèces perdues, disséminées avec ces débris dans
» certaines des cavernes à ossements de l'Europe. »

Ainsi tous les naturalistes du Midi, qui avaient alors
le plus étudié cette question, étaient d'accord, tandis
que le savant bibliothécaire du Muséum, M. J. Desnoyers, qui, lui aussi, s'était beaucoup occupé de ce
sujet, arrivait en 1845 à des conclusions opposées, dans
un excellent article du *Dictionnaire universel d'histoire
naturelle* que nous avons déjà cité. «Nous croyons, dit-il,
» prudent, dans l'état actuel des observations, de nous
» borner à notre troisième hypothèse, savoir : Que la
» réunion, sur le même sol souterrain, avec les espèces
» perdues, des ossements de l'homme et des vestiges de
» son industrie, ne serait que le résultat de plusieurs
» causes fortuites, non simultanées, postérieures au
» comblement de la plus grande partie des cavernes,
» et pouvant indiquer des dépôts et des remaniements
» plus modernes. »

Depuis lors, Marcel de Serres, dans ses dernières années, semble avoir abandonné les convictions de toute
sa vie. « Les restes humains, même les plus anciens,
» dit-il, n'ont pas été contemporains des Éléphants, des
» Rhinocéros, des Hippopotames, des *Megatherium*, pas
» plus que des grands Lions, des Hyènes, des *Megalonyx*
» et des Ours gigantesques » (*Des ossements humains des
cavernes*, etc., p. 75, 1855); tandis que M. J. Desnoyers,
se rendant à l'évidence des faits, est devenu l'un des
plus chauds partisans de la contemporanéité de l'homme
avec les grandes espèces de mammifères éteints.

D'autres cavernes du Languedoc, pour être moins importantes que celles dont nous venons de parler, ne doivent pas cependant être passées sous silence. Ainsi les
cavernes de Fausan, près de Minerve (Hérault), ont
fourni plusieurs espèces d'Ours, que nous croyons pouvoir ramener toutes à l'*U. spelæus;* un *Canis*, très-voisin

du *C. familiaris;* une Hyène, un *Felis leopardus,* un Lièvre ou Lapin, des restes d'Éléphant, de Cheval et de plusieurs Cerfs. Des objets d'industrie humaine ont été trouvés dans le même limon que les ossements d'Ours.

Les cavernes de Mialet et de Jobertas (Gard), ouvertes dans des calcaires secondaires, ont offert à Marcel de Serres les mêmes ossements d'Ours que la précédente ; quatre *Felis* (*F. pardus, spelæus, priscus* et *ferus*), le Renard, le Lièvre, le Lapin, le Sanglier et le Cheval ; deux espèces d'Antilopes, la Chèvre, un Cerf ; trois espèces ou variétés du genre *Bos;* des oiseaux de quatre espèces, et des ossements humains appartenant à deux époques différentes, les uns dans le limon inférieur avec les débris d'Ours, les autres, plus récents, dans la terre meuble qui le recouvre. Il en est de même des débris disséminés dans l'une et l'autre couche.

Les cavernes de Bize et de l'Hermite (Aude), dont nous avons déjà parlé, ont surtout présenté beaucoup de restes d'herbivores, constituant souvent, par leur réunion, une véritable brèche osseuse sur les parois, brèche différente d'ailleurs de celles qui, dans la même localité, ont rempli des fentes étroites de la roche, et où l'on ne trouve que des os de petits mammifères rongeurs, etc. Des ossements humains ont été rencontrés avec les coquilles terrestres, les os de mammifères éteints, et des débris d'industrie, dans la brèche qui était appliquée à la voûte de la cavité. Ces ossements d'animaux provenaient de deux Chauves-Souris, de l'Ours des cavernes, du Loup, du Renard, du *Felis serval,* du Lièvre, du Lapin, du Rat, du Sanglier, du Cheval, de deux espèces de Cerfs (*C. Destremii* et *Reboulii*), de deux espèces de Boucs, puis de Chèvres, d'Antilopes, de Bœufs et d'oiseaux divers.

Des coquilles marines tertiaires peu anciennes, et des coquilles terrestres semblables à celles de la caverne de

Lunel-Viel, s'y trouvaient associées. Les cavernes de Pondres et de Souvignargues (Gard) ont présenté, avec les restes des mêmes mammifères, des débris d'industrie et des ossements humains. Celles des environs de Meyrucis (Lozère), surtout à Nabrigas, ont aussi offert la réunion de circonstances analogues, comme celles des environs du Vigan et de Bruniquel (Tarn). Plus au sud, dans les Pyrénées-Orientales, la grotte d'Argou renfermait des ossements uniquement d'herbivores (*Rhinoceros tichorhinus*, *Sus scropha*, *Equus caballus*, *Bos ferus*, *B. taurus*, *Ovis tragelaphus*, *Capreolus Tournalii* et *Reboulii*).

Enfin, messieurs, la brèche osseuse des calcaires jurassiques de la montagne isolée de Cette a été décrite par Cuvier, qui y a signalé les ossements de Lapins, de rongeurs, d'oiseaux, de serpent, qui sont sous vos yeux.

Les cavernes à ossements du versant nord des Pyrénées, dont nous nous occuperons dans la séance prochaine, nous feront voir que les recherches plus récentes dont elles ont été l'objet n'ont pas été moins fructueuses que les précédentes pour l'histoire zoologique de l'époque qui nous occupe.

SEPTIÈME LEÇON

Cavernes et brèches osseuses des Pyrénées.

Messieurs,

On comprend, d'après ce que nous avons dit jusqu'à présent, que les roches calcaires des pentes inférieures de la chaîne des Pyrénées ont dû présenter souvent aux recherches des naturalistes des cavernes et des grottes résultant de fentes et de crevasses élargies, modifiées ensuite par le passage des eaux souterraines auxquelles elles offraient ainsi des issues naturelles.

Dans les calcaires jurassiques des environs de Bagnères-de-Bigorre, des faits de cette nature ont depuis longtemps attiré l'attention, et nous signalerons particulièrement ceux qu'a fait connaître récemment un observateur du pays, M. Philippe, qui distingue les grottes des vallées et celles des montagnes.

Parmi les premières, la grotte de Baudéan a offert, dans un limon argilo-calcaire et ferrugineux, des os du *Rhinoceros tichorrhinus* et de Cerf (*C. pyrenaicus* de l'auteur).

A un kilomètre de Bagnères, à droite de la route de Campan, les cavernes d'Aurensan renfermaient l'*Elephas primigenius*, le *Rhinoceros tichorhinus*, le *R. africanus*, le *Cervus pyrenaicus*, le *C. Lartetii*, le *C. alces*, le *Felis leo*, le *Felis ferus* ou Chat sauvage, l'*Histrix cristata* (Porc-Épic), le *Lepus pyrenaicus* et l'*Erinaceus europœus*. Au-dessus de la couche argilo-calcaire ferrugineuse qui contenait ces ossements, et qui constitue le fond du sol de la cavité, est une couche meuble, sèche, composée de débris de végétaux, de coquilles et de très-petits graviers avec des *Helix hortensis*, des os de batraciens, de rongeurs, d'insectivores, appartenant tous à la faune actuelle du pays.

Dans la plupart des cavernes de la contrée, on rencontre d'ailleurs des restes plus ou moins nombreux d'*Ursus spelœus*, de *Canis vulpes*, d'*Hyœna spelœa*, de *Sus scropha*, de Cheval, de Renne, d'Aurochs et de Bœuf.

Les grottes des hauteurs se trouvent dans le massif de Bédat, qui domine Bagnères à l'ouest, derrière le mont Olivet et à l'Élysée-Cottin, à 200 mètres au-dessus du fond de la vallée. Dans cette dernière localité, le limon argilo-calcaire ferrugineux, très-épais, a fourni des dents d'Hyène, des restes de Renard, de Panthère et de rongeurs. Dans la partie du mont Bédat appelée *Es-taliens*, un amas bréchiforme a offert à MM. Philippe et Davezac des restes de Chevreuil, de Cheval, de Cerf (*C. pyrenaicus*), de Renne, d'Aurochs, de Bœuf (*B. primigenius*) et de Putois, avec des coquilles terrestres (*Helix olivetorum, variabilis, striata, Cyclostoma obscurum*). Ces espèces se trouvent pour la plupart dans les gisements des vallées; mais, suivant la remarque de M. Leymerie, les restes de grands pachydermes manquent dans ceux-ci.

La liste générale des mammifères fossiles de ces cavernes comprend 40 espèces, dont 12 seraient éteintes, plus 12 espèces d'oiseaux et 2 batraciens.

Les espèces les plus répandues dans ces gisements appartiennent aux genres Ours, Hyène, Cheval, Bœuf, Cerf (Élan et Renne), ainsi qu'au Rhinocéros. M. Leymerie signale particulièrement un Rhinocéros bicorne, voisin de

celui qui vit aujourd'hui dans le sud de l'Afrique ; mais
quant à la présence de deux arrière-molaires humaines,
trouvées par M. Philippe dans un de ces gisements, il ne
les considère pas comme une preuve suffisante de la contemporanéité de l'homme avec le remplissage des cavernes, et par conséquent avec les espèces d'animaux éteints.
Nous allons voir que dans le moment même où le professeur de géologie de la Faculté de Toulouse énonçait
cette opinion, des découvertes imprévues venaient apporter des faits propres à appuyer une manière de voir absolument contraire.

M. Ed. Lartet annonça, il y a trois ans (1), qu'un ouvrier, en abattant, dix ans auparavant, un talus de terre
meuble au pied d'un escarpement de calcaire tertiaire
du groupe nummulitique, près de la petite ville d'Aurignac, sur la route de Boulogne (Haute-Garonne), avait
mis à découvert une sorte de dalle de pierre posée debout
contre une ouverture qu'elle bouchait, et qu'après l'avoir
retirée, il avait aperçu une cavité ou sorte de niche dans
laquelle se trouvait une grande quantité d'ossements humains. Ces ossements furent enlevés alors par les soins
du maire de la commune, et ensevelis dans une fosse
particulière du cimetière de la paroisse, dont on n'a pu
depuis retrouver l'emplacement. On avait recueilli avec
ces restes humains des dents de carnassiers, d'herbivores
et de petits corps ronds, percés, destinés à être portés
comme ornements, circonstances qui engagèrent M. Lartet à faire exécuter en cet endroit des fouilles qui produisirent les résultats suivants.

Dans le sol même de la petite caverne, à la surface duquel on avait trouvé les ossements humains précédemment enlevés, on rencontra d'abord des os et des dents
d'homme, puis des objets divers en bois de Renne tra-

____

(1) *Ann. des sc. nat.*, 4ᵉ série, ZOOLOGIE, vol XV.

vaillés, des os de l'Ours des cavernes, des dents de Cheval, d'Aurochs, de Renne, de Renard, etc. Cette couche
de terre ossifère se prolongeait en dehors de la caverne,
et, en continuant à l'exploiter, on découvrit au-dessous
une terre noirâtre, mélangée de cendre et de charbon,
qui renfermait aussi des dents d'Aurochs, de Renne et
des os calcinés ou roussis. Cette couche de cendre et de
charbon avait une superficie de 5 à 6 mètres, et une
épaisseur de 15 à 20 centimètres. Comme dans la terre
meuble, au-dessus, les os d'herbivores étaient plus abondants que ceux de carnassiers, quoique le nombre des
espèces des deux ordres fût à peu près le même.

Parmi les premiers, M. Lartet a pu déterminer des os
d'*Elephas primigenius*, de *Rhinoceros tichorhinus*, de 12 à
15 Chevaux (*E. caballus*), d'un Ane, de Sanglier, de Cerf
(*C. elaphus*), de *C. megaceros*, de 3 ou 4 Chevreuils, de
10 ou 12 Rennes, et de 12 à 15 Aurochs (*Bison europœus*).
Parmi les seconds, des ossements de 5 ou 6 Ours des
cavernes, d'une autre espèce de petite taille, peut-être
l'*U. arctos;* d'un ou deux Blaireaux, de Putois, de *Felis
spelœa*, de *F. ferus*, de 5 ou 6 Hyènes des cavernes, de
3 Loups, et de 18 à 20 Renards. On remarquera que
dans cette énumération d'espèces, le grand *Felis* des cavernes n'est représenté que par deux dents ; l'Éléphant,
par deux molaires ; le Sanglier, par deux incisives. L'absence des restes de Lièvre et de Lapin est en outre d'accord avec ce que l'on sait de la répugnance qu'avaient les
peuples primitifs de l'ouest de l'Europe à se nourrir de ces
animaux. Il n'en était pas de même du Cheval et du Rhinocéros, dont les os nombreux, par leur cassure et les traces
apparentes d'instruments tranchants qu'on y observe,
prouvent que ces animaux avaient servi à l'alimentation
de l'homme comme le Renne et le Cerf, dont les os longs
sont tous cassés ou fendus de la manière la plus favorable
pour en extraire la moelle.

Suivant M. Lartet, les premières traces d'êtres animés trouvées dans ces couches meubles, sont celles de l'homme établissant, sur la plate-forme en dehors de la petite grotte, un foyer qui, par l'épaisseur de la couche de cendre, prouve un séjour assez long en cet endroit ; l'absence de trace de feu à l'intérieur, et l'état de conservation des ossements d'animaux qu'on y a trouvés, prouvent en outre que, dès l'origine, cette cavité, fermée à tout accès du dehors, a dû être consacrée à des sépultures humaines. La grande quantité de restes d'animaux ayant servi à l'alimentation de l'homme, et leur présence à des niveaux différents, indiqueraient des réunions successives en cet endroit, peut-être lors de l'inhumation des corps ensevelis dans la grotte.

L'ancienneté de cette sépulture ne peut être établie, ni par la tradition, ni par l'histoire, ni par des données numismatiques. L'absence de tout objet de métal, et la présence au contraire de ceux de silex et d'os, la feraient déjà remonter à l'*âge de pierre* ; mais les données paléontologiques doivent la faire regarder comme antérieure. La race humaine de la caverne d'Aurignac a été évidemment contemporaine, dit M. Lartet, de l'Aurochs, du Renne, du Cerf gigantesque, du Rhinocéros, de l'Hyène, etc., et du grand Ours des cavernes, l'espèce la plus anciennement disparue de ces grands mammifères qui caractérisent l'époque quaternaire.

Mais ces curieuses recherches de M. Lartet ne se sont pas bornées à cette localité ; elles ont été étendues à une autre partie du versant nord des Pyrénées, d'abord dans la vallée de l'Ariége.

Déjà, en 1858, M. Fontan avait découvert, au sud de Saint-Gaudens, dans la montagne du Ker, près de Massat, deux grottes ossifères dont il donna la description. Deux ans après, M. Lartet les visita de nouveau, et nous consignerons ici les principaux résultats de ses recherches et de celles de son prédécesseur.

Ces grottes sont situées à deux niveaux différents ; la plus élevée est à 100 mètres au-dessus du fond de la vallée que parcourt l'Arac, l'autre à 20 mètres seulement.

La plus élevée a présenté deux couches distinctes : l'une, superficielle, contenant des cendres, du charbon, des débris de poteries et des médailles romaines ; l'autre, inférieure, paraissant avoir été remaniée par le passage de courants ; elle renfermait beaucoup d'espèces de la faune actuelle, le Hérisson, le Bouquetin, le Chamois, le Blaireau, le Renard, le Cerf, le Chevreuil, etc., dont le degré d'altération était semblable à celui des os du grand Ours des cavernes, du *Felis* des cavernes, et de l'Hyène, avec lesquels ils se trouvaient mélangés. Mais il n'y avait pas de traces de Rhinocéros, d'Éléphant, de Cheval, ni de Bœuf, ce qui se comprend, vu la position élevée de cette caverne.

Dans ce même conglomérat d'ossements d'animaux éteints et vivant encore, M. Fontan a découvert deux dents humaines, des flèches et des os de Cerf travaillés, prouvant que l'homme avait vécu dans cette caverne à la même époque que les animaux dont on y trouvait les restes, et que depuis elle avait été habitée une seconde fois par des populations de l'époque gallo-romaine.

La deuxième grotte, celle qui est située au bas de la montagne, n'a offert ni cendre, ni charbon, mais un certain nombre de flèches, de harpons et d'autres objets de bois de Cerf, des couteaux de silex et un grand nombre d'*Helix memoralis* dans le voisinage. Parmi les ossements. il n'y en avait que d'herbivores, de Cerf, de Chamois et de Bouquetin.

M. Lartet remarqua, comme à Aurignac, l'absence du

Lièvre et du Lapin. Les os, dans cette localité, sont fendus, cassés, comme ceux des cavernes du Périgord et des Kjökkenmöddings du Danemark, et ils portent des traces d'instruments tranchants.

Cette station humaine est beaucoup moins ancienne que celle d'Aurignac, où les hommes étaient trouvés en relation directe d'antagonisme avec un ensemble d'espèces gigantesques éteintes, tout à fait quaternaires, tandis qu'à Massat on ne rencontre plus que des traces d'Aurochs, animal qui existe encore dans les forêts de la Lithuanie.

Peu après, M. Lartet, accompagné de M. Alphonse Milne Edwards, a visité la grotte de Lourdes, ouverte à l'ouest de Bagnères-de-Bigorre, dans des calcaires secondaires. Des fragments de crâne humain y ont été trouvés associés à des restes de Renard, de Cheval, de Sanglier, de Cerf, de Chamois, de Bouquetin, de Renne, d'Aurochs, de Bœuf, de Taupe, de Campagnol et d'oiseaux. Les os de Cheval surtout y étaient abondants; ceux de Cerf peu communs, au contraire, sans doute parce que ceux de Renne s'y trouvent en grande quantité, et qu'en général le Cerf et le Renne n'habitent pas les mêmes lieux. La plupart des os d'Aurochs, de Cheval et de Renne, qui sont les plus répandus, portent des marques d'instruments tranchants qui ont dû servir à enlever la chair qui les entourait.

On a rencontré aussi beaucoup d'objets façonnés, soit de silex, soit de bois de Cerf et de Renne, des stylets, des poinçons, des aiguilles, des têtes de flèches, etc., particulièrement dans le voisinage d'anciens foyers découverts à une certaine profondeur, et marqués par des plaques de grès rougies au feu. Aucune trace d'animaux domestiques n'y a été observée, non plus que dans les cavernes du Périgord. Malgré la grande quantité d'ossements dont les habitants de ces cavernes avaient mangé

les chairs, nulle part il n'y avait de traces de l'existence
du Chien, que nous trouvons seulement dès que nous ar-
rivons à la période anté-historique proprement dite,
comme en Danemark et chez les peuples de la Suisse, à
l'époque des habitations lacustres. C'est pour les stations
les plus anciennes un caractère négatif dont il faut jusqu'à présent tenir compte dans ce genre de recherches.

Par l'observation comparée du contenu des diverses
cavernes, M. Lartet arrive, relativement à l'existence
anté-historique de l'homme, à une conclusion que nous
avons souvent opposée aux personnes qui ne voient dans
l'ensemble de l'époque quaternaire qu'un moment de
perturbation des lois générales de la nature. Ainsi, entre
les caractères observés dans la grotte inférieure de Massat et ceux de la grotte d'Aurignac, qui dénotent tous les
traits de la vie sauvage soumise aux mêmes instincts, il
y a cependant des différences qui indiquent un laps de
temps considérable, et cet intervalle, dit le savant paléontologiste, nous paraîtra d'autant plus long, que tout tend
à démontrer que la disparition des espèces dites *diluviennes* a été, non pas simultanée, comme on l'a supposé
longtemps, mais graduelle et successive pendant une
longue série de siècles.

A l'appui de cette idée, M. Lartet a cherché à faire
l'histoire paléontologique des neuf types principaux
qui caractérisent la faune quaternaire de l'Europe, et
qui seraient, dans l'ordre d'apparition ou d'ancienneté :

L'*Ursus spelœus*,

L'*Hyœna spelœa*,

Le *Felis spelœus*,

L'*Elephas primigenius*,

Le *Rhinoceros tichorhinus*,

Le *Megaceros hibernicus* (*Cervus megaceros*),

Le *Cervus tarandus*,

Le *Bison d'Europe*,

Le *Bos primigenius*.

Il conclut ensuite de cet examen détaillé que leur apparition en Europe n'a pas été simultanée; que leur extinction paraît aussi avoir été successive, au moins pour plusieurs d'entre eux, et que, s'il était possible d'arriver à déterminer l'ordre dans lequel ces espèces ont disparu, on trouverait, dans ces dates paléontologiques, un moyen de fixer l'âge relatif des stations où l'homme a dû évidemment être en rapport direct avec quelques-unes d'entre elles.

C'est ainsi qu'appliquant ces vues à ce que l'on sait de la grotte inférieure de Massat, où l'Aurochs reste seul des grandes espèces caractéristiques, puis à celles de Bize, de Savigné, du mont Salève, d'Arcy (couche moyenne), comme à celles du Périgord, où l'on ne trouve que le Renne; aux gisements des environs de Toulouse, des bassins de la Seine et de la Somme, où les restes de l'industrie de l'homme sont associés aux ossements d'Éléphants, de Rhinocéros, d'Hyène, de Cerf gigantesque, etc.; aux grottes d'Aurignac, d'Arcy (couche inférieure), et enfin à la caverne supérieure de Massat, où l'*Ursus spelœus* accompagne ces mêmes traces de l'homme, on pourrait avoir, pour la période de l'humanité primitive, l'*âge du grand Ours des cavernes*, l'*âge de l'Éléphant et du Rhinocéros*, l'*âge du Renne* et l'*âge de l'Aurochs*, auxquels feraient suite, dans la période moderne, les *âges de pierre*, *de bronze* et *de fer* des archéologues.

Ces divisions n'auraient de valeur, on le conçoit, que par rapport à une région donnée, la persistance ou l'extinction de ces animaux n'ayant pas été nécessairement la même dans tous les pays.

Il nous reste encore, pour terminer ce qui concerne
les cavernes à ossements du versant nord des Pyrénées,
à dire quelques mots des recherches plus récentes qui
ont été faites dans celles de l'Herm, près du village de ce
nom, dans le département de l'Ariége. Cette grotte, ouverte dans des roches crétacées, et décrite avec beaucoup de soin, en 1862, par M. l'abbé Pouech (1), se
compose de plusieurs salles reliées entre elles par de
nombreux couloirs. Dans certaines parties les plus reculées et les plus éloignées de l'entrée actuelle, les ossements d'Ours se rencontrent à profusion, épars, disloqués,
confusément enveloppés dans un limon calcaréo-argileux
jaunâtre, recouvert d'une couche épaisse de stalagmites.
Des ossements d'Hyène, du genre *Canis*, du grand *Felis*
des cavernes, de Cheval et de quelques autres herbivores,
s'y trouvent associés.

Dans la partie nord-ouest, sur un autre point, les ossements sont entassés dans un terreau roussâtre friable,
sans être recouverts de stalagmites. Il y avait également des restes d'Hyène, du grand *Felis* et des ossements humains, sur lesquels nous reviendrons tout à
l'heure.

M. Pouech pense que parmi ces innombrables débris
du genre Ours, il pourrait y en avoir provenant de cinq
espèces : l'une, l'*U. spelæus*, se trouve particulièrement
dans la galerie supérieure ; la seconde, moins grande
d'un cinquième, aux formes plus allongées, plus grêles,
au crâne plus étroit, dont les arcades zygomatiques sont
moins saillantes et les dents moins fortes, toutes proportions gardées, est représentée partout en grande quantité, et semblerait être voisine de l'*U. priscus*. Quant aux
trois autres types, ils sont moins bien caractérisés et
pourraient n'être que des variétés.

(1) *Bull. de la Soc. géol. de France*, vol. XIX, p. 564. 1862.

Ces ossements ont été déposés successivement pendant
une longue période de temps qui se rapprocherait beaucoup de nos jours. Ils sont dans des états de conservation différents, mais en général en rapport avec leur ancienneté relative, ceux qui sont le plus près de la surface
étant les moins altérés. Outre les divers points où les os
disposés par couches prouvent que cette caverne a dû
être habitée pendant un grand laps de temps, la présence d'individus de tous les âges confirme encore cette
conclusion.

Quant à l'existence de l'homme pendant que ces animaux vivaient dans le pays, l'auteur pense qu'on ne peut
pas la déduire des ossements humains trouvés dans
cette caverne, et que lui-même a observés en 1847 et en
1861. Un squelette entier rencontré couché le long de la
paroi de la grotte était à peine recouvert d'un peu de
terreau, et les caractères des os prouvaient son peu d'ancienneté relative, ce qui devait le faire regarder comme
appartenant à l'époque historique.

Nous ne nous arrêterons pas aux considérations théoriques dont M. Pouech a fait suivre sa description si
exacte de la grotte de l'Herm, et qui sont étrangères à
notre sujet; mais nous ajouterons ici, comme complément de ses recherches, les résultats un peu différents
que M. F. Garrigou a déduits des siennes et de celles de
MM. Rames et Filhol (1).

L'auteur reconnaît avec M. Pouech la richesse prodigieuse de ces excavations en ossements d'Ours. Ainsi, il
a pu recueillir lui-même 16 crânes entiers, 250 canines,
un nombre considérable de molaires et d'os de toutes
les parties du squelette, des plus grandes espèces
comme de celles de dimensions intermédiaires; mais il

(1) *Bull. de la Soc. géol. de France*, vol. XX, p. 305. 1863.

pense qu'il n'y en a que trois qui soient suffisamment caractérisées : le grand Ours des cavernes à front bombé ;
un second, plus petit, à front moins bombé, et un troisième, de moindres dimensions encore, ressemblant
beaucoup à l'Ours brun actuel. Le fait sur lequel il insiste particulièrement est la présence de débris d'industrie humaine et de l'homme lui-même, sous une stalagmite très-dure, de 10 à 30 centimètres d'épaisseur, qui
n'avait jamais été brisée. C'étaient des molaires de lait,
des molaires définitives, des incisives, des canines, une
phalange, associées avec des débris d'Ours de toutes les
tailles, et à côté se trouvaient des canines d'Hyène et des
coprolithes du même animal.

Une autre salle de la grotte a présenté des restes de
charbon dans les couches supérieures du limon, ainsi
que dans la stalagmite elle-même ; puis, ailleurs, des
couteaux de quartzite semblables à ceux que nous avons
signalés d'après M. Noulet, associés aux ossements de
mammifères éteints dans le gisement de Clermont, près
Toulouse (*antè*, p. 51). Plusieurs des os d'animaux associés à ces restes de l'existence de l'homme portaient
des traces d'instrument tranchant.

L'auteur décrit en outre certaines mâchoires inférieures d'Ours, dont la branche montante aurait toujours été enlevée, et le reste conservé avec la canine, de
manière à former une sorte d'arme ou d'outil. D'autres
mâchoires sont percées de trous parfaitement ronds,
par lesquels pouvait être passé un lien destiné à les suspendre.

Contrairement à la manière de voir de M. Pouech,
M. Garrigou pense que la caverne de l'Herm a été ouverte
avant l'ère quaternaire, et habitée ensuite par les Ours,
les Hyènes et les grands *Felis*, en même temps que
l'homme vivait dans la contrée.

Dans la caverne du Maz-d'Azil (Ariége), ajoute-t-il plus

loin, nous avons trouvé avec M. Filhol trois couches
d'âges différents : l'une relative à l'Ours et au Lion, l'autre au Mammouth et au Rhinocéros, exploitée et em-
ployée pour l'empierrement d'une route avant qu'on ait
pu l'étudier, la troisième de l'âge du Renne. Dans la première, une phalange d'Ours, percée de part en part, por-
tait des traces qui ne peuvent être attribuées qu'à la
main de l'homme ; dans le gisement du Renne, des silex
taillés et de nombreux ossements de cet animal, offrant
des entailles et des raies ayant la même origine, consta-
tent encore la présence de l'homme vivant dans les
mêmes conditions et dans le même temps.

Enfin, comme complément de tout ce qui précède, nous
rappellerons que, plus récemment encore, M. Garrigou
a constaté, dans de nombreuses cavernes des environs
de Tarascon, sur les bords de l'Ariége et de ses affluents,
des restes de l'existence de l'homme qui doivent être
rapportés à l'époque des habitations lacustres de la
Suisse, ou *anté-historique,* tandis que ceux dont nous venons de parler sont pour la plupart quaternaires ou *an-
tédiluviens.*

Nous aurions ainsi, réunis dans ces seules vallées du
bassin de l'Ariége, les éléments d'une chronologie humaine que nous n'avons encore trouvée nulle part aussi
complète sur un aussi petit espace.

Messieurs, malgré les preuves que nous nous sommes
attaché à accumuler, dans cette leçon et dans les précédentes, sur la contemporanéité de l'homme avec les
grandes espèces éteintes de mammifères, il y a sans
doute des personnes auxquelles ces preuves ne suffisent
pas, et qui persistent dans leur ancienne croyance. Mais
l'histoire des sciences nous offre à chaque pas de ces
résistances à l'introduction d'idées nouvelles qui contra-
rient les théories, froissent les opinions ou les amours-

propres; il ne faut donc point s'étonner de ce qui se passe aujourd'hui à l'égard de cette question, et nous devons attendre tout du temps et de la persévérance des recherches, qui feront justice de ces oppositions comme ils ont déjà fait de tant d'autres.

HUITIÈME LEÇON

Faune quaternaire au pied des Alpes occidentales.

Messieurs,

Si, après avoir esquissé les caractères et la distribution
de la faune quaternaire sur le pourtour du massif central de la France et sur les pentes inférieures des Pyrénées, nous recherchons actuellement ses traces plus à
l'est, le long du versant occidental des Alpes, nous mentionnerons d'abord, à 2 kilomètres au sud-ouest d'Antibes, vers le cap Gros, un rocher de calcaire secondaire,
présentant des fentes de 1 à 2 pieds de larges, remplies
de concrétions rougeâtres et d'ossements. Les fentes,
parallèles entre elles, sont à peu près verticales et dirigées N. S. La plus large renfermait des restes de Chevaux de grande taille, de plusieurs Cerfs, d'un Mouton
ou Antilope, etc. (1).

Les exploitations et les travaux exécutés dans les collines du Mont-Boron et du château de Nice, ont mis à
découvert des brèches osseuses comprises dans les

____

(1) Voy. Cuvier, *Recherches sur les ossements fossiles*, vol. VI,
p. 361.

fentes et les cavités du calcaire secondaire, et où Cuvier a pu reconnaître des ossements de grand *Felis* (Lion ou Tigre), de Bœuf, de Cerf (deux espèces différentes de celles d'Europe), d'Antilope, de Mouton, de Cheval, de Rat-d'eau et d'une Tortue de terre voisine de la *Testudo radiata* de la Nouvelle-Hollande.

« Ces os de Tortue, dit en terminant Cuvier, ces dents
» d'un Tigre ou d'un Lion, ces dents de Cerfs inconnus,
» sont ce qui m'a désabusé sur la nature des brèches os-
» seuses et sur l'époque de leur formation. Je ne doute
» plus maintenant que celles dont la pâte est compacte
» et dure ne soient au moins aussi anciennes que les dé-
» pôts meubles remplis d'os d'Éléphants, de Rhinocéros
» et d'Hippopotames, ou que ces cavernes, dont le sol est
» jonché de tant d'os de carnassiers. »

Les panégyristes de notre grand anatomiste, qui citent si souvent de lui des passages d'un faible intérêt, ont oublié celui-ci, qui a le double mérite de montrer avec quelle facilité il se rendait à l'évidence des faits qui, dans le même temps, conduisaient W. Buckland à la même conclusion, et de formuler sur ce syncronisme une opinion que quarante années de recherches assidues et comparées n'ont fait que confirmer.

Ces derniers exemples complètent ce que nous avions à dire sur les cavernes à ossements et les brèches osseuses de la France, et nous reprendrons actuellement l'examen de la faune quaternaire des dépôts récents des vallées, d'abord de ce côté des Alpes, et ensuite sur leur versant méridional.

Notre but n'étant pas d'étudier les phénomènes physiques de cette époque, phénomènes si complexes sur le pourtour de cette chaîne, nous nous bornerons à vous rappeler les réflexions que nous avait suggérées, il y a quinze ans, l'examen attentif de tous les travaux exécutés alors (1), et nous verrons ensuite ce que les recherches plus récentes y sont venues ajouter :

« En Suisse, la faune quaternaire paraît avoir été peu
» riche en individus et en espèces, et de plus la position
» relative des détritus qui renferment les ossements de
» grands mammifères (*Elephas primigenius, Ursus spe-*
» *læus, Bos priscus, Cervus euryceros* ou *megaceros*, peut-
» être le *C. alces fossilis*. H. v. M.), avec la formation
» erratique proprement dite, laisse encore beaucoup d'in-
» certitude, n'ayant été déterminée que sur un petit
» nombre de points.

» Cependant s'il était démontré, ainsi que nous l'avons
» déjà fait pressentir, que le phénomène erratique des
» Alpes fût postérieur au dépôt du lehm de la vallée du
» Rhin, lequel est lui-même plus récent que les cailloux
» roulés qu'il recouvre; comme ces derniers, dans tout
» l'ouest de l'Europe, sont caractérisés par la faune des
» grands mammifères propres à l'époque quaternaire, il
» serait également démontré que le phénomène erratique
» des Alpes fût plus récent qu'aucun de ceux du même
» genre que nous connaissons; qu'il a été séparé du
» phénomène des stries et des surfaces polies d'une
» grande partie de l'hémisphère boréal par tout le temps
» qu'a vécu la faune quaternaire, tant marine que ter-
» restre, et qu'il reste ainsi, du moins quant à présent,
» comme un fait à part dans l'histoire des dernières mo-
» difications de la surface du globe.

» L'absence de sédiments marins postérieurs aux
» marnes sub-apennines dans les plaines qui bordent au
» nord et à l'ouest le pied des Alpes, ainsi que dans les
» vallées qui en descendent, disions-nous plus loin (2), a
» fait douter longtemps de l'âge des dépôts de transport

(1) *Histoire des progrès de la géologie*, vol. II, p. 257.
(2) *Ibid.*, p. 271.

» qui s'étendent sur ces plaines et ces vallées. Il parais-
» sait rationnel, en n'envisageant que le massif des
» Alpes et les pays voisins, de les attribuer à l'effet d'un
» soulèvement qui aurait mis fin à la formation tertiaire
» supérieure; mais une étude comparative plus étendue
» ne permet plus d'admettre cette opinion, et force au
» contraire à reconnaître qu'un laps de temps considé-
» rable s'est écoulé entre ce dernier grand soulèvement
» des Alpes et les accumulations détritiques dont la cause
» est peut-être encore contestée, mais dont l'âge se
» déduit de considérations générales dont les unes sont
» en rapport avec cette cause et dont les autres lui sont
» étrangères.

» Nous avons vu, en effet, dans les diverses parties de
» l'Europe que nous avons étudiées, des phénomènes
» semblables, sauf quelquefois les dimensions, à ceux
» qui se sont passés dans la région des Alpes; en outre,
» ces phénomènes se sont manifestés dans chacun de ces
» centres, indépendamment les uns des autres, dans la
» même grande période, ce qui n'implique pas absolu-
» ment que tous ont eu lieu au même moment. Dans
» chaque région erratique, si l'on peut s'exprimer ainsi,
» les détritus ont des limites déterminées, et leur posi-
» tion, par rapport aux dépôts antérieurs, est toujours
» comparable. Nous avons dit de plus que là où le phé-
» nomène s'est exercé avec le moins d'intensité, sur une
» échelle moindre et non loin de la mer, il avait laissé
» des traces analogues à celles que l'on observe dans les
» parties élevées des Alpes. Or, dans la plupart de ces
» localités, excepté dans le voisinage immédiat de cette
» dernière chaîne, les dépôts erratiques meubles et non
» stratifiés, comme les dépôts sédimentaires réguliers,
» postérieurs à ce phénomène, renfermaient les restes
» d'une faune également comparable sur tous ces points.

» Le petit nombre des débris de cette faune, recueillis

» dans la zone erratique des Alpes, avait pu ne pas frap-
» per au premier abord, et ils pouvaient être attribués à
» quelques animaux peu différents de ceux de la période
» tertiaire supérieure; mais tous les résultats que les
» nouvelles recherches permettent de grouper aujour-
» d'hui doivent faire admettre que les détritus erratiques
» descendus des Alpes appartiennent à l'époque quater-
» naire et sont dus à une cause analogue à celle qui s'est
» étendue sur tout l'hémisphère nord ; cependant rien
» ne prouve encore, comme nous le disions ci-dessus,
» que le phénomène ait été synchronique de ceux dont
» nous avons parlé, tandis qu'il y a de fortes présomp-
» tions pour croire qu'il est beaucoup plus récent. »

De ce que les roches striées et polies du premier phénomène glaciaire n'ont pas encore été observées sous le
dépôt désigné par l'expression de *diluvium alpin,* dans la
plaine suisse comme dans la vallée du Rhin, et de ce
que l'on ne connaît pas de vrais blocs erratiques de cette
première période, on n'en peut rien conclure contre la
probabilité du fait, car ces traces peuvent très-bien être
masquées aujourd'hui sous des dépôts plus récents, ou
avoir été détruites ou altérées par les actions glaciaires
directes et indirectes plus considérables, de la seconde
période. Nous ne prétendons nullement, d'ailleurs, que
le premier phénomène ait eu l'importance du second en
durée et en étendue, pas plus que dans ses effets méca-
niques. Il a pu être beaucoup plus limité ; mais l'étude
de toute la partie nord de l'Amérique nous apportera
bientôt de nouvelles preuves à l'appui de nos vues.

Nous avons déjà exposé, dans les leçons précédentes
(*ante* p. 33 et 52), la position de la faune qui nous occupe
dans la vallée du Rhin moyen, entre les Vosges et la forêt
Noire, et dans celle du Rhône, dans le Dauphiné et la
Provence, vallées dont les dépôts quaternaires se rattachent plus ou moins directement au massif des Alpes

voyons si, en nous rapprochant davantage de ce dernier, les recherches récentes ont pu modifier les conclusions que nous avions émises.

M. de Mortillet signale en Savoie, vers le fond des vallées, au-dessus de la mollasse, un dépôt composé de sables, de graviers, de cailloux, de marnes et d'argiles, irrégulièrement stratifiés. Dans le bassin de Chambéry, une couche puissante de lignite se trouve presque immédiatement sous les cailloux. Les marnes et les argiles, mieux stratifiées que les sables et les graviers, renferment de nombreuses coquilles fluviatiles et terrestres qui paraissent vivre encore toutes dans le pays, comme les végétaux du lignite, tandis qu'il n'en serait pas de même des insectes. Les restes de mammifères, peu nombreux dans ces dépôts, consistent en une défense d'Éléphant trouvée à l'embouchure de la London dans le Rhône, près de Genève, puis en dents de Rhinocéros et d'Éléphant provenant du canton de Vaud et du département de l'Isère. Ces ossements, suivant l'auteur, suffisent pour que les dépôts soient jugés quaternaires et de l'époque de la dernière faune géologique, si riche en grands mammifères. Mais on conçoit que cette conclusion n'est pas suffisamment justifiée, ces restes de pachydermes pouvant appartenir à des espèces de la formation tertiaire supérieure.

Quoi qu'il en soit, M. de Mortillet décrit ensuite, comme plus récente, ce qu'il appelle la *formation glaciaire*, comprenant les argiles à cailloux striés et les blocs erratiques. Lorsque les argiles reposent sur des roches compactes, la surface de ces dernières est toujours polie et présente des stries fines plus ou moins allongées. Si le premier rapprochement de l'auteur est réellement fondé, il s'accorde bien avec les vues théoriques que nous avons exprimées ci-dessus.

Mais dans un mémoire plus récent (1862), le même

géologue, divisant les dépôts quaternaires des versants opposés des Alpes en France et en Italie en *alluvions anciennes, dépôts glaciaires* et *alluvions récentes*, ne signale dans ces dernières que des restes d'*Elephas primigenius*, dans le canton de Vaud, au Boiron, près de Morges, et à la Chiésaz, près de Vevay. Ces restes, suivant M. de Morlot, étaient bien en place à la base du dépôt. M. de Mortillet nous a également fait connaître, sur l'indication de M. Zellikofer, la découverte d'une dent du même pachyderme près de Lutry, non loin de Lausanne, à 3 mètres au-dessous de la surface du sol, dans un dépôt de sable, de gravier et de cailloux, situé à 25 mètres au-dessus du niveau du lac.

Les gisements authentiques de grands mammifères quaternaires sont assez rares dans la vallée suisse; nous citerons particulièrement celui d'un crâne d'*Elephas primigenius*, trouvé près de Dürnten, à 4 kilomètres de Rapperschweil (Saint-Gall). La coupe faite par M. Escher de la Linth, et publiée par M. Ch. Martins, a présenté les détails suivants à partir de la surface du sol (1) :

1° Blocs et fragments anguleux d'origine glaciaire ;

2° Cailloux roulés, arrondis, atteignant le volume de la tête et semblables à ceux du nagelfluh ;

3° Argiles bleuàtres et jaunàtres ;

4° Bois bitumineux (pins, genévriers, bouleaux), mélangés de sable et d'argile ;

5° Gisement du crâne d'Éléphant trouvé en 1841 ;

6° Argile grisàtre et sable fin, avec *Planorbis, Paludina, Cyclas ;*

7° Mollasse et nagelfluh tertiaires (non traversés).

Suivant l'auteur, le crâne d'Éléphant serait ici inférieur au diluvium alpin et dans un dépôt lacustre; mais nous

____

(1) *Bulletin de la Société géologique de France*, vol. VII, 1850, p. 601.

pensons que, comme pour ceux dont a parlé M. de Mortillet, il serait nécessaire que l'espèce du grand proboscidien fût vérifiée. Si c'est réellement le Mammouth, nous trouverions encore dans cet exemple une preuve à l'appui des deux phénomènes glaciaires. M. Martins admet, d'ailleurs, en Suisse trois dépôts de transport successifs : le *diluvium à ossements*, le *diluvium alpin* mal caractérisé, un *diluvium glaciaire* très-nettement caractérisé au contraire. M. Alph. Favre reconnaît la justesse de ces distinctions, surtout pour le premier et le troisième, quoique l'un ne renferme que peu d'ossements, et que l'autre en présente provenant d'espèces identiques avec celles qui vivent encore dans le pays; mais ils diffèrent, suivant lui, par leurs caractères minéralogiques et par leur gisement, le premier ayant l'aspect d'un dépôt lacustre, le dernier celui d'un dépôt glaciaire.

Dans les vallées du Jura de Neuchâtel, des ossements de l'*Elephas primigenius* ont été rencontrés dans un diluvium peu épais, composé de roches secondaires du pays et surmonté d'un dépôt d'origine glaciaire provenant des Alpes. Quant aux autres découvertes d'ossements de grands mammifères, on n'a pas assez exactement constaté les circonstances du gisement pour en pouvoir rien conclure : ainsi on a recueilli, comme on l'a vu, une défense d'Éléphant dans le dépôt de cailloux roulés des environs de Genève, puis d'autres débris de cette espèce dans le lit de la Sarine, près de Fribourg, aux environs de Neuchâtel, de Soleure, d'Olten, d'Aarau, de Liestal, dans la vallée de la Barse, à Dornach, à Grellingen, à Rheinfelden, etc.

Suivant M. Desor, et contrairement à ce que l'on vient de dire, les dépôts dans lesquels ces ossements ont été rencontrés seraient *postérieurs* aux phénomènes glaciaires et aux accumulations détritiques qu'ils ont produites. Mais on trouverait facilement, dans la réponse de

ce savant à la lettre de M. Collomb, des arguments con-
traires à sa thèse, et appuyant celle des deux périodes
glaciaires qu'il avait admise lors de ses publications sur
les phénomènes analogues de l'Amérique du Nord, où
nous en trouverons, en effet, des preuves plus positives
encore qu'en Europe.

Aussi M. Collomb (1), après avoir étudié et comparé
les données du problème dans les bassins de la Somme,
de la Seine, du Rhin et de la vallée suisse, et il aurait pu
les prendre au delà de la Manche, où elles ont encore
plus de certitude et sont plus complètes, a-t-il pu dire
avec infiniment de probabilité :

« Il résulte donc de ma manière de voir que si les
» faits recueillis à Amiens, à Abbeville et ailleurs ; que si
» les restes de l'industrie humaine, tels que haches et
» autres débris en silex, les entailles faites de main
» d'homme, reconnues sur les ossements fossiles, sont
» bien positivement enfouis dans les couches inférieures
» du diluvium sans avoir été dérangés plus tard ; il ré-
» sulte, dis-je, que l'homme existait avant les anciens
» glaciers des Vosges et avant la dernière extension de
» ceux des Alpes, en compagnie de l'*Elephas primigenius*,
» du *Rhinoceros tichorhinus*, du *Bos priscus*, etc. Or,
» comme il est en même temps postérieur à l'extension
» des glaces du nord, il faut qu'il y ait eu, à partir de la
» fin du terrain tertiaire, au moins deux époques de
» grande extension des glaciers, l'une au commencement
» de la série qui est représentée par le phénomène du
» nord, l'autre dans des temps très-rapprochés de nous,
» dont je trouve des traces palpables dans les Vosges ;
» mais rien ne prouve qu'il faille se limiter à ces deux
» extensions ; peut-être, pendant le cycle quaternaire, y

____

(1) *Bulletin de la Société des sciences naturelles de Neuchâtel*, t. V,
1861.

» en a-t-il eu d'autres qui ne sont pas encore étudiées. »

Ces conclusions de M. Collomb rentrent donc parfaitement dans celles que nous avons émises en 1848, et nous les verrons confirmées aussi dans la prochaine leçon, par l'examen de faits analogues qui se sont produits au pied du versant méridional des Alpes. Quant aux discussions et aux dissentiments qui se manifesteront sans doute longtemps encore de ce côté de la chaîne parmi les naturalistes, vous en trouverez, messieurs, en grande partie l'explication dans ce que nous avons déjà dit sur ce sujet après avoir traité du bassin du Rhône (*antè*, p. 54).

NEUVIÈME LEÇON

**Faune quaternaire de l'Italie septentrionale
et centrale.**

Messieurs,

Les doutes que les relations compliquées des dépôts
de transport plus ou moins récents du versant occidental des Alpes, en France et en Suisse, pouvaient laisser
dans l'esprit des observateurs, devaient cesser par l'étude
des plaines plus ouvertes et plus régulières qui bordent
le versant italien. En Piémont, les faits se présentent
avec une simplicité relative, qu'ont fait ressortir, en 1850,
MM. Ch. Martins et H. Gastaldi, dans leur *Essai sur les
terrains supérieurs de la vallée du Pô aux environs de
Turin.*

Le fond de cette vallée est occupé par le *diluvium
alpin*, dans lequel les auteurs n'ont trouvé ni fossiles, ni
cailloux striés. Il se compose de cailloux roulés prove-
venant tous des Alpes, et dont la grosseur diminue à mesure qu'on s'éloigne de la chaîne. De 40 à 50 centimètres
de diamètre près de son pied, aux environs de Turin, ils
ont rarement le volume de la tête, et sont mélangés de
gravier et de sable. Leur stratification, peu régulière,
ressemble à celle des dépôts formés par les torrents actuels, et tout démontre que ces éléments ont été entraî-

nés par des eaux rapides d'autant plus loin que leur volume était plus faible.

Au-dessus du diluvium alpin, s'élèvent des collines, telles que celles du château de Rivoli, entièrement composées par d'anciennes moraines, ou par des détritus éparpillés d'origine glaciaire, de sorte que la plaine, au nord ou à l'ouest de Turin, fait voir de la manière la plus positive ce que nous n'avions pu encore que soupçonner de notre côté des Alpes, savoir, la postériorité du phénomène glaciaire, avec ses anciennes moraines, ses blocs erratiques et ses cailloux striés, au dépôt de transport d'origine alpine qui occupe le fond des vallées.

Mais cette démonstration, toute rigoureuse qu'elle était, dépourvue encore de preuves paléontologiques, ne permettait pas un parallélisme complet du phénomène quaternaire de part et d'autre de la chaîne. Ce ne fut que lorsqu'on eut découvert une dent d'*Elephas primigenius* dans le dépôt de cailloux roulés des bords du Pô, entre Moncalieri et Carignano, en amont de Turin, puis des restes de *Cervus euryceros* (ou *megaceros*), de *Bos urus* à Borgo d'Arena, de plusieurs espèces de Cerfs et de Bœufs, enfin, de Cheval et d'*Arctomys*, à Astigiana, dans un dépôt semblable, que le synchronisme des phénomènes put être réellement établi. Alors on put concevoir que les gisements des grands mammifères quaternaires de la Suisse, du fond de la vallée du Rhin, comme ceux de la vallée de la Garonne au sud, et des bassins de la Moselle, de la Seine et de la Somme au nord, étaient contemporains et plus anciens que les moraines des Vosges, que les blocs erratiques transportés des Alpes sur les flancs du Jura, que les surfaces striées, sillonnées et polies des roches dans les parties élevées de la chaîne, enfin que les dépôts sableux, boueux ou limoneux, avec ou sans cailloux striés, qui partout s'étendent sur ceux dont nous venons de parler.

Si l'on remonte au nord-est, en longeant le pied des Alpes, dans le Milanais, dans le Vicentin et au delà, des résultats semblables à ceux de la plaine du Piémont viennent confirmer ces déductions.

Pour terminer ce qui se rapporte à cette partie du versant des Alpes, nous avons à mentionner encore l'existence de brèches osseuses et de cavernes à ossements explorées à diverses époques. Cuvier (1) a rappelé celles qui avaient été signalées dans le Vicentin, par Fortis et par d'autres naturalistes, tel que le gisement du mont Serbaro, près de Romagnano, à trois lieues de Vérone, où de nombreux os d'Éléphants de la plus grande taille étaient associés à des os de ruminants dans une roche concrétionnée, calcaréo-sableuse, rougeâtre et celluleuse. Dans la vallée de Ronca, des bois et des os de Cerfs ont été trouvés dans des circonstances analogues, ainsi que des restes des genres *Canis* et Aurochs. La caverne de Céré (Véronais) a offert des os d'*Ursus spelæus*, de Loup, de *Sus priscus*, de Cerf et de Bœuf; celle de Selva dei Progno, l'*Ursus spœleus*. On peut trouver d'ailleurs de nombreux documents sur ce sujet dans l'ouvrage qu'a publié M. T. A. Catullo, en 1844, intitulé *Sulle caverne delle provincie Venete*, où l'auteur a rassemblé toutes les découvertes faites dans les cavernes à ossements du Bellunais, de l'Alpago, du Véronais et du Vicentin. En Piémont, la caverne de Cassana a présenté des restes de *Felis*, de Cerfs et d'*Ursus spelæus*, et celle d'Aliveto, près de Pise, des os de Cerfs ou de Lapins décrits par Cuvier. Ces quelques citations suffisent pour montrer qu'au delà des Alpes comme en deçà, les fentes des rochers et les cavernes renferment les restes d'une faune de mammifères semblable à celle des dépôts quaternaires des vallées.

(1) *Recherches*, etc., vol. VI, p. 432.

Si nous étudions actuellement, en descendant au sud-est, à travers la Toscane, les caractères des dépôts quaternaires et ceux de leur faune, nous rappellerons d'abord les discussions auxquelles a donné lieu l'âge des couches désignées par l'expression locale de *panchina*. C'est une roche coquillière, bien développée autour de Pomerance, de Bullera, de Lama et sur les pentes de beaucoup de collines, ayant les caractères, tantôt d'une roche arénacée à ciment calcaire, remplie de fossiles marins, tantôt d'un calcaire grossier, blanc jaunâtre, tufacé ou compacte. Elle a été rapportée par les uns à l'époque qui nous occupe; par d'autres, aux sables jaunes tertiaires qui surmontent les marnes bleues subapennines.

Les roches arénacées des environs de Livourne, connues sous le nom de *grès d'Antignano*, ont été rapportées aussi depuis longtemps par A. de la Marmora à l'époque quaternaire. Ce grès grossier exploité, passant tantôt à un poudingue avec de petits galets, tantôt à un calcaire concrétionné, puis au-dessous à un calcaire à grains de quartz, forme des bancs suivis qui ne s'élèvent pas à plus de 5 mètres au-dessus du niveau de la mer. On l'observe également sur plusieurs points du pourtour de l'île d'Elbe.

Dans les États romains, le long de la Méditerranée, M. Pareto distingue les dépôts de graviers de l'époque tertiaire de ceux de la suivante, dont les éléments proviennent également des Apennins, par l'absence de fragments de roches volcaniques, parce qu'ils recouvrent directement les marnes bleues ou les sables jaunes subapennins, et parce qu'ils se trouvent à un niveau plus élevé que le gravier quaternaire.

Ce dernier, au contraire, renferme une grande quantité de débris volcaniques, des grains de pyroxène et des ossements de mammifères d'espèces voisines de celles de nos jours, et il occupe surtout le fond des vallées excavées dans le terrain tertiaire.

Sur la côte, et particulièrement au pied des collines de Corneto, on observe des bancs de sable endurci avec des cailloux, et non loin du Mignonne, des bancs avec des Huîtres et de nombreuses couches de marnes sablonneuses et de gravier fossilifère. Celles-ci, par leur position au bas des affleurements des strates sub-apennins, par la nature de leurs cailloux, souvent d'origine volcanique, et par leurs coquilles plus récentes, doivent être quaternaires. Au pont de l'Arrone, on voit sur une hauteur de 25 mètres, à partir du niveau de la mer, des alternances de gravier en partie volcanique, de marnes et de sable coquillier avec des lits subordonnés de pumite. Les vingt-cinq espèces de coquilles qu'on y a recueillies sont toutes vivantes sur la côte. Ces couches s'observent d'ailleurs sur beaucoup d'autres points, et se rattachent à des tufs et à des marnes lacustres. Elles seraient du même âge que les grès de Livourne dont nous venons de parler, et elles se relient aux tufs volcaniques qui accompagnent les roches ignées des États romains.

C'est encore à cette époque que MM. Orsini et Spada-Lavini rapportent le dépôt lacustre qui occupe de si grandes surfaces dans la province d'Ascoli, depuis Acqua Santa jusqu'au delà de Civitella. Ses caractères sont ceux du travertin de Rome et de Tivoli; il est employé aux mêmes usages et renferme des débris de plantes et de coquilles, dont les espèces appartiennent à la faune et à la flore actuelles.

Amené ainsi de proche en proche à nous occuper de la vallée du Tibre, particulièrement aux environs de Rome et dans l'enceinte même de la ville, nous exposerons d'abord en quelques mots la constitution géologique des collines qui bordent ici le fleuve, afin de pouvoir nous rendre compte de la position des dépôts quaternaires par rapport à ceux qui les ont précédés, et de juger des vues particulières émises à leur égard.

Les profils tracés, soit perpendiculairement au cours du Tibre et à travers la vallée, du mont Janicule au mont Aventin et au mont Capitolin, du mont Vaticano au mont Pincio, et du mont Mario au mont Parioli ; soit parallèlement, comme du mont Vaticano au mont Mario pour atteindre Acquatraversa, ces profils, disons-nous, font voir que toutes ces collines ont pour base les marnes bleues sub-apennines, surmontées par les sables jaunes, également de la formation tertiaire supérieure, accompagnés de cailloux roulés, et couronnés à leur tour par des tufs volcaniques occupant le sommet de ces divers monticules et beaucoup plus étendus et plus épais sur la rive droite que sur la rive opposée. C'est dans ces diverses couches que la vallée actuelle a été creusée, et c'est plus tard que se sont accumulés, sur son fond, les dépôts de transport quaternaires, et sur ses flancs, les tufs et les travertins d'eau douce.

Une coupe plus détaillée, celle du mont Mario par exemple, fait voir qu'entre le tuf volcanique du sommet et les sables jaunes, règne un conglomérat ou poudingue incohérent, qui appartient encore à la formation tertiaire supérieure, et qui correspond, par ses caractères et sa position, à celui que nous avons mentionné tout à l'heure en remontant vers Civita-Vecchia.

Lors de la réunion des savants italiens à Gênes, en 1846, M. Ponzi exposa les résultats de ses premières études sur les ossements fossiles de la campagne de Rome, et fit remarquer que ceux que l'on rencontrait dans les dépôts diluviens présentaient entre eux des différences dont il fallait tenir compte, pour éviter toute confusion chronologique. Les uns, en effet, étaient parfaitement semblables à ceux des couches tertiaires sub-apennines, sauf qu'ils étaient plus roulés et plus altérés ; les autres

étaient d'espèces différentes, et dans un parfait état de
conservation. Cette circonstance devait être attribuée,
suivant l'auteur, à l'enfouissement simultané, dans les
dépôts quaternaires, d'animaux contemporains (Ours?
Blaireaux, *Felis brevïrostris*, Cheval, Ane, Cerf, Bœuf, etc.)
avec les débris d'autres animaux, arrachés aux couches
tertiaires du voisinage (Éléphant, Hippopotame, Rhinocéros, Cheval, Cerf, Dauphin).

Dans un mémoire plus récent (1), M. Ponzi indiqua, dans
les collines de Rome, six zones ou niveaux différents
caractérisés par des fossiles particuliers, et néanmoins
reliés entre eux par un certain nombre d'espèces communes. C'est dans la couche ¦de cailloux et de sable qui
forme l'horizon le plus élevé ou le sixième niveau, et qui
ne renferme plus de coquilles, que l'on trouve fréquemment des ossements roulés d'*Elephas primigenius*, lesquels auraient été rencontrés plus bas encore, non-seulement dans les sables jaunes, mais même jusque dans
les marnes bleues. A Rignano, un squelette entier de ce
grand pachyderme aurait été découvert en 1857 dans les
exploitations qui alimentent les briqueteries, et d'autres
ossements de la même espèce auraient été observés dans
les sables jaunes, près de Grottamare, sur l'Adriatique ;
enfin à Acquatraversa, près de Rome, dans la couche de
cailloux roulés inférieure aux tufs volcaniques, un grand
nombre de fragments de têtes et de mâchoires garnies
de leurs dents ont été aussi rencontrés.

Cette assertion d'un géologue qui connaît aussi parfaitement le pays que M. Ponzi, ne pouvait passer inaperçue,
et M. Lartet n'a pas tardé à faire remarquer (2) que « la
» rencontre d'un squelette d'*Elephas primigenius* dans des

(1) *Bull. de la Soc. géol.*, vol. XV, 1858, p. 555.
(2) *Ibid.*, p. 564.

» couches de cet âge, évidemment non remaniées, serait
» un fait inattendu, et en contradiction avec tout ce qui
» a été observé jusqu'à présent en Europe, où les restes
» de cette espèce d'Eléphant ne se sont encore montrés
» que dans les dépôts plus récents de l'époque quater-
» naire. »

L'examen d'un moulage des molaires d'Éléphant trouvées à Rignano l'a en effet convaincu bientôt que cette
espèce devait différer notablement de celle à laquelle on
l'avait rapportée, par un plus grand écartement des lames
verticales ; caractère qui la rapprochait de l'*E. antiquus*,
Falc., provenant du terrain tertiaire supérieur d'Angleterre, de France et d'Italie. Mais, d'un autre côté, la présence du véritable *E. primigenius* dans ce pays, pendant
l'époque quaternaire, a été constatée par la découverte
d'une dent trouvée dans les dépôts du mont Sacré, près
de Rome. On pouvait d'ailleurs présumer à priori qu'un
pachyderme qui avait vécu depuis l'extrémité orientale
de l'Asie jusqu'au pied des Pyrénées, c'est-à-dire dans
toute la partie nord et ouest de l'ancien continent, se
rencontrerait au sud des Alpes aussi bien qu'au nord.

Peu après, M. Ponzi signala (1), dans les travertins des
environs de Tivoli et de Monticelli, de nombreux ossements fossiles d'Hyènes, de Chiens, de Chats, de Cochons,
de Bœufs, de Cerfs, de Chevaux, mêlés avec des coquilles
terrestres, et parmi lesquels se trouvaient deux dents
humaines. Mais c'est surtout dans un mémoire publié
en 1862 sur les dépôts récents du petit bassin de l'Anio,
que le même auteur, revenant sur l'opinion qu'il avait
émise longtemps auparavant, l'appuie par de nouvelles
considérations.

Après avoir décrit les caractères et la disposition des
couches d'eau douce, tufs, conglomérats ou brèches

____

(1) *Bull. de la Soc. géol. de France*, vol. XVII, 1860, p. 431.

qu'on y rencontre, M. Ponzi conclut que les ossements
d'Éléphants, de Bœufs, de Cerfs, de Chevaux, de Mastodontes et d'Hippopotames, recueillis journellement dans
le dépôt de transport quaternaire de sables et de cailloux
roulés, proviennent originairement des couches de conglomérat et de sable tertiaires que recouvrent les tufs
volcaniques des environs. Ils ont dû en être arrachés par
les eaux diluviennes qui les auront entraînés avec les autres matériaux qu'elles charriaient. Ce fait résulterait de
ce que les ossements ne sont jamais entiers comme dans
les sables jaunes ou les marnes, mais toujours brisés,
disséminés en fragments et roulés parmi les cailloux ; de
ce qu'on les rencontre le long des cours d'eau qui les ont
transportés et non sur les plaines environnantes ; de ce
qu'ils ne se montrent pas avant que le cours d'eau n'ait
atteint les couches qui les contiennent, et qu'à partir de
ce point, leur nombre s'accroît de plus en plus à mesure
qu'on se rapproche de Rome, ou de l'embouchure de la
rivière ; enfin de ce que, dans les travertins qui représentent les vrais dépôts quaternaires normaux, on ne rencontre pas de restes de ces animaux, si ce n'est dans
quelques cas particuliers et par suite de circonstances
locales.

Comme conséquence de ces considérations, M. Ponzi
croit devoir exclure de l'époque quaternaire, quoique
ayant été trouvés dans des brèches qui lui appartenaient,
l'*Elephas primigenius*, l'*E. antiquus*, le *Loxodon* (*Elephas*)
meridionalis, l'*Hippopotamus major* et le *Rhinoceros megar-
rhinus*, tandis que les espèces suivantes, trouvées aussi
dans les brèches et dans les travertins, sont contemporaines de la formation de ces derniers : *Bos primigenius,
Cervus elaphus, C. intermedius, Equus fossilis, Castor fiber*,
divers carnassiers, *Canis, Hyæna*, etc.

La description des travertins du bassin de l'Anio fait
voir qu'ils ont commencé à se former au fond de la vallée,

dans toute sa largeur, pendant l'époque quaternaire, et qu'ils renferment précisément les débris de végétaux et d'animaux vivant alors dans le pays. Ce tuf d'eau douce, qui a été exploité pour les grands monuments de l'ancienne Rome, comme il l'est encore aujourd'hui sous le nom de *pierre tiburtine*, a été suivi d'autres dépôts de même nature et de même origine, plus légers et plus spongieux (*cordelline*), exploités aussi pour des constructions moins importantes, et enfin les eaux actuelles en déposent encore de semblables. Les listes de fossiles trouvés dans les diverses couches de travertins comme dans les fentes et les brèches de plusieurs localités, présentent 16 espèces de mammifères, y compris l'homme, un certain nombre d'oiseaux, un lacertien et 47 espèces de mollusques pulmonés, dont 19 Helix, 5 Bulimes, 5 *Pupa*, 4 Limnées, 3 Cyclostomes, 3 Clausilies, 2 Succinées, etc., qui, toutes, paraissent vivre encore dans le pays.

C'est la véritable faune quaternaire, telle que la comprend M. Ponzi, laquelle aurait succédé à la faune tertiaire supérieure, détruite suivant lui lors de la période glaciaire. Les travertins qui ne sont point des dépôts de transport, ne renferment pas, comme ces derniers, les débris remaniés de faunes antérieures. Ils ont été formés tranquillement dans des eaux douces, et résultent d'actions continues qui se sont prolongées jusqu'à nos jours; les grands pachydermes de la formation tertiaire supérieure y manquent complétement comme on l'a vu, et ceux qui vivaient alors ont pu exister aussi dans la période précédente.

D'après des restes d'ossements humains trouvés dans la couche rouge subordonnée aux travertins blancs de la région Caprine, près de Tivoli, l'apparition de l'homme aurait pu coïncider avec le commencement de l'époque quaternaire, telle que l'auteur la conçoit, c'est-à-dire

avec la faune propre aux travertins, et après l'extinction
des grands mammifères antérieurs. On trouve, à la vérité, dans tout le bassin de l'Anio, des pierres taillées,
mais nulle part, elles n'ont été rencontrées en place dans
un gisement d'un âge bien déterminé.

En résumé, M. Ponzi trace ainsi la succession des phénomènes géologiques et biologiques qui se sont produits
dans l'Italie centrale, depuis le dernier soulèvement des
Apennins jusqu'à nous : 1° Grès et macigno avec lignites,
de la formation tertiaire moyenne ; 2° marnes bleues
sub-apennines, sables jaunes et conglomérats tertiaires
supérieurs ; 3° phénomènes volcaniques ; 4° période glaciaire ; 5° période quaternaire ou diluviale, pendant
laquelle se forma la cascade de Tivoli, et la rivière qui
coule au bas s'étendit dans une vaste lagune où se déposèrent les travertins qui la revêtent aujourd'hui.

Pour que ces conclusions puissent s'accorder avec
celles que nous avons déduites des faits de part et d'autre
des Alpes et dans le reste de l'Europe occidentale, il faut
supposer que l'époque glaciaire de **M.** Ponzi correspond
plutôt à la seconde qu'à la première de celles que nous
avons admises, mais il en résulterait alors que les travertins seraient modernes, et non quaternaires. D'ailleurs, messieurs, pour décider cette question, il faudrait
ne plus avoir à citer l'*Elephas primigenius*, avec les autres
espèces éteintes, constater le gisement du mont Sacré,
où il paraît avoir été trouvé dans un dépôt vraiment quaternaire, et chercher enfin quelles sont les autres espèces
éteintes avec lesquelles il peut être associé dans des
gisements analogues et indépendants des travertins (1).

(1) D'après une notice de M. de Mortillet sur les environs de Rome,
lue à la *Société italienne des sciences naturelles* le 26 juin dernier, ce
géologue n'a point remarqué de traces d'une époque glaciaire dans les
Apennins pour justifier la distinction proposée par M. Ponzi ; il croit, en
outre, avoir distingué deux faunes dans les dépôts d'alluvion quater-

naire. L'une, se rapprochant beaucoup de celle du conglomérat tertiaire, contient aussi des débris d'Éléphant, d'Hippopotame et de Rhinocéros. A l'observation de M. Ponzi, qui, comme on vient de le dire,
regarde tous ces ossements de grands mammifères comme remaniés et provenant originairement de la couche tertiaire, M. de Mortillet répond que
cette opinion peut être fondée pour quelques-uns, mais non pour le plus
grand nombre, car au lieu d'être au moins en partie détruits par suite
de leur état, en se trouvant roulés avec les cailloux, ils sont ici plus
nombreux que dans l'assise tertiaire. Ces mammifères existent d'ailleurs
sur d'autres points de l'Italie dans des dépôts certainement quaternaires.
Quant à la seconde faune, elle ne contient plus ces grandes espèces
éteintes; elle correspond à celle de M. Ponzi, et renferme des restes
d'Ours indéterminables, de *Meles antediluvianus* Schm., très-voisin du
Blaireau actuel, de *Felis brevirostris* Croiz. et Job., du *Sus scrofa fossilis*
H. de Mey., du *Bos priscus*, et de l'*Equus fossilis*, qui se trouvait déjà
dans le terrain tertiaire supérieur, mais qui est ici plus abondant.

La couche ferrugineuse des carrières de Caprine et celles qui l'avoisinent ont aussi offert à M. Rusconi les fossiles suivants : *Vespertilio,
Hyœna, Felis lynx, Canis familiaris fossilis, Canis vulpes, Ursus, Meles
fossilis, Erinaceus europœus, Lepus, Arvicola,* et d'autres rongeurs,
Sus aper, Bos primigenius, Cervus elaphus, et une autre espèce, *Equus
fossilis, Loxia,* et d'autres oiseaux.

DIXIÈME LEÇON

Messieurs,

En poursuivant au delà des États Romains nos recherches sur la faune quaternaire et les dépôts qui la renferment, nous trouvons, aux environs de Naples, puis en Sicile et dans les îles voisines, des témoignages, non moins certains qu'au nord, de la longue durée des phénomènes de cette époque, mais avec des caractères assez différents et en rapport avec des causes physiques également différentes. Ainsi L. Pilla signale, à la montagne de l'Ascension, des couches de cet âge qui atteignent 965 mètres d'altitude. Sur certains points, elles recouvrent la formation tertiaire sub-apennine, et contiennent des coquilles et des débris de végétaux dont les espèces vivent dans le pays.

D'après ce que nous trouvons dans le premier fascicule de la *Paléontologie du royaume de Naples*, par M. O.-G. Costa (1850), il serait difficile de dire si les restes de mammifères (*Palaco ceros*, *Bos*, Hippopotame, Tapir, Éléphant et quelques rongeurs) signalés sans désignation d'espèce, proviennent tous du terrain tertiaire supérieur, ou si quelques-uns ne seraient pas quaternaires, aussi ne nous y arrêterons-nous pas (1).

M. P. Philippi, après avoir examiné 92 espèces de mollusques testacés, extraites d'une argile exploitée, provenant de la décomposition de cendres volcaniques, avait conclu que l'île d'Ischia, dans le golfe de Naples, avait été soulevée depuis la période sub-apennine, car 3 seulement de ces coquilles ne se sont point rencontrées dans la Méditerranée. Depuis ces premières déductions, la comparaison de toutes les espèces tertiaires de la Sicile et de l'Italie méridionale lui a fait admettre que le passage de l'époque tertiaire à l'époque moderne avait été parfaitement graduel, et que, sans l'intervention d'aucun bouleversement ni d'aucun changement brusque, certaines espèces avaient disparu de temps en temps, et d'autres s'étaient développées jusqu'à l'existence complète de la faune actuelle. Aussi ce naturaliste n'a-t-il pu établir aucune division dans cette série de dépôts, ni tracer de limites pour séparer les époques tertiaire, quaternaire et moderne. Au reste, le massif de l'Époméo, qui occupe une partie d'Ischia, comme tous les tufs volcaniques de la Campanie et des îles de la côte de Baïa où se trouvent des coquilles d'espèces vivantes modifiées quelquefois dans certains de leurs caractères, tels que

(1) Dans une relation de la découverte d'os fossiles à Cassino et à la Melfa (a), que nous recevons au moment où ces feuilles s'impriment, M. Costa signale, comme ayant été trouvés dans une petite grotte, et dont il a vérifié le gisement : des restes d'Hyène (*H. campana*), de Rhinocéros rapportés au *R. megarhinus*, d'Éléphant rapportés à l'*E. meridionalis*, de Bœuf, de Cheval, de *Sus*, d'Antilope, de Cerf (*C. Dama giganteus* Cuv.), de rongeur (*Lemmus*) et d'oiseau du genre *Aquila*. Avec ces ossements l'auteur a recueilli 57 silex, dont 5 complétement façonnés, pour servir de pointe de flèche ou de lance, 9 qui paraissent avoir été seulement ébauchés et les autres tout à fait irréguliers.

(a) *Rendiconto della r. accad. delle sc., etc., di Napoli*, mars 1864.

leurs dimensions et leur plus ou moins d'abondance, est plus récent que les marnes sub-apennines et appartient à l'époque dont nous nous occupons.

Mais nulle part encore les sédiments marins de cet âge n'ont acquis un plus grand développement qu'en Sicile, où l'on pourrait signaler deux phases distinctes dans leur dépôt. Dans la plus ancienne viendraient se ranger les couches qui occupent près de la moitié de la surface de l'île, atteignant vers son centre, à Castrogiovani, une élévation de 900 mètres ; dans la plus récente, celles qui entourent la base de l'Etna et se voient le long de la côte, où elles renferment des espèces fossiles qui toutes vivent encore dans le voisinage.

Parmi les premières, les supérieures sont calcaires et les inférieures argileuses, comme on peut le voir aux environs de Syracuse, de Girgenti et de Castrogiovani. De 124 espèces de coquilles que M. Philippi y a recueillies, 35 seraient éteintes, ce qui est en effet une proportion plus forte que celle que nous trouvons habituellement dans les dépôts quaternaires. Mais, suivant l'auteur et conformément à ce que l'on vient de dire, cette proportion diminuerait graduellement de bas en haut, de telle sorte qu'aucune division ne serait possible dans cette puissante série, qui commence après les marnes sub-apennines pour se confondre à la fin avec les sédiments modernes. Les calcaires, d'un blanc jaunâtre, tantôt grossiers, tantôt compactes, dont l'épaisseur varie quelquefois de 200 à 300 mètres, renferment les fossiles à tous les états de conservation, soit pourvus encore de leur matière animale et revêtus de leurs couleurs, soit à l'état de moules et d'empreintes. Vers le bas, les calcaires passent à des grès et à des conglomérats, puis à des marnes bleues, semblables à celles des collines sub-apennines, où les coquilles et les polypiers sont parfaitement conservés.

Les dépôts au sud de la plaine de Catane montrent des alternances de sédiments marins et de produits volcaniques, qui prouvent que les phénomènes ignés se sont manifestés sous les eaux, comme de nos jours nous en avons vu des exemples.

Parmi les coquilles les plus abondantes dans ces couches et qui ne le sont pas moins dans la mer actuelle, on peut citer le *Pecten Jacobæus*, si répandu dans les calcaires de Palerme, de Girgenti, comme dans ceux qui alternent avec les produits volcaniques, jusqu'à une très-grande élévation, entre Syracuse et Vizzini.

« Plus nous réfléchissons à la quantité considérable de
» ces coquilles récentes, dit M. Lyell, plus nous nous
» étonnons de l'épaisseur, de la solidité et de la hauteur
» au-dessus de la mer des masses rocheuses dans les-
» quelles elles sont enfouies, et en même temps des
» changements géographiques survenus depuis leur ori-
» gine. Sans oublier que les couches supérieures ont été
» déposées sous les eaux, il faut, pour avoir une idée
» juste de leur ancienneté, examiner séparément les in-
» nombrables particules dont se compose l'ensemble, et
» les lits successifs de coquille, de coraux, de cendres
» volcaniques, de conglomérats, de coulées de lave, et
» calculer le temps nécessaire pour l'élévation graduelle
» des roches et l'excavation des vallées. Dans cette sup-
» position, la période historique représenterait à peine
» une unité appréciable, car nous trouvons d'anciens
» temples grecs, comme ceux d'Agrigente, construits
» avec le calcaire moderne, sur des collines constituées
» par ce même calcaire, sans que l'emplacement pa-
» raisse avoir subi la plus faible altération depuis que
» les Grecs ont colonisé pour la première fois cette île. »

Vous voyons, en outre, que la faune et la flore d'une grande partie de la Sicile sont plus anciennes que l'île elle-même, qu'elles ont préexisté à son émersion. En effet, lors de sa sortie du sein des eaux, la Méditerranée était déjà peuplée de presque toutes les espèces de mollusques, de radiaires, d'annélides, de polypiers et de rhizopodes qui l'habitent actuellement. On peut également ment présumer qu'avant l'émersion de cette région, les mêmes coquilles terrestres et d'eau douce, et presque tous les animaux et les plantes qui peuplent la Sicile, existaient déjà, car sa faune et sa flore terrestres sont précisément celles des autres terres environnantes de la Méditerranée. Mais nous verrons plus loin que l'étude des animaux fossiles trouvés dans les cavernes est venue apporter quelques modifications à ces premiers aperçus.

En Sardaigne, Alb. de la Marmora signale, sur une multitude de points, les grès quaternaires analogues à ceux de Livourne. Ils occupent, dans sa partie sud-ouest, une zone allongée du N.-O. au S.-E., d'Oristano à Cagliari, partageant ainsi l'île en deux portions inégales. Tout le golfe de Palma est bordé d'une large zone de la même époque. Une couche de couleur ocreuse, qui, partant du bord de la mer, augmente en s'approchant de Montréale, recouvre le grès précédent. Elle renferme d'abord des coquilles marines qui disparaissent à mesure qu'on s'éloigne du littoral, puis des coquilles terrestres, et passe à une sorte de brèche, en s'étendant indifféremment sur les diverses roches tertiaires et quaternaires. Les anciennes plages soulevées des environs de Cagliari montrent partout les coquilles qui vivent sur la côte voisine, et au milieu de celles-ci des fragments de poteries d'un caractère particulier, et différant complétement de celles de l'époque romaine. Les coquilles observées dans la terre rouge étaient à une altitude maximum de 30 mètres.

Dans les îles Baléares, la plaine de la partie sud de Majorque et presque tout le pourtour de l'île, excepté au nord-ouest, sont occupées par un dépôt quaternaire dans lequel Alb. de la Marmora a reconnu les mêmes circonstances de gisement et la même variété de composition qu'en Sardaigne. Près de la côte, c'est un grès calcaire avec un ciment argileux et rougeâtre ou jaunâtre et des coquilles semblables à celles qui vivent encore sur la plage. Cette roche et ses variétés sont également identiques avec celles qui leur correspondent en Sicile et en Toscane. Au sud-est de Palma, elle s'élève à 10 mètres au-dessus de la mer et sert de fondement à la ville d'Alcudia. En s'éloignant de la côte, le grès, comme dans d'autres localités, devient compacte et passe à un calcaire lacustre rougeâtre, avec des Hélices et des Cyclostomes. Dans le voisinage des montagnes, il forme un véritable poudingue, et l'on y trouve, près de Palma, des brèches osseuses à pâte rouge, semblables à celles du midi de la France et de Palerme. A Ciutadela, dans l'île Minorque, le terrain tertiaire horizontal, qui est à 40 mètres au-dessus du niveau de la mer, est recouvert transgressivement, dans les parties basses du sol, par les dépôts précédents.

J. Haime, qui visita Majorque en 1853, étudia ces couches, particulièrement aux environs de Palma, à l'est de cette ville, et près d'Arta à la Cueva de la Ermita. Il a remarqué que toutes les espèces qu'on y trouve vivent actuellement dans la Méditerranée, mais que les plus abondantes ne sont pas les mêmes au sud et au nord. Ainsi, aux environs de Palma, dominent le *Strombus mediterraneus*, le *Conus mediterraneus*, le *Murex trunculus*, l'*Arca Noæ*, l'*A. barbata*, la *Mactra corallina*, la *Venus gallina*, le *Cardium rusticum ;* tandis qu'auprès d'Arta ce sont : la *Cardita calyculata*, la *Chama gryphoides*, le *Pectunculus violacescens*, le *Vermetus triqueter.*

Sur le pourtour du rocher de Gibraltar, l'assise quaternaire la plus remarquable, suivant M. J. Smith, est un grès **rouge** rempli de coquilles récentes, et atteignant jusqu'à 100 mètres d'épaisseur. La brèche qui couvre les flancs de la montagne est formée de fragments calcaires cimentés par du carbonate de chaux comme le grès précédent. Les dépôts de coquilles modernes paraissent s'élever jusqu'à 180 mètres au-dessus de la mer ; ils sont horizontaux, et on ne remarque aucune dislocation en rapport avec ce changement de niveau. Nous reviendrons plus loin sur les brèches osseuses de cette localité.

Les dépôts quaternaires de l'Espagne n'ont pas encore été l'objet d'un travail particulier, et à plus forte raison leur faune nous est-elle à peu près inconnue. On sait que la chaîne cantabrique, sur son versant nord comme au sud, et celle du Guadarama, sont bordées, sur une largeur de 25 à 30 kilomètres, de dépôts détritiques qui en proviennent. La sierra Morena, quoique fort ancienne, n'en présente pas. La grande plaine de la Manche et celle de la Nouvelle-Castille sont presque partout sans blocs et sans gravier, suivant les observations de MM. de Verneuil et Collomb, et toute la région montagneuse orientale entre cette plaine et la Méditerranée en serait complétement dépourvue.

Dans les couches quaternaires inférieures des bords du Manzanarès, près de Madrid, M. C. de Prado a rencontré des restes de Bœuf, de Cheval, quelques fragments de dents de Rhinocéros et des portions de molaires d'une espèce d'Éléphant rapporté, par M. Lartet, à celui qui vit actuellement en Afrique. C'est dans ce même dépôt que M. de Verneuil a trouvé des silex taillés en forme de haches, semblables à ceux des environs d'Amiens et d'Abbeville ; de sorte que dans ce pays l'homme aurait été aussi contemporain d'un Éléphant, mais d'une espèce qui vit encore dans l'Afrique centrale et australe, et non d'une espèce éteinte, comme dans le nord-ouest de l'Europe. En Andalousie et aux environs de Grenade, des restes de ce grand pachyderme (*E. africanus*) auraient été aussi rencontrés.

La côte d'Afrique nous offre des faits analogues à ceux dont nous venons de parler. A Oran, les grès quaternaires, reposant sur les couches tertiaires, sont surmontés par des brèches osseuses. Les environs de Mostaganem et d'Arzew les montrent au-dessus des couches crétacées. Au cap Matifou et à Alger, on y observe deux assises : l'une, inférieure, d'argiles exploitées pour les poteries et les briques ; l'autre, calcaire, remplie de coquilles analogues aux espèces actuelles. Un calcaire avec des coquilles spathiques, du grès et une argile rouge, postérieur aux couches sub-apennines de Coléah au mont Chénouan, paraît être du même âge que les brèches osseuses et les travertins, et ces derniers, comme ceux des environs de Rome, supportent la ville de Milianah, à 800 mètres d'altitude, tandis que toutes les sources sont encore à une haute température sur le revers opposé de la montagne.

Plus à l'est, à une plus ou moins grande distance de la mer, M. Renou a décrit des argiles recouvertes par un grès calcaire ou sableux, poreux et percé de trous cylindriques verticaux. A la Calle, ce grès est à 100 mètres au-dessus de la mer et repose sur un grès crétacé. A Bone, il atteint 110 à 120 mètres, et recouvre le calcaire saccharoïde et les schistes talqueux. A Djidjelli, la superposition est la même qu'à la Calle. Dans la province de Constantine, les collines de Coudiat-Aty seraient formées, suivant Boblaye, d'une masse puissante de sable, de gravier et de blocs de l'époque quaternaire.

Les pierres employées pour l'un des forts de Tunis ont été extraites d'une carrière de grès aussi contemporains. Ceux-ci ont également servi pour la construction des grands réservoirs de Carthage, et on les trouve en effet en place au cap de ce nom, de même que sur le territoire de la Marsa, au-dessous de la maison de bain du Bey del Campo.

De tous les faits qu'il avait observés dans cette partie
occidentale du bassin méditerranéen, Alb. de la Marmora conclut : 1° que ces grès appartiennent à une
formation particulière, probablement limitée à ce bassin,
où ils se montrent partout, mais principalement sur
le littoral des continents et des îles; 2° qu'ils sont
distincts des dépôts tertiaires sur lesquels ils reposent
transgressivement ; 3° que dans les pays volcanisés ils
sont séparés de ces derniers par les grandes coulées
basaltiques qui recouvrent ceux-ci (Sardaigne, Sicile), ou
bien font partie des assises supérieures de tufs ponceux
recouvrant les strates tertiaires (Montalto de Canino);
près de Palerme, où il n'y a point de laves, ils sont séparés des sédiments antérieurs par un lit de galets du calcaire secondaire de la montagne de Sainte-Rosalie ; 4° que
lorsque ces grès prennent un développement un peu considérable, ils passent, à une certaine distance du rivage
actuel, à un calcaire rougeâtre avec des coquilles terrestres, tandis que sur la côte les coquilles sont marines ;
5° que, malgré leur âge géologiquement récent, ces
couches n'en appartiennent pas moins à une époque fort
ancienne sous le rapport historique, puisqu'elles étaient
déjà disloquées lorsqu'on creusa les tombeaux qui, en
Sicile, appartiennent aux temps les plus reculés de la
présence de l'homme dans cette île.

Ces recherches, que nous compléterons, messieurs,
dans la prochaine leçon, par l'examen de la partie orientale du bassin méditerranéen et par celui des cavernes et
des brèches osseuses de la même région, nous feront
voir que les phénomènes dynamiques qui ont accidenté
les dépôts quaternaires se sont aussi manifestés presque
partout, le long des côtes et des îles, ne différant, suivant les lieux, que par leur amplitude. Ces dislocations
remonteraient peut-être à l'apparition des volcans éteints
ou à cratères encore existant, et qui, probablement con-

temporains en Portugal, en Espagne, en France, en Italie, en Sardaigne, en Sicile, en Grèce, dans les îles de
l'Archipel, en Asie Mineure et en Syrie, sont caractérisés
par ces longues traînées de bouches ignivomes postérieures aux grandes éruptions basaltiques et trachyti-
ques, phénomènes dont les dernières manifestations ou
les derniers anneaux semblent se lier à l'époque téné-
breuse des migrations pélasgiques.

ONZIÈME LEÇON

Faune quaternaire circum-méditerranéenne (suite).

Messieurs,

Si nous poursuivons nos recherches sur le pourtour du bassin oriental de la Méditerranée, les côtes d'Afrique, le delta du Nil, l'isthme de Suez et le littoral de la Syrie (Giébel, Tyr, Sidon, Saint-Jean-d'Acre), nous présenteront des faits analogues à ceux dont nous vous avons entretenus dans la dernière leçon ; mais c'est surtout dans la région nord du bassin, explorée depuis longtemps, que nous trouverons de nouvelles preuves des phénomènes de cette époque.

Ainsi, sur le pourtour de l'île de Chypre récemment étudiée par M. Alb. Gaudry, règne une sorte de cordon littoral formé de dépôts quaternaires, dont la superposition aux couches tertiaires est démontrée par une multitude de coupes faites avec soin et qui ne laissent aucune incertitude quant à leurs rapports stratigraphiques discordants. Pour les fossiles, M. Gaudry fait remarquer que les 12 espèces de coquilles recueillies dans les sédiments quaternaires de Thavlou vivent encore sur la côte voisine, sauf peut-être la *Cyprœa elongata*, Brocc. A Larnaca, sur 32 espèces, 4 n'ont pas encore été retrouvées vivantes (*Natica*, voisine de la *N. mamillaris*, Linn.; *Ce-rithium spina*, Partsch; *Buccinum turbinellus*, Brocc.; *Pectunculus inflatus*, Risso). A la Scala, sur 90 espèces, 6 seulement sont inconnues aujourd'hui dans ces mers. Ces dépôts diffèrent donc sensiblement de ceux que l'auteur a décrits comme tertiaires supérieurs, car dans quelques-uns de ces derniers, un tiers seulement des fossiles a ses analogues vivants, et dans d'autres il y en a les deux tiers.

D'un autre côté, l'examen de la faune des dépôts correspondants de l'île de Rhodes a donné à M. P. Fischer le résultat suivant : sur environ 300 espèces recueillies par M. Prus : 147 mollusques gastéropodes ont offert 12 ou 15 espèces éteintes; 74 acéphales, 8 ou 10; 4 espèces d'annélides et 4 crustacés, dont 3 Balanes, ont encore leurs analogues vivants; sur 10 espèces d'échinodermes, 4 sont éteintes; mais 30 espèces de bryozoaires, 8 polypiers, 20 foraminifères et 2 *Vioa* sont encore représentés dans les mers voisines. Cette faune serait donc tout à fait comparable à celle des dépôts de la Sicile étudiés par M. Philippi.

Plus au nord, à la sortie des Dardanelles, sur le rivage de Tenedos et de la Troade, derrière Abydos, dans la baie de Sestos, M. A. Boué signale des poudingues coquilliers qui indiquent aussi un abaissement des eaux ou un soulèvement des terres. Comme ils ne renferment que des coquilles vivant encore dans la mer voisine, ce sont des dépôts comparativement très-récents. On en trouve des blocs remplis d'Huîtres au nord-ouest de Rodosto et au nord d'Erekli (l'ancienne Héraclée), sur la mer de Marmara. Par leur faible élévation au-dessus de son niveau actuel et par leurs fossiles, ces couches se distinguent facilement de celles des collines tertiaires du même pays.

Les exemples que nous venons de citer sur le périmètre

de la Méditerranée, et dans plusieurs de ses principales îles suffisent sans doute pour constater la généralité de dépôts plus récents que ceux des marnes sub-apennines, ainsi que les sables et les conglomérats supérieurs qui en dépendent. Leurs niveaux relatifs dans la plupart des cas, leur stratification discordante ou transgressive, les caractères minéralogiques et la comparaison de l'ensemble de leurs fossiles justifient cette distinction. Mais leur âge est-il par cela seul déterminé? Et, en supposant qu'ils appartiennent tous à l'époque quaternaire, sont-ils tous contemporains? Il nous manque encore pour répondre à ces questions plusieurs données essentielles.

En effet, sur le pourtour de cette mer intérieure, on n'a pas encore cité de ces roches polies, striées et sillonnées qui, dans le nord de l'Europe et mieux encore en Amérique, comme nous le dirons bientôt, servent de *substratum* aux premiers sédiments quaternaires; aucune trace de phénomène glaciaire n'apparaît sur les strates que ces derniers recouvrent. En outre, nous ne voyons point signalés dans ceux-ci les restes de cette faune de grands mammifères éteints, qui partout, dans l'ouest, le centre et le nord de l'Europe, caractérisent la phase paléontologique la plus importante de l'ère quaternaire. Nulle part aussi ces dépôts ne sont recouverts par des couches plus récentes, soit de la même époque, soit de l'époque moderne, du moins le fait n'a-t-il pas été signalé. Enfin, l'appréciation tirée de la proportion des espèces éteintes est, comme nous l'avons fait voir à plusieurs reprises (1), sans valeur réelle, et dans le cas particulier qui nous occupe, elle prouverait seulement, si elle pouvait être utilisée, que parmi les dépôts que nous considérons, il y en a qui, tout en étant plus récents que le terrain ter-

---

(1) *Histoire des progrès de la géologie*, vol. II, p. 520. — *Cours de paléontologie stratigraphique*, 2ᵉ partie, p. 134. .

tiaire supérieur, sont néanmoins plus anciens que d'autres ; de même qu'il en existe à tous les niveaux, depuis quelques mètres jusqu'à 900 mètres d'altitude.

Nous n'avons donc, dans l'état actuel des choses, aucun moyen de constater que tel ou tel des dépôts que nous avons signalés n'est pas aussi bien de l'époque actuelle que de celle qui l'a précédée. Mais à cet égard, pour ce qui concerne les côtes de l'Asie Mineure, les îles de l'Archipel grec, la Grèce continentale, le Péloponèse et les îles qui en dépendent, pour la grande Grèce, les îles du golfe de Naples et la Sicile, on pourra retirer beaucoup de fruit de la lecture attentive des anciens auteurs, et en particulier du troisième chapitre du premier livre de la *Géographie* de Strabon. L'apparition et la disparition des îles, l'émersion ou la submersion des côtes, l'ensablement des rivages, en un mot tous les phénomènes physiques qui tendaient à modifier les caractères de ces pays, ont été observés avec beaucoup de soin, et l'on pourra souvent reconnaître que tel ou tel fait étudié de nos jours est un de ceux dont les traditions nous ont conservé le souvenir, et qu'il appartient par conséquent à l'époque moderne comme ceux que nous avons rappelés ailleurs (1).

CAVERNES ET BRÈCHES OSSEUSES. — Voyons actuellement si l'examen des brèches et des cavernes à ossements de la même région ne pourrait pas jeter quelque lumière sur cette question d'une faune incontestablement quaternaire.

Les roches calcaires des monts Pisani, en Toscane, présentent de vastes cavités ou véritables cavernes, et des fentes souvent remplies de ciment rougeâtre, en partie

(1) *Cours de paléontologie stratigraphique,* 2e partie, p. 304. — *Histoire des progrès de la géologie,* vol. I, p. 645-666.

spathique, enveloppant des fragments de roche et constituant de véritables brèches où se rencontrent de nombreux ossements. La formation de ces brèches paraît
remonter à l'époque qui nous occupe, à en juger, dit
M. Savi, par les fossiles qu'elles renferment. En effet, la
brèche du mont Oliveto, déjà observée par Targioni, a
frappé Cuvier par sa ressemblance avec celle de Gibraltar
et par la présence d'ossements de Cerfs avec des coquilles
terrestres. La *grotta* de Molpa, au cap Palinure, entre le
golfe de Salerne et celui de Policastro, a aussi présenté
une brèche remplie d'os de ruminants (Cerfs, etc.).

En Sicile, les grottes à ossements sont connues de.
temps immémorial. Les anciens en faisaient les tombeaux
des géants et des cyclopes, premiers habitants de l'île.
Dans le voisinage de Syracuse sont la *grotta santa* et celle
appelée *mandia dei Cappuccini*, ouvertes dans des calcaires à 21 mètres au-dessus du niveau de la mer; elles
ont présenté, avec des coquilles marines d'espèces vivantes, des ossements d'*Ursus etruscus* ou *Felis cultridens*
(*Machairodus*), de *Canis*, d'*Hippopotamus major*, de Bœuf,
de Cerf et d'Antilope.

On en connaît trois aux environs de Palerme, celle de
San-Ciro, près de Marc Dolce, celles d'Olivella et de Bil-
liemi. Une quatrième se trouve près de Carini, c'est la
grotta Maccagnone, dans la montagne Longue; et en 1859
deux autres furent découvertes : la *grotta perciata*, à Man-
dello, à l'extrémité nord du monte Gallo, deux lieues au
nord-ouest de Palerme, et celle de *San Teodoro*, à mi-
chemin de Palerme à Messine, au pied du mont San
Fratello, non loin du village d'*Acqua dolce*.

La caverne de San-Ciro, ouverte dans des calcaires peu
anciens, à trois milles au sud de Palerme et à 60 mètres
au-dessus du niveau de la mer, montre des ossements
plus ou moins roulés, cimentés par du carbonate de
chaux, et constituant une brèche de 6 à 7 mètres d'épais-

seur, qui, en se prolongeant en dehors de la cavité, renferme des fragments de roches et des galets. Le sol de la caverne est en outre couvert de coquilles marines, et dans le sable qui était accumulé vers le fond, 45 espèces, sauf deux ou trois, étaient toutes vivantes sur la côte. En 1547 et en 1667, des ossements extraits de cette caverne furent attribués à des géants de dix-huit pieds, et il est étonnant que Cuvier n'ait pu décrire, comme provenant de cette localité, qu'une mâchoire inférieure de Cheval et un fragment d'os de Cerf.

La presque totalité de la masse énorme d'ossements que renferme cette brèche, suivant de Christol (1), appartient à l'Hippopotame, animal qui ne s'éloigne jamais beaucoup des bords du fleuve où il vit. Sur environ trente quintaux d'ossements, cet auteur a trouvé qu'à l'exception de six os seulement qui se rapportent aux genres Bœuf et Cerf, tout le reste provient d'Hippopotames. Ces os annoncent une prodigieuse quantité d'individus de tous les âges ; on y reconnaît un grand nombre de très-jeunes Hippopotames, dont les dents de lait ne sont pas encore sorties, et dont les os sont épiphysés ; les vieux individus présentent en général des dimensions moindres que celles de l'espèce vivante, à laquelle cependant on les a rapportés, et ils sont de moitié moins grands que l'Hippopotame fossile de Pézenas (2). Beaucoup de ces os ont été roulés au point d'être méconnaissables, et sur 300 astragales examinés, 40 étaient tellement usés, qu'ils étaient réduits à la moitié de leur épaisseur. Ces résultats ne peuvent être dus qu'à l'action des vagues longtemps prolongée à l'entrée de la caverne alors au niveau de la mer (3). Des restes d'Éléphant,

(1) *Obs. sur les brèches osseuses*, 1834.

(2) Cette espèce a été désignée par M. H. de Meyer sous le nom d'*H. Pentlandi* (*Palœol.*, 533 ; *Neu. Jahrb.*, 1843, p. 582).

(3) En 1830, plusieurs navires apportèrent à Marseille des charge-

d'une grande espèce, de *Canis*, de *Daim*, et peut-être
d'Ours, ont été signalés depuis dans cette même localité.

La *grotta perciata*, située à deux lieues au nord-ouest
de Palerme, à 49 mètres au-dessus du niveau de la mer,
dans une montagne de calcaires crétacés à Hippurites,
sur lesquels reposent des couches tertiaires supérieures,
et plus bas des conglomérats récents, a été étudiée en
1859 par M. F. Anca (1), qui y a reconnu, sur une épaisseur totale de 1^m,50, quatre couches distinctes : 1° une
terre sablonneuse avec des coquilles terrestres et marines; 2° une terre grise compacte avec des ossements
brisés et des pierres taillées; 3° une couche d'ossements
avec des coquilles terrestres et des pierres taillées; 4° à
la base et reposant sur la roche de la caverne, un sable
argileux rougeâtre avec des coquilles marines (*Fusus,
Murex*, etc.). Dans une grotte voisine on a également
trouvé des silex taillés avec des coquilles et des ossements brisés.

Les fossiles de la *grotta perciata* appartiennent au genre
Cerf (une ou deux espèces), au *Sus scrofa?*, à l'Ane, au Lapin, au Crapaud, à un oiseau indéterminé et aux coquilles
suivantes : *Patella ferruginea* ou *Lamarckii, P. vulgata,
Monodonta fragaroides, Murex brandaris, Fusus?, Helix
aspersa, H. Mazzuli, H. vermiculata, Bulimus decollatus.*

La grotte de *San Teodoro*, située à 65 mètres au-dessus
de la mer et distante d'un kilomètre de la côte, a 70 mètres de profondeur. A 10 mètres de l'entrée, les fouilles
exécutées par M. Anca, sur une épaisseur de 3^m,50, ont
fait connaître : 1° un sable argileux; 2° une terre sableuse avec des ossements de Cerf, de Cheval, de Sanglier et des pierres taillées ; 3° une terre semblable avec

ments de ces os fossiles de Sicile pour les fabriques de noir animal,
mais l'absence de matière animale les fît jeter à la mer.

(1) *Bull. de la Soc. géol. de France*, 1860, vol. XVII, p. 684.

des fragments de pierre de la voûte ; 4° des fragments
de la même roche, mélangés avec des dents d'Éléphant
(*E. africanus*), des débris de rongeurs, de batraciens, des
coquilles marines (*Ostrea, Cardium*) et trois *Helix ;* 5° une
couche terreuse avec des fragments calcaires et sans fossiles. Sur un autre point de la grotte, on a retrouvé la
couche n° 2 avec ses fossiles et les pierres taillées qui
sont des trachytes et des phonolithes.

Une cavité latérale de cette même grotte a présenté un
gisement assez différent des précédents, et dans lequel
les ossements étaient plus nombreux et plus variés (carnassiers, Cerfs (beaucoup d'os et de bois), coprolithes
d'Hyène, Éléphant, Cheval, Bœuf).

L'auteur croit pouvoir conclure de ces faits, qu'il y a
dans cette grotte deux dépôts ossifères distincts par leur
position, la diversité des animaux, la présence des armes
de pierres taillées dans l'un et leur absence dans l'autre,
et par conséquent les preuves de deux époques.

Jusqu'à présent, les armes de pierres taillées n'ont été
rencontrées que dans les localités où ont été signalés les
restes de Cerfs et de Sangliers ; elles manquent dans les
autres ou y sont extrêmement rares. C'est dans la grotte
de Maccagnone que les pierres taillées furent découvertes
pour la première fois en 1859 par MM. Anca, Porcari et
Falconer. Il y avait à l'entrée une couche formée par des
os de Cerfs, recouverte par un riche dépôt d'os d'Hippopotames. Depuis lors on en a observé, comme on vient de
le dire, dans les deux grottes précédentes ; mais jusqu'à
présent ces produits de l'industrie primitive de l'homme
n'ont pas été cités dans celles de San Ciro, de Belliemi
et d'Olivella, où les restes de Cerfs sont excessivement
rares.

Les fossiles de la grotte de San Teodoro, à la détermination desquels M. Lartet a apporté son savant concours,
sont, parmi les carnassiers : l'Hyène tachetée, un Ours

se rapprochant de l'Ours brun des Alpes (*U. arctos*), le Loup et le Renard ; parmi les rongeurs, le Porc-Épic, le Lapin ; parmi les pachydermes, l'*Elephas antiquus*, l'*E. africanus?*, l'Hippopotame, une ou deux espèces, le *Sus scrofa*, ressemblant au Sanglier du nord de l'Afrique ; parmi les solipèdes, l'Ane ; parmi les ruminants, un Bœuf de taille moyenne, une seconde espèce plus petite et très-élancée ; le Cerf, une ou deux espèces, le Mouton ou un ruminant voisin ; parmi les batraciens, un grand Crapaud, puis un oiseau indéterminé, l'*Helix aspersa*, une Huître et le *Cardium edule*.

Or, cette liste de fossiles ne résout point la question de l'âge des dépôts qui les renferment, ou bien elle les ferait regarder comme plus récents que l'époque quaternaire proprement dite. Car si, d'une part, les genres Hyène, Ours, Porc-Épic, Éléphant, Hippopotame, ne vivent plus dans le pays, les espèces qui les y ont représentés, lors du remplissage des cavernes, se rapprochent davantage de celles qui vivent encore sur les continents voisins que des espèces quaternaires. Il n'y a donc rien non plus à conclure de ces données quant à l'ancienneté de l'établissement de l'homme dans le pays.

Des recherches ultérieures (1) ont convaincu M. F. Anca que l'*Elephas africanus* avait bien réellement vécu en Sicile avec l'Hyène tachetée et l'Hippopotame. Mais les ossements de ces animaux n'existant pas dans les dépôts supérieurs de la grotte de San Teodoro avec ceux de Cerf, de Bœuf, de Cheval, de Sanglier et les restes d'industrie humaine, on peut admettre qu'il y avait une communication directe entre la Sicile et la côte d'Afrique avant l'apparition de l'homme dans le pays, et que l'extinction des espèces africaines dans l'île coïnciderait avec

____

(1) *Bull. de la Soc. géol.*, 1860, vol. XVIII, p. 90.

sa séparation du continent, après laquelle aussi l'homme
en aurait pris possession.

« En Sardaigne, près de Cagliari, dit Cuvier (1), dans
» un rocher voisin de la mer, est une grande couche ou
» plutôt un grand filon rempli d'une quantité prodigieuse
» de très-petits ossements que l'on dirait avoir été pilés
» et entassés, et qui ne sont liés que par une petite quan-
» tité de terre rougeâtre durcie. » Dans un fragment de
pierre blanche provenant de cette brèche, entouré d'une
croûte de cet amas de petits os, et, en tout, à peine de la
grosseur du poing, le savant anatomiste put déterminer
la présence d'au moins quatre espèces : un Lagomys, un
Campagnol, une Musaraigne et un Lézard. Une de ces
espèces est éteinte, une autre est étrangère au pays. La
brèche dont parlait Cuvier est aujourd'hui épuisée ; elle
remplissait une cavité en entonnoir située au sommet de
la colline tertiaire de Montreale, à 45 mètres au-dessus
du niveau de la mer et à 500 mètres du rivage actuel. Les
fossiles qu'on y a découverts appartiennent aux *Cynothe-
rium sardum*, Renard, Ours, *Sorex*, *Lagomys sardus*,
Myoxus glis, *Mus*, *Arvicola*, *Arctomys*, *Sus*, *Cervus*, avec
des restes d'oiseaux de divers ordres, des coquilles marines, entre autres le *Mytilus edulis*.

A ce que nous avons dit précédemment sur les dépôts
quaternaires de la Sardaigne, nous ajouterons ici que
M. Meneghini considère la *panchina* comme s'étant formée
à plusieurs époques, et d'une manière continue pendant
un laps de temps fort long, de sorte qu'il y a une différence
sensible entre la faune des premières couches et celle
des dernières encore en voie de formation. Cette manière
de voir, qui s'accorde avec celle que nous avions déduite
ci-dessus de résultats plus généraux, explique la contradiction apparente des conclusions de l'auteur. Il cite

(1) *Ossements fossiles*, vol. VI, p. 404.

27 espèces de mollusques et un crustacé dans les dépôts quaternaires, et, dans les plages soulevées, 40 espèces différentes des précédentes, quoique également vivantes.

La brèche osseuse observée en Corse, au nord de Bastia, à 200 mètres au-dessus de la mer dans un calcaire bleuâtre et blanchâtre, est formée de terre rougeâtre remplissant des fentes de la roche et enveloppant une innombrable quantité d'os parmi lesquels Cuvier reconnut ceux d'un *Lagomys* (*L. corsicanus*), voisin du *L. alpinus* qui habite les régions montagneuses froides de la Sibérie, mais plus grand, et un Rat d'eau. On y a signalé .depuis des restes de ruminants, de Daim, d'Antilope et de Lapin.

Nous avons déjà mentionné les brèches osseuses de Nice, d'Antibes et de Cette, sur le littoral de la France(*antè*, p. 93, 108); Bowler a décrit les dépôts d'ossements de Concud, une lieue au nord-ouest de Terruel, en Aragon; mais les échantillons de cette localité étudiés par Cuvier, et qui se rapportent à des Anes, des Bœufs, des Moutons et des Cerfs très-semblables à ceux d'aujourd'hui, peuvent faire douter de leur ancienneté, aussi bien que la relation du voyageur anglais qui y a vu des ossements d'animaux domestiques et même des ossements humains. Est-ce de ce même dépôt que proviennent les restes d'*Hipparion* cités dans cette localité (1)? C'est ce que nous ne savons pas; ces données contradictoires n'ayant été l'objet d'aucune discussion de la part de M. P. Gervais.

Les brèches du rocher de Gibraltar n'ont offert que des débris de rongeurs et de ruminants (Lagomys, deux Lapins et deux Cerfs). On y a cité à la vérité des restes de l'Ours des cavernes, mais ce fait, qui serait unique dans toute cette région, n'a pas été suffisamment établi. La découverte en Espagne de l'*Elephas africanus* fossile vien-

(1) *Bull. de la Soc. géol. de France*, 2e série, 1852, vol. **X**, p. **147**.

drait appuyer l'hypothèse que nous avons vue émise tout
à l'heure. Ce grand pachyderme aurait habité le sud de
l'Europe avant la formation du détroit de Gibraltar, alors
que le Sahara était une mer qui séparait l'Algérie de l'intérieur de l'Afrique, ce qui rend également compte de la
présence, dans la partie méditerranéenne de ce continent,
d'animaux appartenant au nord de l'Europe (1).

Dans l'île de Malte, des vertébrés fossiles ont été récemment découverts par M. Spratt, entre autres une
espèce d'Éléphant remarquable par sa petitesse, et désignée sous le nom d'*E. melitensis,* par M. Falconer. Sa
taille était intermédiaire entre celle du Tapir et du petit
Rhinocéros de Java.

On connaît seulement, par les mémoires de Spallan-
zani, l'existence de brèches osseuses dans l'île de Cérigo ;
ce qu'en disent Fortis et Cuvier après lui, n'apprend rien
sur les animaux qu'elles renferment, et montre seulement que les détails donnés par le savant naturaliste
italien ne doivent être acceptés qu'avec beaucoup de
réserve.

Les découvertes récemment faites dans nos possessions
du nord de l'Afrique compléteront ce coup d'œil sur la
faune quaternaire circum-méditerranéenne. A 6 kilomètres au sud d'Alger, à l'est du village de Birmandreis, et
à une altitude de 132 mètres, une grotte ouverte dans le
terrain tertiaire a présenté un revêtement de stalagmite,
enveloppant des os de Cheval, de Bœuf et d'un jeune carnassier indéterminé. Les brèches osseuses entre Oran et
Mers-el-Kebir ont les mêmes caractères que celles du
midi de la France. On y trouve, suivant M. Milne Edwards,
des débris de Bœuf, de Cheval, d'Ours, etc., comme dans
les cavernes. Des restes d'*Elephas africanus* ont été ren-

____

(1) L'existence de l'Éléphant fossile dans le voisinage immédiat de
Madrid était connue dès le commencement de ce siècle.

contrés aux environs de Guelma, et l'on voit cité par Cuvier, mais sans aucune authenticité, l'*E. primigenius* dans les États barbaresques, puis par d'autres naturalistes, un Rhinocéros indéterminé, le *Bubalus antiquus* de Sétif, quelques os du *Bos primigenius*, dans une grotte près de Bougie, une Antilope, un Chien et une Hyène non déterminés spécifiquement.

Si maintenant nous comparons les caractères de cette faune de mammifères quaternaires circum-méditerranéenne avec celle que nous avons décrite au nord des Alpes et des Pyrénées, nous trouverons, qu'abstraction faite des dents d'*Elephas primigenius* constatées au mont Sacré, près de Rome, et dans le diluvium de la vallée du Pô, en amont de Turin, nulle part on n'y a encore signalé avec certitude les espèces les plus caractéristiques des dépôts du nord (*Rhinoceros tichorhinus*, *Ursus spelœus*, *Hyœna spelœa*, *Cervus megaceros*, *Aurochs*, Renne, *Felis latidens* (*Machairodus*), *Felis spelœa*, *Trogontherium*, et l'*Hippopotamus major* s'y trouve plutôt dans les dépôts tertiaires supérieurs avec l'*Elephas meridionalis* que dans des dépôts plus récents, comme en Angleterre et dans le nord de la France.

D'un autre côté, l'espèce d'Éléphant la plus authentique et la plus généralement répandue, l'Hyène et peut-être le Rhinocéros, seraient plus voisins de ceux qui vivent encore en Afrique, et il en serait de même des autres ruminants ou pachydermes plus semblables aux espèces actuelles que leurs congénères de l'époque quaternaire dans le nord. Ainsi, sauf quelques petits rongeurs, non-seulement cette faune quaternaire méditerranéenne différerait notablement de celle du nord, mais encore elle se rapprocherait beaucoup plus de la faune actuelle qui vit au sud, que celle du nord ne se rapproche de la faune actuelle de la même région.

Les données fournies par l'examen des brèches osseu-

ses et des cavernes ne contribuent donc pas encore à résoudre les questions que les dépôts quaternaires avaient
laissées incertaines, et les relations ou le synchronisme
des unes et des autres ne sont pas, sur le périmètre de
la Méditerranée, appuyés de preuves paléozoologiques
aussi concluantes que dans le nord et l'ouest de l'Europe. En outre, si la contemporanéité absolue des faunes
dans les deux régions peut rester douteuse, il est à
remarquer que les différences entre les faunes de nos
jours et les faunes quaternaires d'un continent donné
semblent être moins prononcées, à mesure qu'on
s'avance du nord vers le sud.

DOUZIÈME LEÇON

Faune quaternaire de l'Europe centrale.

Messieurs,

Les reliefs accidentés et si multipliés de l'Europe centrale, qui divisent sa surface en une infinité de petits bassins en relation avec celui du Danube au sud, avec celui du Rhin à l'ouest, et avec ceux du Weser, de l'Elbe, de l'Oder et de la Vistule au nord, rendent l'étude de ses dépôts quaternaires extrêmement compliquée, et nous arrêteraient beaucoup trop longtemps si nous voulions vous en présenter un tableau complet. Ces dépôts n'ont point d'ailleurs offert de caractères différents de ceux que nous avons examinés jusqu'ici ; et, d'après ce que nous avons dit du bassin du Rhin moyen et des régions baltiques, on peut concevoir que les phénomènes analogues qui se sont manifestés sur les diverses parties des deux plans inclinés, l'un au S., vers le thalweg de la vallée du Danube, et l'autre au N., vers les côtes de la Baltique, ont donné lieu à des résultats tout à fait comparables à ceux que nous connaissons déjà.

Les débris de grands mammifères recueillis dans cet espace, soit dans les dépôts de transport des vallées, soit dans les cavernes et les brèches osseuses, s'accordent également avec ceux que nous connaissons à l'est et à l'ouest ; les recherches attentives et multipliées dont ils ont été l'objet et l'examen qu'on en a fait ont apporté de précieux matériaux pour la paléozoologie des vertébrés quaternaires.

Il serait superflu d'entrer ici dans l'énumération de tous ces faits, qui d'ailleurs se reproduisent presque toujours avec les mêmes caractères, et dont la plupart sont consignés dans des ouvrages généraux (1); aussi nous bornerons-nous à vous entretenir des plus importants, de ceux qui sont le plus propres à donner une idée juste de la composition de la faune quaternaire de cette région, de son identité avec celles des régions qui l'entourent, enfin de la simultanéité comme de l'analogie des phénomènes qui partout semblent avoir concouru à son extinction. Nous prendrons d'abord nos exemples dans les dépôts de transport des vallées et ensuite dans les cavernes et les brèches osseuses.

Dès 1701, David Spleiss décrivait les nombreux ossements fossiles découverts dans les couches superficielles des environs de Canstadt, près de Stuttgard, dans la vallée du Neckar; et, peu après, J. Sam. Carl démontrait, par leur composition chimique, leur origine organique jusqu'alors contestée. C'étaient des restes d'Hyènes mêlés à des débris d'Éléphants, de Rhinocéros, de Chevaux, de Bœufs, de Cerfs, de Lièvres et de petits carnassiers, enveloppés dans une masse d'argile sableuse jaunâtre, avec des cailloux roulés et en partie consolidés, constituant

---

(1) G. Cuvier, *Recherches sur les ossements fossiles*, vol. II, VI, *passim*. — W. Buckland, *Reliquiæ diluvianæ*, 1823. — M. de Serres, *Essai sur les cavernes à ossements*, 1835. — Id., *Des ossements humains des cavernes*, 1855. — J. Desnoyers, art. GROTTES ou CAVERNES, *Dict. univ. d'histoire naturelle*, vol. VI (1845), p. 343. — D'Archiac, *Hist. des progrès de la géologie*, vol. II (1848), p. 285. — *Cours de paléontologie stratigraphique*, 1re partie, 1862. — Nous rappelons ici et dans les pages suivantes quelques détails historiques omis sur ce sujet par inadvertance, à la page 112 de ce dernier ouvrage.

ainsi une sorte de brèche. Ces os étaient entassés sans
ordre ; la plus grande partie étaient brisés, et quelques-
uns étaient roulés.

En 1816, on recueillit en une journée, à Seilberg, près
de Canstadt, 21 dents ou fragments de dents d'Éléphant
avec un grand nombre d'os ; et, en continuant les fouilles,
on trouva 13 défenses et quelques molaires du même
animal, rassemblées près les unes des autres, comme si
on les avait réunies exprès. Elles furent enlevées toutes
avec soin par ordre du roi et conservées dans l'argile qui
les enveloppait. Les plus grandes défenses, quoique ayant
perdu leurs extrémités, avaient encore huit pieds de long
et un pied de diamètre. Elles étaient dans un bon état
de conservation, et leur courbure formait les trois quarts
d'un cercle.

Les dépôts quaternaires de Canstadt ont d'ailleurs présenté quelques os humains et des restes d'Ours, de Tigre,
d'Hyène, de Loup, de Chien?, de Renard?, de Taupe,
de Belette, de Martre ou Putois, de Castor, d'*Hippudœus
amphibius*, d'*H. arvalis*, de Lièvre, de *Cervus megaceros*,
de quatre ou cinq autres espèces de Cerf ou d'Antilope,
de *Bos primigenius*, de Cheval, de *Sus*, d'*Elephas primigenius* et de *Rhinoceros tichorhinus* (1).

La même année, on découvrit également au village de
Thiede, à 4 milles au sud-ouest de Brunswick, un amas
d'os, de dents et de défenses d'Éléphant dans un limon
argileux qui recouvrait le gypse exploité dans le grès
rouge. Sur un espace de dix pieds carrés seulement, on
recueillit 11 défenses, dont une avait onze pieds de long,
puis une seconde, quatorze pieds huit pouces sur treize
pouces de diamètre ; leur courbure était exactement en
demi-cercle. 30 molaires et beaucoup d'os du même
animal étaient associés à des dents et à des os de Rhino-

____

(1) G. F. Jæger, *Ueber die fossilen Saugethiere*, etc., 1839.

céros, de Cheval, de Bœuf et de Cerf. Tous ces débris étaient mêlés confusément, sans avoir été roulés ni brisés. Les dents étaient isolées et sans les mâchoires (1).

Des os d'*Ursus spelæus* ont été rencontrés dans le lehm du Brisgau; dans celui de Mosbach, près de Wiesbaden, on a signalé des ossements de mammifères avec des restes humains, puis des restes de Marmotte, ainsi qu'à Kœstrich, près de Mayence. Ce dernier fait tendrait à prouver que ces animaux vivaient alors sur des points qui n'étaient pas à plus de 300 mètres d'altitude. Dans le pays de Munster, des os fossiles de pachydermes, de ruminants et de solipèdes ont été également extraits des alluvions quaternaires. Le dépôt du lehm de Sigmaringen, en Wurtemberg, a présenté des dents d'*Ursus spelæus* et de *Rhinoceros tichorhinus*. Ce dernier pachyderme a été découvert en Saxe, à Ober Gebra, à Oelsnitz, ainsi que sur une multitude d'autres points, puis associé à l'Éléphant sur une étendue de huit lieues dans l'alluvion ancienne de la Theiss, dans le comitat de Sohl, en Hongrie. Nous nous bornerons à ces quelques citations, qui suffisent pour montrer que les dépôts quaternaires de l'Allemagne ne diffèrent point, sous ce rapport, de ceux des autres parties de l'Europe, et nous allons voir qu'il en est de même des cavernes.

Quoique les Éléphants et les Rhinocéros aient joué un rôle fort important dans la faune de cette époque en Allemagne, puisque Blumenbach, au commencement de ce siècle, assurait avoir vu des restes des premiers provenant de plus de 200 individus, et des seconds de plus de 30, et qu'en outre leur origine fût connue du temps de Leibnitz, qui avait constaté la présence d'Éléphants fossiles dans la grotte de Scharzfeld, la fréquence des restes d'Ours avait encore frappé davantage les natura-

(1) W. Buckland, *Reliquiæ diluvianæ.*

listes. Ainsi, dès 1672, J. Paterson Hayn figure des ossements d'Ours provenant des cavernes des Carpathes, et
qu'il avait trouvés en 1622 ; l'année suivante, Wollgnad en
signale en Transylvanie, mais c'est Bruckmann qui, en
1725 et 1732, reconnaît le premier leur véritable origine.
En 1774, Esper décrivit les cavernes à ossements du
margraviat de Bayreuth, sujet sur lequel revint Rosenmüller en 1804, et que traitèrent plus tard, avec toutes
les lumières de la science moderne, Hunter, Sœmmering,
Goldfuss, G. Cuvier et W. Buckland.

Le petit district de Muggendorf, que traverse la route
de Nuremberg à Bayreuth, et qu'arrosent la rivière de la
Weissent et ses affluents, est un des points les plus remarquables de toute l'Allemagne par ses nombreuses cavernes
ouvertes dans des calcaires jurassiques. Celle de Gailenreuth, entre autres, a depuis longtemps attiré l'attention
des naturalistes. Le sol était, lors des premières fouilles,
entièrement recouvert d'une couche épaisse de stalagmites, quelquefois réunies aux stalactites descendant de
la voûte. Sous cette première couche de stalagmites est
un lit composé d'ossements et de terre alluviale mélangée
de cailloux et de fragments anguleux de calcaire solide.
Vers le fond de la grotte, des excavations descendent à
plus de 7 mètres dans une brèche composée d'os, de
limon et de cailloux cimentés par du carbonate de chaux,
et dont la base n'a pas été atteinte.

Esper a fait exécuter des fouilles avec beaucoup de
soin, et dans son ouvrage publié en 1774, il donne de
bonnes figures des résultats de ses recherches. On y voit
la prédominance des restes d'Ours, mais aussi des dents
provenant de l'Hyène et d'un grand *Felis*. Sa description
minutieuse et diffuse prouve qu'il ne reconnut point à
quels animaux ces restes innombrables avaient appartenu. Cependant il n'en fut pas de même d'une mâchoire
d'homme présentant encore deux molaires et une inci-

sive, et d'une omoplate avec son apophyse coracoïde parfaitement intacte, « trouvées, dit l'auteur, parmi les
» os d'animaux dont les cavernes de Gailenruth sont rem-
» plies, et dans cette couche qui, suivant toute probabi-
» lité, est primitive, je crois pouvoir supposer de raison
» que ces os humains sont aussi anciens que les autres
» ossements d'animaux, et le même accident les a placés
» ici. Quant à la grandeur, ces deux os ne s'écartaient
» point du tout de la proportion ordinaire d'une taille de
» cinq à six pieds, que le Créateur a donnée à l'homme. »

En 1795, J. C. Rosenmüller représente un crâne complet, avec les deux mâchoires garnies de toutes leurs dents, de l'espèce d'Ours si répandue dans cette caverne; puis, en 1804, il publie sur ce sujet un travail spécial, dans lequel il n'admet pas que les ossements d'Homme, de Cheval, de Bœuf, de Brebis, de Cerf, de Chevreuil, de Blaireau, de Chien et de Renard soient contemporains de ceux des Ours, des Loups et d'un grand *Felis* associés à ces derniers, toujours moins bien conservés que les précédents. « La description qu'on vient de lire, dit-
» il en terminant, prouve évidemment que ces os appar-
» tiennent à un animal de la famille des Ours, mais d'une
» espèce qui surpasse de beaucoup en grosseur toutes les
» espèces connues de cette famille. » Suivant Rosenmül-
ler, on n'aurait jamais trouvé de débris d'Éléphant ni de Rhinocéros dans les mêmes cavernes où abondent ceux de l'Ours, de cette grande espèce que Blumenbach a appelée *U. spelœus*, et que nous retrouvons partout à l'état fossile, depuis Odessa, sur les bords de la mer Noire, jusque dans les cavernes de l'ouest de l'Angleterre.

Dans ces diverses excavations naturelles du district de Muggendorf, les os sont disposés de la même manière, soit disséminés, soit accumulés en couches ou en monceaux de plusieurs mètres d'épaisseur. Il y en a partout,

depuis l'entrée jusque dans les parties les plus reculées,
et les os de toutes sortes et de tous les âges sont entassés pêle-mêle. Les squelettes s'observent généralement à
la partie inférieure du dépôt; les mâchoires inférieures
sont rarement avec les supérieures, et le tout est enve-
loppé d'une terre brune argileuse ou marneuse.

Dans les cavernes de Gailenreuth et de Mockas, beaucoup d'os sont recouverts de stalactites, et des lits entiers d'environ un mètre d'épaisseur constituent ainsi une
brèche solide. Suivant les localités, les os sont plus ou
moins altérés. A Mockas, où ils le sont le plus, même
l'émail des dents, ils sont blancs et ne contiennent point
de matière animale. Ils ont d'ailleurs conservé leurs
formes, et lorsqu'on les brise, ils résonnent comme un
corps métallique qu'on laisse tomber à terre. Ils sont
exclusivement composés de phosphate de chaux. D'innombrables générations d'Ours ont dû se succéder pour
produire de pareilles accumulations dans lesquelles s'observent des individus de tous les âges.

Les trois quarts au moins des ossements des cavernes
de la Franconie appartiennent à des Ours, suivant la remarque de Cuvier; la moitié de l'autre quart, à une espèce d'Hyène, et le reste à divers carnassiers. Les travaux
des paléontologistes plus récents (Wagner, Braun, etc.)
ont permis d'apprécier la faune des mammifères qui peuplaient alors cette petite région du centre de l'Allemagne.
Ainsi la caverne de Gailenreuth a présenté des restes de
l'*Ursus spelœus*, de Blaireau, de Glouton (*G. spelœus*), de
Belette ou Putois (*M. diluviana*), de Chien ou de Loup
(*C. spelœus*), de Renard (*C. vulpinaris*), d'Hyène (*H. spelœa*), de 2 espèces de Tigre ou de Lion (*F. spelœa*), de
Chat (*F. catus*), de Loir (*M. glis fossilis*), d'Écureuil (*S. diluvianus*), de Rat (*M. diluvianus*), de Campagnol (*H. major* et *minor*), de Castor, de Cheval, de Cerf, de Chevreuil, de Bœuf et de Mouton.

La caverne de Rabenstein, située en aval de la précédente, sur la rive gauche de la Weissent, a présenté, avec des débris de la même espèce d'Ours, des restes d'*Elephas primigenius*, de *Rhinoceros tichorhinus*, de Cheval et de Renne (*C. tarandus*); tandis que dans celle de Brumberg, on a trouvé beaucoup d'insectivores (Chauve-Souris, Musaraigne, Taupe, Hérisson), des carnassiers (Blaireau, Loup), des rongeurs (Loir, Rat, Campagnol, Lièvre, etc.); parmi les pachydermes, le Sanglier, le Cheval, et parmi les ruminants, les *Cervus elaphus, priscus, megaceros*, c'est-à-dire une association d'animaux très-différente de celle des autres cavernes.

Les cavernes de Sundwich et de Klütterhole, en Westphalie, celles de Bauman et de Scharzfeld, dans la région hercynienne, déjà signalées, comme on l'a dit, par Leibniz, celles des environs de Peggau, en Bohême, les cavités du gypse de Kœstriz, non loin d'Iéna, et une multitude d'autres, ont offert des résultats analogues, depuis le bassin du Rhin jusqu'en Valachie. Ainsi M. H. de Meyer, en rassemblant toutes les données acquises sur les fossiles des cavernes de la vallée de la Lahn, y a reconnu 53 espèces de vertébrés. Sur 30 espèces de mammifères, 12 ont disparu du pays; 15 espèces d'oiseaux, 17 espèces de batraciens et une espèce de poisson auraient encore leurs analogues vivant en Allemagne.

Les caractères généraux de cette faune sont ceux des animaux de l'hémisphère oriental, et la faune diluvienne de la vallée de la Lahn, comme probablement celle de toute l'Europe, se composerait, d'après le savant paléontologiste allemand : 1° d'espèces identiques avec celles qui vivent aujourd'hui dans le même pays; 2° d'espèces dont les identiques ne vivent plus que dans d'autres régions; 3° d'espèces éteintes, dont les analogues se trouvent aussi à l'état fossile en Asie et en Afrique, mais avec d'autres espèces qui vivent en Europe. Ces faits, constatés dès 1844, sont donc directement opposés à cette hypothèse gratuite qui avait encore à cette époque de nombreux partisans, savoir, que les espèces avaient disparu par des catastrophes violentes et des changements subits de température. Bronn, Philippi et plusieurs autres savants, malgré leurs excellentes raisons, n'étaient pas encore parvenus à déraciner ces erreurs d'un autre âge.

On voit donc par ce qui précède, et comme nous le disions en commençant cette leçon, que la faune des cavernes du centre de l'Europe est parfaitement comparable à celle des dépôts quaternaires des vallées, et que l'une et l'autre ne diffèrent point non plus de ce que nous avions déjà vu dans le nord, dans l'est et dans l'ouest du même continent. L'uniformité des caractères de cette faune, jointe à l'analogie des divers gisements où on la rencontre, confirme ainsi la contemporanéité de tous les éléments qui la constituent, et nous en trouverons encore de nouvelles preuves à mesure que nous nous avancerons vers l'est.

En Valachie, près d'Olteniza, des restes d'*Elephas primigenius* et de Cheval ont été rencontrés dans des dépôts superficiels ; on cite également des débris du premier de ces animaux dans le voisinage de Constantinople, mais sans constatation bien précise du gisement ni de l'espèce. Tel est à peu près ce que nous savons de cette faune terrestre dans la Turquie d'Europe, car les vagues indications d'os de géants trouvés dans quelques parties de l'Asie Mineure, suivant les auteurs de l'antiquité grecque et latine, n'ont pas encore été confirmées par la découverte de mammifères fossiles dans ce pays. Les voyageurs de notre temps n'y ont pas même constaté de dépôts quaternaires, si ce n'est dans le voisinage plus ou moins immédiat de la mer.

Messieurs, nous avons déjà traité de la faune de cette époque sur le périmètre de la mer Noire et dans la Russie méridionale ; dans notre prochaine leçon, nous en poursuivrons l'étude sur les pentes de l'Oural et en Asie.

TREIZIÈME LEÇON

Faune quaternaire de l'Asie.

ASIE SEPTENTRIONALE.

Messieurs,

Le caractère le plus remarquable du nord de l'Asie, de ces immenses surfaces comprises entre l'Oural à l'ouest, l'Altaï au sud et la mer Glaciale au nord, ce qui, depuis près de deux siècles, a toujours attiré l'attention des naturalistes, c'est la présence, sur une infinité de points, de débris de grands mammifères pachydermes, particulièrement d'Éléphants et de Rhinocéros enfouis dans les dépôts superficiels des vallées et dans le sol glacé des côtes. Nous avons déjà exposé l'histoire de ces découvertes dans la première partie du cours (1), il ne nous reste donc à vous parler aujourd'hui que des recherches plus récentes dont cette faune a été l'objet.

On attribue à l'action des agents atmosphériques la destruction successive des sommités de l'Oural et l'accumulation, dans les vallées qui en descendent, des amas de détritus qu'on y observe. C'est aussi dans ces dépressions

(1) *Cours de paléontologie stratigraphique*, 1re partie, 1862, p. 150.

que l'on trouve des alluvions ou dépôts aurifères et plati-
nifères, débris des filons que renfermaient les roches des
sommets, et que la nature a pris pour ainsi dire le soin
de bocarder elle-même, et d'offrir à l'homme dans l'état
le plus favorable à l'exploitation.

Dans leurs explorations sur les deux versants de l'Oural, MM. Murchison, de Verneuil et de Keyserling ont
reconnu que les diverses roches ignées s'y sont succédé
à des époques déterminées, et que les minerais d'or et
de platine ont été amenés dans la plus récente de ces
époques, lors de l'élévation des hautes cimes, lorsque la
ligne actuelle de partage fut établie et que les granites
syénitiques et les autres roches comparativement peu
anciennes apparurent le long du versant asiatique. L'or
et le platine en grains, résultant de la destruction et du
lavage de ces produits ignés, n'ont été trouvés jusqu'à
présent que dans les dépôts où l'on a recueilli des ossements d'Éléphants et de Rhinocéros, et cela presque exclusivement sur le versant oriental de la chaîne, de sorte
qu'il y a ici une relation particulière entre deux ordres de
phénomènes entièrement différents. Si l'on remarque, en
outre, que les veines aurifères manquent dans les anciennes couches détritiques, on ne pourra douter que
l'or ne soit la substance minérale la moins éloignée de
l'époque historique.

La nature et la disposition du sol, dans les endroits où
les détritus aurifères ont été accumulés, montrent que
ces dépôts diffèrent de ceux de l'époque permienne sur
le versant opposé, en ce qu'ils se sont formés après que
la chaîne eut acquis en grande partie son relief, et seulement sur sa pente orientale, alors que les vallées actuelles
existaient déjà et qu'elles étaient habitées par de grands
quadrupèdes très-voisins des nôtres. Avant que ces montagnes aient atteint le relief qu'elles affectent aujourd'hui,
l'espace occupé par l'Oural était une ride basse, dirigée

N., S., et formant la côte orientale d'un continent sur lequel vécurent plus tard et pendant longtemps ces grands mammifères.

Les auteurs de la *Géologie de la Russie d'Europe* admettent qu'à l'époque des Éléphants et des dépôts aurifères, il existait beaucoup de grands lacs qui furent mis à sec lors de la formation du relief actuel. Leurs eaux, en s'écoulant, déposèrent les sables aurifères et les ossements des animaux qui avaient vécu dans le voisinage. Peut-être pourrait-on s'étonner de ne point retrouver ici, non plus que dans les autres pays où la même hypothèse a été invoquée, tout ou partie des dépôts stratifiés qu'ont dû former ces lacs supposés, ni aucune trace des coquilles d'eau douce ou terrestres qui ont dû les peupler; d'autant plus que la couche argileuse qui recouvre les alluvions de l'Oural ressemble au lehm des vallées du Rhin et du Danube, lequel renferme aussi, comme nous l'avons vu, les ossements des mêmes grands mammifères et des coquilles fluviatiles et terrestres fort abondantes.

Sur les limites de l'Europe et de l'Asie, le nombre de ces ossements augmente à mesure que l'on s'avance dans la Sibérie et que l'on descend les affluents et les vallées de l'Ob et du Tobol.

D'après les vues d'Alex. de Humboldt, le soulèvement en masse de l'Oural, de l'Altaï et de tout le continent asiatique doit avoir tellement refroidi la Sibérie, que les forêts où vivaient en si grand nombre l'*Elephas primigenius*, le *Rhinoceros tichorhinus*, le *Cervus megaceros*, le *Bos Pallasii*, l'Aurochs, l'*Elasmotherium*, etc., et qui s'étendaient jusque vers la mer Glaciale, se sont reculées dans leurs limites actuelles. Lors du dernier soulèvement de l'Oural, la débâcle des lacs supposés a pu entraîner les grands mammifères dans les rivières, qui les auront transportés, avec les alluvions et les boues, jusque sur les bords des grands fleuves et de la mer Glaciale, par l'Ob, l'Yénissei et la Lena.

M. Murchison fait remarquer que longtemps avant la création des Éléphants, les contre-forts septentrionaux de l'Altaï circonscrivaient à leur origine les principales rivières qui descendent de la chaîne et se dirigent vers le nord. Les embouchures actuelles de ces fleuves étaient sous les eaux, puisque des débris marins sont, comme on l'a vu, associés avec les ossements de mammifères jusqu'à une certaine distance de la côte ; de sorte que, suivant cette manière de voir, une élévation en masse de la Sibérie, à 30 ou 60 mètres au-dessus de son niveau à l'époque des Éléphants, suffirait pour expliquer le desséchement des côtes nord, dans les vases desquelles les ossements sont enfouis, de même que l'abaissement de température sur cette vaste surface continentale.

Partout où les restes de pachydermes ont été rencontrés, depuis les pentes supérieures des deux versants de l'Oural jusqu'aux embouchures des grandes rivières de la Sibérie, tout annonce que ces mammifères ont vécu dans le voisinage de lacs et d'estuaires, où pendant longtemps leurs débris se sont accumulés et ont été parfois entraînés jusqu'à la mer, puis mélangés avec les restes d'animaux marins. Ainsi, de l'Oural et de la Sibérie à l'est, de la Crimée et du Caucase au sud, comme des Carpathes à l'ouest, ont été charriés les ossements de cette faune terrestre qui a précédé l'époque actuelle, et la quantité de ces débris est en rapport avec l'étendue des surfaces émergées que ces animaux ont habitées, et, par conséquent, avec la quantité de nourriture qu'ils devaient y trouver.

On pourrait objecter aux suppositions que nous venons de rappeler, que, si ces mammifères ont vécu dans le voisinage des lacs et des estuaires, c'est que le niveau général du sol de cette région était déjà très-bas, et,

comme aujourd'hui les alluvions glacées dans lesquelles
ils sont enfouis se trouvent aussi très-peu au-dessus de
la mer, on ne voit pas bien en quoi a pu consister le soulèvement en masse. De plus, ce soulèvement de la Sibérie, en le supposant de 30 à 60 mètres, n'aurait occasionné, suivant la loi du décroissement, encore peu
certaine à la vérité, qu'un abaissement de température
d'à peine un tiers de degré centigrade, abaissement in-
suffisant pour occasionner des modifications très-sen-
sibles dans les productions végétales. Il est donc difficile
de comprendre, d'une part, un soulèvement récent de
quelque importance, et de l'autre, l'effet qu'on lui attribue.

Quant aux applications que l'on serait tenté de faire à
l'Oural de la théorie des anciens glaciers, elles semblent
jusqu'à présent dénuées de probabilité, car cette chaîne,
dont les pics s'élèvent à 1525 mètres, quoique située en
grande partie sous une latitude froide où la neige per-
siste pendant huit mois de l'année et ne fond pas même
complétement sur quelques sommités, n'a offert aucun
des caractères qui résultent de l'action des glaciers, et
tout annonce qu'elle n'en a jamais été couverte d'une
manière permanente.

Le versant nord de l'Altaï nous offre encore les mêmes
phénomènes que les pentes orientales de l'Oural ; les alluvions aurifères y sont en rapport avec la disparition
des Éléphants et des Rhinocéros. « Si, d'une part, dit
» M. P. de Tchihatcheff (1), les ossements fossiles, dont
» tous les atterrissements aurifères de la chaîne sont plus
» ou moins remplis, leur assignent un âge très-récent ;
» de l'autre, la nature du terrain qui les supporte se rat-
» tache à l'époque la plus ancienne des dépôts sédimen-
» taires. En effet, partout où les alluvions ne reposent

(1) *Voyage dans l'Altaï oriental*, 1845, p. 397.

» pas sur la roche qui semble les avoir produites, elles
» se trouvent constamment supportées par des terrains
» anciens (silurien, dévonien ou carbonifère), qui for-
» ment la plus grande partie du pays ; et si par la pensée
» on faisait disparaître tous les détritus minéralogiques
» des atterrissements aurifères, en ne laissant en place
» que les restes d'animaux qu'ils renferment, on aurait
» le spectacle curieux de bois d'Élans et de Cerfs encore
» existants, se mêlant aux *Spirifer* et aux *Productus* des
» dépôts anciens ; on verrait les représentants des deux
» époques extrêmes de la création franchir l'abîme inson-
» dable qui les sépare, comme pour attester que, pendant
» cette myriade de siècles, il n'y avait ici d'autres mani-
» festations de la vie organique que celles qui tiennent
» de près au commencement de la série des êtres, et
» celles qui semblent la terminer de nos jours. »

Tout le terrain de transition avait été ainsi redressé
avant l'époque secondaire, et il était resté au-dessus des
eaux jusqu'au dépôt des alluvions aurifères contemporaines des Éléphants et des Rhinocéros.

Comme dans l'Oural et dans la Turquie d'Europe, les
pentes de l'Altaï n'ont pas encore offert de blocs erratiques. Les glaciers sont d'ailleurs très-rares dans cette
chaîne, et l'on ne connaît que ceux des colonnes de
Katoune ou du mont Bielouka, signalés par M. Gebler.
Cependant la difficulté de tout observer dans de pareils
voyages ne permet pas encore d'affirmer qu'on ne puisse
y découvrir des traces de phénomènes erratiques plus
ou moins analogues à celles de l'Europe et du nord de
l'Amérique.

Mais, si à l'identité des caractères minéralogiques et
géologiques des sables aurifères de l'Altaï avec ceux de
l'Oural, on ajoute encore, dans les premiers, la présence
d'ossements de l'*Elephas primigenius*, de *Rhinoceros tichorhinus*, de *Bos primigenius*, de *Bos priscus*, de Cerfs,

d'Élans, etc., ossements que l'on trouve sur les points les plus éloignés, et surtout dans les dépôts de l'Alataou, comme dans ceux des environs de Barnaoul, des bords de l'Aleï, de l'Inia et dans les cavernes de Tcharitsch, dont nous parlerons tout à l'heure, on sera porté à attribuer les uns et les autres à des causes analogues et contemporaines. Un autre point important de ressemblance, c'est que, dans les deux chaînes, la production de l'or dans les roches en place appartient aussi à une époque très-récente, à celle des dernières commotions qui ont fait surgir des produits ignés.

Les cavernes ouvertes dans les calcaires anciens des bords du Khankhara et de la Tcharitsch, dans le gouvernement de Tomsk, ont offert des restes de *Cervus megaceros*, de Bœuf, de Cheval, d'*Arctomys spelæus*, Fisch., de *Myoxus fossilis*, d'*Ursus spelæus*, de *Lagomys*, de Glouton (*G. spelæus*), de Putois (l'espèce vivante), de *Felis spelæa*, d'*Hyæna spelæa*, de *Canis spelæus*, de Chauve-souris, etc.

Si nous prolongeons maintenant nos regards au nord du système montagneux de l'Altaï, dans cette vaste étendue de pays comprise entre l'Oural et la chaîne d'Okhotsk, et sillonnée par les immenses cours d'eau de l'Ob, de l'Yénissei et de la Lena avec leurs innombrables affluents, nous remarquerons que des végétaux ligneux à tige droite vivent encore au delà du cercle polaire, sous le 71ᵉ degré de lat., comme l'a constaté l'intrépide voyageur M. Middendorf, et cela très-peu au sud de l'espace dans lequel on a découvert la plus grande quantité d'ossements d'Éléphants. Si l'on ajoute que de grandes accumulations de bois à demi fossile ou de lignite imparfait s'observent, sur une multitude de points, engagées dans les dépôts les plus superficiels de la Sibérie, et semblent annoncer l'existence d'immenses forêts couvrant le sol pendant l'époque quaternaire, il ne paraîtra pas hors de vraisemblance que les grands pachydermes aient pu vivre, sinon sur les lieux mêmes où on les trouve enfouis dans une terre glacée, du moins à une distance peu considérable.

Les longs poils dont les Éléphants étaient couverts, la structure des dents révélée par les recherches de M. Owen, les observations de M. Brandt, qui a reconnu, par les restes de nourriture retrouvés dans les cavités des dents, que ces animaux se nourrissaient de végétaux essentiellement du Nord, conduisent à la même conclusion. Si ce dernier savant a pu réellement distinguer aussi, par l'état des vaisseaux sanguins de la tête d'un *Rhinoceros tichorhinus* du Viloui, que l'animal avait dû périr des suites d'une asphyxie résultant d'une immersion, et que les matières terreuses adhérentes aux os sont des vases d'eau douce, on pourra penser que ces cadavres ont été saisis presque subitement dans un sol gelé et non dans des blocs de glace.

A 300 kilomètres de la mer Glaciale, M. Middendorf a recueilli avec les débris d'Éléphants, et comme l'avait déjà dit Pallas, des coquilles marines dont les espèces vivent encore le long des côtes. Cette autre circonstance, que les squelettes ont été rencontrés plusieurs fois debout sur leurs pieds, fait aussi supposer que ces grands pachydermes se sont enfoncés dans la vase, et que, dans cette position, ils auront été ensevelis dans les dépôts successifs de matières terreuses.

M. Brandt ajoute que le flot ou le courant d'eau qui les a fait périr a dû venir du nord; mais il est peu probable que ces animaux marchassent précisément vers le danger qui les menaçait, tandis qu'il est naturel de supposer que ce danger venait du sud, où les ossements de leurs contemporains sont ensevelis dans les alluvions des vallées de l'Altaï. Les courants qui ont déposé ces derniers poussaient devant eux vers le nord les Éléphants, les Rhinocéros et les autres herbivores qui habitaient les plaines et les forêts, et qui durent s'enfoncer ainsi dans les marais des pays qu'ils ne connaissaient pas. Mais une autre circonstance, qui a dû accompagner ou suivre de très-près le phénomène quel qu'il soit, c'est un abaissement rapide de la température, tel que la décomposition des chairs et des autres parties molles ait été prévenue dans un grand nombre de cas. Il a fallu, de plus, que cette température ne se soit jamais relevée ensuite pour faire dégeler ce sol glacé, qui nous a ainsi conservé presque entiers les animaux ensevelis depuis tant de siècles.

Ce qui est également peu compatible avec la supposition des eaux venant du nord, où il n'y a point de montagnes, c'est que, au delà de la zone dont nous venons de parler, d'immenses surfaces et des îles entières, comme dans le groupe des Lachow et dans la Nouvelle-Sibérie, sont pour ainsi dire formées d'ossements d'Éléphants et d'autres mammifères éteints, entassés et roulés dans le sable, la vase et le gravier. Souvent on les observe dans une roche qu'on prendrait pour un grès dur, et qui n'est que du sable cimenté et consolidé par de la glace, car le sol de ces régions ne dégèle jamais, dans l'été, à plus de $0^m,30$ au-dessous de la surface.

C'est, en général, dans des buttes irrégulières, disposées en séries, que l'on rencontre les ossements dont le nombre s'accroît à mesure qu'on s'avance vers le nord, et l'on a remarqué qu'en même temps les os comme les défenses perdaient beaucoup de leur poids. La première des îles Lachow est exploitée depuis quatre-vingts ans par les marchands de fourrures, qui n'ont cessé de faire des cargaisons de ces défenses, pour les porter à l'intérieur de la Sibérie et les répandre sur les divers marchés de la Russie ; malgré cette extraction continue, la quantité de ces débris ne semble pas avoir diminué. Sur les îles, les défenses sont beaucoup plus blanches et plus fraîches que sur le continent, et les os de plusieurs autres

mammifères, sans doute de Rhinocéros, de Bœuf, de
Cheval, de Cerf, sont associés à ceux d'Éléphants (1).

ASIE MÉRIDIONALE.

Autant la faune qui nous occupe s'est montrée riche et
féconde dans toute la partie nord du continent asiatique,
c'est-à-dire sur cet immense plan incliné, depuis les
pentes inférieures de l'Altaï jusqu'à la mer Glaciale, autant, jusqu'à présent du moins, elle paraît être pauvre
dans sa partie sud. Ce n'est pas que les dépôts quaternaires n'y soient représentés aussi sur de grandes étendues, mais on n'y a encore que très-rarement signalé des
fossiles, faute, sans doute, de recherches spéciales.

Ainsi, dans la province d'Erzeroum, au sud du Mou-
rad-Tchaï, au village de Sharwoon, près de Khanos, on
a découvert, dans un dépôt de sable et d'argile, avec
Dreissena, des restes d'Éléphant. C'étaient des dents molaires qui semblent être intermédiaires entre celles des
E. primigenius et *indicus*, quoique plus voisines de ce
dernier, et que M. Falconer a désignées sous le nom
d'*E. armeniacus*.

Les autres documents que nous possédons sont presque exclusivement géologiques. Ainsi, M. Russegger nous
représente le fond de la vallée de Balbek, entre le Liban
et l'Anti-Liban, occupé par un dépôt de transport diluvien; MM. Ainsworth, R. Hamilton et Loftuss, décrivent
le bassin moyen et inférieur de l'Euphrate, celui du
Tigre, la plaine de Babylone jusqu'au golfe Persique,
comme recouverts par un dépôt erratique très-développé,
parfaitement continu, d'une largeur variable suivant le

---

(1) Voyez, pour les documents bibliographiques relatifs à ce sujet,
Histoire des progrès de la géologie, vol. II, p. 312-319, 1848.

cours du fleuve, et composé de sable, de gravier, de
cailloux et même de blocs provenant des diverses roches
ignées ou sédimentaires, qui constituent le versant sud
du Taurus et les collines qui bordent le bassin.

Est-ce à l'époque quaternaire qu'il faut faire remonter
ces dépôts signalés récemment en Perse, dans la vallée
de l'Abhar, par M. de Filippi, et qui renferment, à divers
niveaux, des restes de charbon, des os, des fragments de
poteries en pâte noire très-grossière, et ces *tepés*, ou
monticules coniques, isolés, composés de matériaux in-
cohérents, renfermant les mêmes traces d'industrie primitive et de beaucoup antérieurs, sans doute, à la fondation de Ninive et de Babylone? Ou bien, ce qui est
plus probable, serait-ce des témoins de l'âge de pierre
dans cette contrée, où les traditions bibliques que nous
retrouvons d'ailleurs chez les peuples de tous les pays,
ne contribuent guère à éclaircir la question? Quoi qu'il
en soit, c'est dans ces régions, regardées comme le ber-
ceau de l'humanité, qui ont été, du moins, le théâtre des
plus anciennes civilisations, qu'il serait important de
retrouver des documents analogues à ceux que l'on a
recueillis en si grande quantité dans le nord et l'ouest de
l'Europe.

Plus loin, dans l'Inde, où de semblables recherches ne
seraient pas moins précieuses, depuis les pentes de l'Hi-
malaya jusqu'à la mer, d'immenses dépôts de transport
occupent le fond des vallées ou recouvrent les plateaux,
et doivent renfermer des débris de mammifères, sur lesquels nous possédons encore peu de détails, les accumulations si riches en ossements de ce pays ayant été
rapportées pour la plupart à l'époque tertiaire supérieure
ou moyenne.

Des os de Cheval et de Daim ont été recueillis sur le
versant nord de la chaîne neigeuse de Kylas, dans l'Hi-
malaya, par 32 degrés de latitude, à une élévation de

4864 mètres. Ces os, apportés à Londres, provenaient de masses tombées avec les avalanches de la région des neiges perpétuelles ; aussi les indigènes qui les recueillent et qui sont des Tartares chinois de Daba, les regardent-ils comme venant des nuages et ayant appartenu à des génies. Les cavités de ces os sont entièrement remplies de carbonate de chaux limpide ; les os eux-mêmes sont blancs, happent fortement à la langue et sont empâtés dans un sable gris calcarifère qui y adhère avec force et qui est traversé à son tour par du carbonate de chaux concrétionnée. W. Buckland (1) a attribué la présence de ces restes dans la région actuelle des neiges permanentes à leur transport par des eaux diluviennes, sans se rendre compte sans doute des difficultés de l'explication, pour cette localité comme pour les autres, auxquelles il fait allusion. D'un autre côté, nous savons par les observations directes de M. Strachey (2), que les immenses dépôts de sable, d'argile, de graviers et de blocs, situés à 4200 et 4800 mètres d'altitude vers la ligne de partage supérieure des eaux du Setledge et du Gange, sont remplis d'une multitude d'ossements de grands mammifères (Cheval, Bœuf, Cerfs, Rhinocéros, Éléphants, etc.). Ces accumulations détritiques ossifères sont-elles quaternaires ou de l'âge des collines Sewalik? C'est ce qu'un nouvel examen de ces débris, d'ailleurs dans un très-mauvais état de conservation, pourrait seul décider.

Des dépôts coquilliers marins règnent le long de la côte de Pondichéry à Madras et au delà, recouverts par les sables modernes ; ils s'étendent jusqu'à une certaine distance dans les terres, et leurs fossiles ont leurs identiques vivant presque tous dans la mer voisine.

Deux dépôts particuliers, fort étendus dans l'Inde et

(1) *Reliquiæ diluvianæ*, p. 222.
(2) *Quart. Journ. geol. soc. of London*, vol. VII, p. 292, 1851.

sans doute quaternaires, sont le *kunker*, sorte de tuf calcaire concrétionné, semblable au travertin de Rome, observé jusqu'à 1200 mètres d'altitude, particulièrement dans les districts que traversent les basaltes ou les roches trappéennes, puis le *regur*, ou terre noire à coton, analogue au tschornoïzem de la Russie, d'une origine tout aussi énigmatique et occupant un tiers au moins de l'Inde méridionale, les plateaux élevés, les pays d'Hydrabad, de Nagpour et le sud des Mahrattes.

Dans les vallées de la presqu'île orientale, comme dans les îles voisines où les alluvions aurifères et stannifères sont exploitées de temps immémorial, nous ne sachions pas qu'elles aient encore présenté ces accumulations d'ossements de mammifères si constantes sur les pentes de l'Oural et de l'Altaï.

Les îles de la Sonde, Telango, Madura, Samou, Sandalwood, Sumbawa, Timor, Lambock, une partie des côtes de Java, sont formées de roches presque exclusivement composées de coquilles, d'annélides, de radiaires et de polypiers, qui vivent encore sur la côte voisine. Ces calcaires blancs, très-solides, atteignent aujourd'hui jusqu'à 600 mètres d'altitude.

Enfin, les annales historiques de la Chine, scrutées par Ed. Biot, nous apprennent que des mers intérieures ont existé sur l'emplacement du désert actuel de Gobi, et aux environs du lac Ho-ho-noor. L'une de ces mers se serait déversée sur la Chine basse par un affluent du fleuve Jaune, et l'autre par la gorge de Tsy-chy. Le déluge d'Yao aurait été occasionné 2400 ans avant J. C., par le soulèvement simultané ou très-rapproché de deux grands systèmes de montagnes : l'un, barrant le fleuve Jaune qui coulait à l'ouest, le rejeta au sud, où il rejoignit la rivière Oncy du Chen-si ; l'autre, interceptant le cours du grand Kiang, couvrit de lacs et de marais la

Chine centrale ; il concourut avec le premier à modifier le cours du Chang-tong et celui du Pe-tche-ly.

Ainsi, messieurs, dans tout l'ancien continent, depuis l'ouest de l'Europe jusqu'aux régions les plus reculées de l'Asie orientale, et même dans les îlots perdus au milieu de l'océan Pacifique (îles Sandwich), partout les traditions des peuples ont conservé le souvenir de grandes perturbations dues aux déplacements des masses d'eau de la surface. Maintenant faut-il y voir la preuve que l'homme a paru avant l'extinction de la faune quaternaire, plus ou moins en rapport avec ces phénomènes, ou bien seulement le résultat d'événements plus récents, partiels, indépendants, non contemporains et distincts de la cause générale qui a concouru à cette extinction, en mettant fin à l'époque dont nous nous occupons ? C'est une question sur laquelle nous reviendrons après avoir examiné au même point de vue les autres continents.

QUATORZIÈME LEÇON

Faune quaternaire de l'Amérique du Nord.

Messieurs,

Les phénomènes quaternaires de la partie septentrionale du nouveau continent n'ont été ni moins variés ni moins importants que ceux de l'ancien ; mais, par suite d'une disposition orographique plus simple, il nous sera facile d'en donner une idée générale sans descendre dans d'aussi nombreux détails, et, d'un autre côté, la faune, au moins jusqu'à présent, semble avoir été beaucoup moins riche en genres et en espèces.

Comme dans les régions précédentes, les caractères des phénomènes physiques de cette époque se lient trop intimement dans celle-ci à l'histoire de sa faune, pour que l'on puisse étudier cette dernière sans s'être préalablement occupé des premiers. Nous traiterons donc notre sujet en le divisant en quatre sections, comme il suit (1) :

1° Roches polies, striées et sillonnées du Nord ; dépôts de sable, de blocs, de cailloux roulés et striés, ou *drift*,

(1) Nous avions déjà adopté ces divisions en 1848 (*Histoire des progrès de la géologie*, vol. II), mais le but particulier de ces leçons et les nouvelles découvertes faites dans cette partie de la science nous ont engagé à en changer l'ordre.

de la même région; absence de débris organiques marins, d'eau douce ou terrestres.

2° Dépôts marins et lacustres des États-Unis du Nord.

3° Dépôts marins et lacustres des États-Unis du Sud.

4° Examen particulier des grands mammifères de cette époque.

PREMIÈRE SECTION.

ROCHES POLIES, STRIÉES ET SILLONNÉES, DÉPOTS DE SABLE, DE CAILLOUX ROULÉS ET DE BLOCS OU DRIFT ANCIEN DU NORD.

Le phénomène des stries, des surfaces polies et des sillons s'observe sur les granites, les syénites et les diorites des côtes nord et sud du lac Supérieur. Leur direction est N., S., et, lorsque le lac est tranquille, on peut les apercevoir se prolongeant encore sous ses eaux dans la même direction. Il en est aussi de même sur le pourtour des îles de ce lac. Or, depuis cette région jusqu'à l'embouchure du Saint-Laurent, dans les États de Michigan, de New-York, de Vermont, de Massachusetts, du Maine, et dans la Nouvelle-Écosse, comme sur les deux rives du fleuve, on observe des stries à la surface des roches anciennes, cristallines ou sédimentaires, recouvertes d'un dépôt de transport sablonneux, caillouteux, argileux, avec des blocs, soit enveloppés dans la masse, soit isolés à leur surface. La direction générale des stries et des sillons est N.-O., S.-E., et c'est aussi celle des traînées de sable, de blocs et de cailloux, à moins que les reliefs du sol ancien ne les aient fait dévier.

Le *drift*, nom sous lequel nous avons vu désigner en Angleterre des amas superficiels de sables, de cailloux et pierres, est appliqué en Amérique à des dépôts de même origine, antérieurs à ceux qui renferment des co-

quilles marines ou lacustres, et aux terrasses des rivières
et des lacs.

La limite sud de ce vaste dépôt s'observe vers le
39ᵉ degré de latitude, et s'étend à travers la Pensylvanie,
l'Ohio, l'Indiana, l'Illinois et Iowa. Sa limite nord n'est
pas connue. Ces amas détritiques couvrent toutes les
plaines; ils s'élèvent jusqu'à 1800 mètres sur les flancs
du mont Washington; à 600 dans les montagnes Vertes, etc. Leurs matériaux sont de grosseur variable. Les
blocs n'excèdent pas ordinairement un pied cube, mais
il y en a de 1000, et même de 20 000 pieds cubes à Brad-
ford (Massachusetts) : un de ces blocs ne pèse pas moins
de 500 000 livres; à Whitingham (Vermont), dans les
montagnes Vertes, il y en a de 40 000 pieds cubes (Hitchcock, Dana, *Manual of geology*, 1863, p. 537).

Le drift ne renferme aucune preuve de la nature de
l'eau dans laquelle et par laquelle il a été transporté; il
n'y a aucune trace d'organismes marins, contemporains
du phénomène; il ressemble par conséquent en cela au
grand dépôt erratique du nord de l'Europe. La grosseur
de ses éléments diminue du N. au S., et beaucoup d'entre eux ont parcouru des espaces de 40, 60 et 100 milles.
Partout, comme on l'a dit, ils recouvrent la surface des
roches anciennes polies, sillonnées et striées par un
agent qui les a précédés.

Les blocs de granite et de syénite de l'État du Maine
viennent du nord ou du nord-est, et il en est de même
dans la Nouvelle-Écosse; de sorte que depuis cette province jusqu'aux bords occidentaux des grands lacs, sur
une étendue de 12 à 1500 milles, les mêmes faits se reproduisent.

Dans le New-Hampshire, ces détritus forment des collines régulières, coniques, de 60 à 90 mètres de hauteur,
couronnées de nombreux blocs de granite syénitique.
Sur les côtes du Massachusetts, des environs de Boston au

cap Anne, les ondulations du sol dues à ces dépôts ont
100 mètres d'élévation, et le nombre des blocs, souvent
de 9 à 12 mètres de diamètre, que l'on voit à leur surface, est réellement prodigieux.

M. Hitchcock, un des premiers géologues américains
qui aient appelé l'attention sur ce sujet, fait remarquer
que la direction des courants qui ont transporté ces matériaux dans les États de Massachusetts et de New-York,
était N.-O., S.-E., sauf deux exceptions, dues à des circonstances locales. Dans le Connecticut, les amas détritiques ont été transportés du N.-N.-O. au S.-S.-E. Dans
l'île Longue, en face de New-York, les blocs erratiques
abondent particulièrement, comme on pouvait s'y attendre, sur le versant nord des collines, et jusque sur le
bord de la mer opposé au continent; ils sont au contraire assez rares sur leur versant sud. Ce sont d'ailleurs
toujours les mêmes roches cristallines, provenant des
montagnes situées dans la région du nord, puis des grès
et des calcaires fossilifères du terrain de transition des
bords de l'Hudson.

D'après M. Emmons, les débris de roches feldspathiques, avec labradorite, que l'on trouve dans le comté de
Saint-Laurent (New-York), proviennent du Labrador, et
ils auraient été apportés par un courant dirigé N., S.;
ceux du comté d'Orange proviendraient du comté d'Essex. Le sable, les cailloux et les blocs qui reposent sur
les argiles coquillières des bords du lac Champlain semblent appartenir au second phénomène erratique, car le
même géologue a très-bien fait remarquer qu'ils sont
plus récents que l'époque du frottement et du polissage
des roches de transition, et en particulier des calcaires.
Les surfaces polies, dit-il, passent toujours sous les argiles et les sables coquilliers, qui les ont ainsi préser-
vées de toute altération. Il regarde néanmoins l'émersion
de ces couches comme le dernier phénomène qui ait af-

fecté la vallée du lac Champlain, et sans qu'il ait été accompagné de secousses violentes.

Les blocs de la roche d'hypersthène du comté d'Essex se montrent tous dans la vallée de la Mohawk, et jusque dans le comté d'Orange, suivant des lignes situées presque au sud de la roche en place. Les blocs de roches analogues que l'on rencontre à l'ouest, sur les bords du lac Ontario et du Saint-Laurent, semblent plutôt venir du nord.

Dans les comtés du nord-est de la Pennsylvanie et les districts adjacents de l'État de New-York, on remarque, dit M. H. D. Rogers, que les sillons, très-fréquents sur les sommets de toutes les chaînes de cette partie des Apalaches, sont dirigés presque N., S., comme l'indiquerait leur trajet à travers la Nouvelle-Angleterre et la région des lacs. Ceux qui se trouvent sur les flancs et au fond des vallées suivent avec une grande exactitude les contours de ces dernières, se conformant ainsi à toutes les inflexions d'une masse d'eau en mouvement, qui aurait parcouru les sommets et les dépressions de ces chaînes. Les stries résulteraient du frottement des matériaux venus du N., sous l'impulsion rapide qu'une ou plusieurs inondations soudaines leur auraient imprimée.

Dans le Maryland, les dépôts erratiques forment une bande très-considérable de matériaux meubles, dont le volume diminue à mesure qu'ils s'éloignent de la chaîne primaire du nord-ouest.

Dans le vaste espace qui comprend, à l'ouest de cette région, le bassin hydrographique du Mississippi supérieur, et sur lequel J. N. Nicollet a donné des détails si intéressants, un grand dépôt de sable, de gravier, de cailloux et d'argile, arrangés par zones et accompagnés de blocs plus ou moins volumineux, occupe presque toujours les dépressions du sol. Il se montre constamment entre la terre végétale et les roches de divers âges

qui constituent le pays. Au nord et au sud de la partie
occidentale du lac Supérieur, et jusqu'à la moitié de la
distance de la rivière Saint-Pierre, le dépôt recouvre les
roches primaires ; au sud de Saint-Pierre, à l'est et à
l'ouest du Mississippi, il s'étend sur les couches siluriennes, tandis que dans le Missouri supérieur, il sur-
monte la formation crétacée.

Partout il se mêle avec les détritus des roches en place
sous-jacentes. Son épaisseur, très-variable, atteint quelquefois 45 à 50 mètres. On le trouve avec les blocs erratiques, au sommet des collines, sur les plateaux élevés, aussi bien que dans les plaines et les vallées. Il a
nivelé ou modifié les anciennes irrégularités du sol, et sa
surface a été modifiée elle-même ensuite par les eaux et
les agents atmosphériques.

En général, les blocs erratiques ne sont point arrondis, et ceux qui présentent ce caractère le doivent à la
décomposition qui a eu lieu depuis leur transport. Ils paraissent avoir été amenés du nord, et abondent particulièrement sur les bords des grands lacs et sur les flancs
des vallées. Leur volume a depuis quelques centimètres
jusqu'à un mètre cube environ, et les plus gros, souvent
placés sur les points les plus élevés, sont aussi les plus
éloignés du lieu de leur origine. Ils ne sont pas d'ailleurs
plus nombreux sur les pentes nord que sur les pentes
opposées des collines. Les roches qui les constituent sont
des granites syénitiques, des syénites, des gneiss, des
amphibolites, du jaspe rouge, des cailloux de quartz, et
une grande variété d'agates et de cornalines. Le sable et
le gravier sont composés de petits fragments des mêmes
roches. Le plateau du coteau de Prairie, comme l'a dit
M. Catlin, est aussi occupé par la formation erratique, et
d'innombrables blocs encombrent les abords de ses lacs

Les surfaces polies, striées et sillonnées, de même que
les dépôts de transport sans fossiles qui les recouvrent,

sont des phénomènes qui, pour nous, appartiennent à la
première période glaciaire, celle à laquelle nous avons
rapporté les effets analogues du nord de l'Europe.

DEUXIÈME SECTION.

DÉPOTS MARINS ET LACUSTRES DES ÉTATS-UNIS DU NORD.

M. Bayfield signala, un des premiers, des argiles, des
sables et des graviers stratifiés, horizontaux, d'une épaisseur totale de 60 à 90 mètres, dans les vallées de la rive
gauche du Saint-Laurent, et qui séparent les montagnes
granitiques vers son embouchure. L'argile est au contact
de la roche ancienne, et le gravier au-dessus. On y trouve
des coquilles dont les analogues vivent encore sur la
côte voisine.

A Beauport, situé sur la rive gauche, à trois milles au-
dessous de Québec, les couches siluriennes sont recouvertes à 164 mètres d'altitude ou à 158 mètres au-dessus
du fleuve (93 mètres au-dessus du lac Ontario), par une
couche d'argile sableuse, remplie de *Saxicava rugosa*. Sur
la pente de la colline, elle est surmontée d'un dépôt de
gravier et de blocs, et elle repose alors sur une série de
sable, de gravier avec blocs et d'argiles schisteuses, qui
se continuent jusqu'au fond de la vallée, excavée dans le
terrain de transition. Sir Ch. Lyell, qui a donné une
bonne coupe de cette localité, y signale vingt-trois espèces de fossiles (*Tritonium anglicanum, T. fornicatum,
Trichotropis borealis, Natica clausa, Velutina, Scalaria grœnlandica, S. borealis, Littorina palliata, Mya truncata, M. are-
naria, Saxicava rugosa, Tellina grœnlandica, T. calcarea,
Astarte laurentiana, Cardium grœnlandicum, C. islandi-
cum, Nucula* (espèce trouvée aussi dans le Saint-Laurent),

Mytilus edulis, Pecten islandicus, Terebratula psittacea, Balanus miser, B. Uddevallensis, Echinus granulatus), dont les analogues vivent aujourd'hui dans les mers du Nord, ce qui fait penser que le climat, à cette latitude, était, comme celui des côtes de Norvége, dans les dépôts desquelles nous les avons mentionnées, plus froid que de nos jours. En amont des chutes de Montmorency, près du pont, un lit de gravier, de sable, avec des blocs de syénite, et reposant sur le calcaire silurien, renferme aussi la *Saxicava rugosa*, et la *Tellina grœnlandica*. Cette faune marine de Beaufort et des autres dépôts contemporains de ce pays se rapproche aussi davantage de celle des régions arctiques actuelles que de celle du Canada, et il y avait plus d'analogie entre les coquilles qui vivaient dans cette dernière région et sur le littoral de la Scandinavie, ou de part et d'autre de l'Atlantique, qu'on ne l'observe actuellement.

Sur le pourtour du lac Champlain, comme dans le bassin de la rivière Hudson, les dépôts de cet âge avec ou sans fossiles sont très-répandus. Ainsi, dans le premier de ces bassins, ils ne sont pas continus à la vérité, mais ils occupent çà et là des surfaces de 2 à 4 milles d'étendue. Plus développés du côté de Vermont, on les suit des bords du lac au pied des montagnes Vertes, jusqu'à 61 mètres d'élévation au-dessus de son niveau actuel. D'après M. Ed. Emmons, la mer qui les a déposés occupait non-seulement tout l'emplacement du lac, mais encore la vallée de l'Hudson, de sorte qu'un long bras de mer existait depuis le golfe Saint-Laurent jusqu'à New-York. Le niveau du lac Champlain étant à $27^m,96$ au-dessus de la mer, un soulèvement du continent d'au moins 89 mètres aurait isolé le lac de la vallée d'Hudson. Sa profondeur est d'ailleurs de $182^m,82$, et par conséquent de $154^m,86$ au-dessous du niveau de l'Atlantique. Toutes les coquilles trouvées dans ces dépôts sont des espèces vivantes.

Sur les bords est et ouest de la même dépression, à
Fort-Kent et à Burlington, dit M. Lyell, s'observent des
coquilles marines dans des dépôts semblables à ceux de
Québec. En l'absence du grand dépôt erratique ou *drift*
du Nord, ils recouvrent immédiatement les roches polies
et sillonnées, absolument comme nous l'avons vu pour
les argiles coquillières de la Scandinavie et de l'Écosse.
La plupart des coquilles identiques avec celles d'Udde-
valla, sur la côte du Cattégat, viennent confirmer encore
la probabilité d'une température plus basse alors que de
nos jours.

MM. Hitchcock, Mather et Emmons avaient déjà constaté que l'argile avec blocs et coquilles était plus récente que la formation des sillons et des surfaces polies
des roches sous-jacentes dans tout le nord du continent,
car, ou bien elle les recouvre immédiatement, ou bien
elle en est séparée par un lit de gravier et de blocs qui
constitue le *drift* ancien, dont nous avons parlé. En outre,
dans les vallées de l'Hudson, de Champlain, et, comme on
vient de le voir, dans celle du Saint-Laurent, et sans doute
ailleurs, on trouve, au-dessus de cette argile quaternaire
plus ou moins dénudée ou ravinée, un autre dépôt erratique composé de gravier, de sable et de cailloux. Par le
volume de ses blocs, ce second dépôt de transport serait
le résultat de causes aussi énergiques que le premier.

Pour M. H. D. Rogers, qui résumait cette question en
1844, l'époque du *drift* constituait un seul et même tout.
La dispersion des matières transportées au loin a été interrompue par un intervalle de repos, lorsqu'une partie
de la région septentrionale était plus basse qu'aujour-
d'hui d'au moins 152 mètres, et que les eaux de la mer
entraient dans les vallées. Pendant cette interruption,
les eaux du Nord avaient une température aussi froide
qu'elle l'est actuellement à la même latitude, et après
le dépôt du second *drift*, l'adoucissement de la tempé-

rature favorisa le développement des Mastodontes sur le continent, ainsi que l'existence dans les eaux, au moins jusqu'au nord du Maryland, de certaines coquilles du golfe du Mexique. Plus tard, ces dernières furent reléguées au sud, et un faible soulèvement de la côte de l'Atlantique aurait concouru à l'extinction des grands mammifères, circonstance assez analogue à ce que nous avons rappelé pour le nord de l'Asie; mais il est beaucoup plus probable, comme nous le dirons plus loin, que ces changements survenus dans la faune de l'Amérique du Nord concordent avec le phénomène du second *drift*.

Les observations faites depuis n'ont pas sensiblement modifié ces premières conclusions : ainsi M. Hitchcock, par une contraction de langage un peu forcée, désigne les dépôts coquilliers dont nous nous occupons sous le nom d'*époque Champlain*. De la Nouvelle-Angleterre à la Californie et l'Orégon, dit M. Dana (*Manual of geology*, 1863, p. 547), sur une grande partie du continent, les vallées renferment de vastes dépôts alluvions recouvrant le *drift* de l'époque glaciaire. Ils s'élèvent au-dessus du niveau qu'atteignent les eaux actuelles, et constituent des terrasses à plans parallèles dans les vallées, et sur le pourtour des lacs. Leur régularité et leur stratification les distinguent encore très-nettement du *drift*.

Ils manifestent souvent leur origine marine, le long de la mer, sur les bords du lac Champlain, du Saint-Laurent, et se continuent autour du lac Ontario, mais sans présenter alors de débris organiques marins, comme à Brooklyn et sur l'île Longue, près de New-York. Dans le nord du continent, ces dépôts ont été signalés sur les îles Cornwallis, Beechey, et le long du détroit de Barrow, jusqu'à 300 mètres d'altitude.

Ils sont composés de limon, d'argile, de gravier, et accidentellement de blocs. La roche est quelquefois schisteuse, et généralement meuble ou peu solide.

L'épaisseur de ces dépôts atteint jusqu'à 300 mètres. Les couches sont horizontales, non dérangées nulle part, et s'observent à tous les niveaux, suivant l'élévation des cours d'eau et des lacs eux-mêmes. Lorsque ces derniers sont à 600 ou 900 mètres, les dépôts participent à cette altitude. Au sud de New-York, ils sont parfois à 3 ou 4 mètres, à Brooklyn et à l'île Longue à 30 mètres, sur les bords du lac Champlain à 142 mètres ; on a vu leur élévation sur les rives du Saint-Laurent et dans le détroit de Barrow.

Ces faits prouvent donc, comme nous l'avons déjà dit, que les eaux de la mer ont recouvert une grande étendue de côtes de l'État du Maine, le bassin du Saint-Laurent, et presque jusqu'au lac Ontario, occupant le lac Champlain et plusieurs autres lacs actuels du Canada. Leur profondeur était de plus de 160 mètres à Montréal. Les Baleines et les Phoques habitaient ces eaux, comme le prouvent les restes de *Beluga vermontana*, cétacé voisin de la petite Baleine blanche du Nord, recueillis sur les bords du lac Champlain , à 20 mètres au-dessus de son niveau, ou à 46 mètres au-dessus de celui de la mer.

C'est à l'émersion de ces dépôts, qui, d'ailleurs, n'a pas été simultanée partout, ni de même importance, et à la période qui l'a suivie, que semble correspondre en partie la formation des terrasses des grands lacs, conséquences de l'élévation des terres continentales. Celle-ci décroissait en intensité du N. au S., car, comme on l'a vu, le relèvement, dans les terres arctiques, est plus prononcé que sur les rives du Saint-Laurent, où il a été cependant mieux accusé encore que dans le sud de la Nouvelle-Angleterre. Les terrasses supérieures des grands lacs sont plus élevées que celles au sud de l'Ohio. Le changement de niveau était essentiellement septentrional, comme celui du commencement de la période antérieure aux dépôts du lac Champlain, seulement le mouvement était en sens inverse : c'était un soulèvement au lieu d'un abaissement.

TROISIÈME SECTION.

DÉPOTS MARINS ET LACUSTRES DES ÉTATS-UNIS DU SUD.

Si l'on remonte du golfe du Mexique vers la partie orientale du Texas, on parcourt une vaste plaine basse, unie, récemment émergée, sablonneuse, dont le sol est analogue à celui de la côte actuelle et des bas-fonds du golfe. Au nord-ouest, des collines de 30 à 100 mètres d'élévation sont composées de sables et de cailloux roulés plus anciens reposant sur des grès en bancs réguliers. D'après M. F. Roemer, des amas de bois dicotylédones, sorte de lignite imparfait, s'y présentent sur beaucoup de points.

Les argiles et les sables qui constituent les bords du Brazos et de la plupart des autres rivières du pays sont quaternaires, ainsi que les couches de graviers et de sables qui forment une large bande ou zone aride, dirigée E., O. sur une portion considérable du Texas. M. W. Hough a découvert sur les rives du Brazos, près de San-Filippe, une grande quantité d'ossements de mammifères (Tapir?, Bœuf, Mastodonte, Éléphant, Mylodon) parmi lesquels ceux d'Éléphant dominent sur ceux de Mastodonte.

Dans la vallée du Mississippi, au-dessus des couches tertiaires inférieures de Vicksburg, de Grand-Gulf, de Rodney et de Natchez, vient un puissant dépôt de limon rempli de coquilles terrestres, semblables à celles qui vivent encore en abondance sur les points sujets à être inondés.

(*Helix thyroides*, *H. ligera*, *H. concava*, *H. setosa*, *H. arborea*, *H. perspectiva*, etc., *Succinea ovalis*, *Helicina orbiculata*). Parmi les coquilles lacustres sont une petite Cyclade et une Paludine. M. Conrad a remarqué que les coquilles terrestres, par suite de l'élévation annuelle des eaux, sont disposées dans les dépôts des lacs actuels, absolument comme dans ce limon ancien que recouvre, en en suivant les ondulations, 2 ou 3 mètres de terres diverses dépourvues de coquilles.

La grande plaine alluviale du Mississippi est bornée à l'est par un plateau élevé de 60 mètres au-dessus de la rivière et inclinant un peu à l'E. ou vers l'intérieur. Cette plate-forme se termine brusquement à Natchez par une ligne de falaises perpendiculaires dont le fleuve mine incessamment la base. Toute la coupe est en cet endroit composée de dépôts quaternaires. Les vingt mètres supérieurs constituent un lehm argileux, semblable à celui de la vallée du Rhin et renfermant des coquilles récentes; la base est composée de sables et de graviers sans fossiles, si ce n'est des bois silicifiés et des polypiers provenant de roches anciennes. Outre les coquilles fluviatiles et terrestres déjà signalées, on trouve dans le limon ou dans l'argile qui est au bas de nombreux ossements et même des squelettes entiers de Mastodonte, de *Megatherium*, de *Mylodon*, d'*Equus*, de *Bos*, etc. C'est particulièrement lors des éboulements qui se produisent dans les ravins que les ossements sont mis à découvert. Dans un de ces éboulements, un os humain a été trouvé avec les débris de mammifères éteints. Mais M. Lyell ne pense pas que la contemporanéité de l'homme avec ces derniers soit prouvée par ce seul fait.

Le golfe de Mexico est bordé, sur plusieurs centaines de milles, par un dépôt uniquement composé de *Cyrena carolinensis* avec quelques *Rangia cyrenoides* (*Gnatodon*). Entre Mobile (*Alabama*) et la Nouvelle-Orléans, de même que dans le voisinage de Franklin (Louisiane), ce banc coquillier suit le contour des baies et se retrouve dans les îles nombreuses de l'embouchure du Mississippi. L'île d'Anatasia (Floride) est entièrement composée de coquilles qui vivent sur la côte. En remontant la rivière Saint-Jean et dans la baie de Tampa, des bancs d'*Ostrea virginiana* se voient à 3 ou 4 mètres au-dessus des hautes eaux. L'*Indian Caye*, la première des petites îles qui bordent la Floride, est formée de calcaires quaternaires qui ne sont composés par places que de myriades de coquilles vivant dans le voisinage et identiques avec celles de Cuba. Tous ces îlots ou cayes ont d'ailleurs une origine semblable et ne diffèrent les uns des autres que par leurs dimensions et leurs formes. Ils reposent sur des récifs de coraux, mais rien ne prouve d'une manière péremptoire que ces dépôts d'origine organique, ceux de la baie de Tampa, où l'on trouve aussi des ossements de Manates, ceux de la pointe de Saratoza, de Ballast-point, de Fort-Brook, avec *Cyrina carolinensis, Ostrea virginiana, Gnatodon truncatum, Fusus corona, Natica duplicata, Neritina reclivata*, ne soient en tout ou en partie de l'époque moderne, ainsi que nous l'avons dit précédemment (1). Ici comme sur le périmètre de la Méditerranée et sur une multitude d'autres points, il nous manque un des *criterium* zoologiques que nous allons retrouver en remontant un peu vers le nord, en même temps que le *criterium* physique.

Ainsi M. Cooper a fait voir que, dans la Géorgie, les couches quaternaires du Maryland s'étendaient plus au S. qu'on ne l'avait cru d'abord, et que le *Megatherium* y avait été contemporain de l'Éléphant, du Mastodonte, du Cheval et du Lion. Le pays n'a d'ailleurs éprouvé aucun changement violent depuis que ces animaux l'habitaient,

____

(1) *Cours de paléontologie stratigraphique*, 1864, 2ᵉ partie, p. 311.

et l'on ne remarque aucune trace d'action diluvienne dans le dépôt de transport qui les enveloppe, non plus qu'aux environs.

L'identité des coquilles fossiles avec celles qui vivent encore sur le littoral de la Caroline du Sud, de la Géorgie et de l'Alabama, prouve que la température de l'Océan, à une époque antérieure à l'existence des grands mammifères, était semblable à celle sous laquelle vivent aujourd'hui les mollusques de la côte de la Géorgie. En effet les ossements de *Megatherium*, de Mastodonte, etc., sont intacts dans l'alluvion qui recouvre le sable jaune quaternaire, et c'est au-dessous que l'on rencontre les coquilles marines dont nous venons de parler.

M. Lyell mentionne également à l'embouchure de la Savannah, à Darien et à Brunswick, des dépôts argileux et sablonneux remplis de coquilles identiques avec celles qui vivent sur la côte et qui sont recouverts d'argiles foncées renfermant des débris de *Megatherium*, de *Mylodon*, de *Mastodon giganteum*, d'*Elephas primigenius*, de Cheval et de grands chéloniens. On ne remarque aucun mélange entre les deux dépôts. Le niveau relatif avait changé lorsque les ossements ont été apportés et il était à peu près ce qu'il est aujourd'hui. Dans la période actuelle, un nouvel abaissement de la côte semble être démontré par la submersion des troncs de Cyprès qui y croissaient autrefois.

Des ossements de Mastodonte ont été trouvés dans l'argile sableuse de West-Feliciana et dans plusieurs autres localités de l'État de Tennessee, avec le *Megalonyx Jeffersoni*, puis en creusant le canal de l'Ohio, à un mille à l'est de Bloomfield.

Après avoir traité du gisement du *Mastodon giganteum* et des autres fossiles qui lui sont associés à Big-bone-Like (Kentucky) et dans d'autres localités, sir Ch. Lyell conclut que les mammifères éteints de cet État, comme ceux des bords de l'Atlantique, dans les Carolines et la Géorgie, appartenaient au même niveau géologique, les espèces identiques d'Éléphants et de Mastodontes étant associées, dans l'un et l'autre cas, avec le Cheval, et de plus, le *Megatherium* et le *Mylodon* se rencontrant en Géorgie avec le *Megalonyx* cité à Big-bone-Like.

De part et d'autre de la chaîne des Apalaches les coquilles fossiles terrestres et d'eau douce qui accompagnent les Mastodontes sont les mêmes que celles qui vivent encore sur les lieux. Les quadrupèdes éteints que nous nous sommes borné à mentionner simplement, parce qu'ils seront l'objet particulier de la prochaine leçon, ont vécu après la formation du dépôt erratique, ou *drift ancien*, du nord ; par conséquent le froid supposé du climat qui coïncide probablement avec le transport de ce drift ou lui est même antérieur, n'a point été ici, plus qu'en Europe, la cause de leur destruction.

Enfin, à l'ouest des montagnes Rocheuses, sur les limites du nouveau Mexique et de la Californie, dans l'immense bassin du rio Colorado et de ses affluents, M. J. S. Newberry, qui faisait partie de l'expédition du lieutenant Ives et à qui l'on doit l'une des relations géologiques les plus intéressantes que l'on ait publiées dans ces derniers temps, a fait connaître le développement très-important qu'y prennent les dépôts quaternaires. Nous citerons, entre autres localités, la *colline de l'Éléphant*, située sur le bord du Colorado, à la sortie des gorges profondes du Black-Canon. En cet endroit les dépôts de transport bien stratifiés recouvrent des trapps et sont surmontés par les alluvions modernes au pied de la colline. Leur épaisseur est d'environ 50 mètres, et une dent d'Éléphant a été extraite du lit de gravier et de blocs qui constitue la base même de la colline.

Messieurs, en traitant plus particulièrement dans notre prochaine leçon des mammifères quaternaires de l'Amérique du Nord, dont la position géologique nous est actuellement bien connue, nous nous occuperons aussi de leur distribution géographique comparée.

QUINZIÈME LEÇON

Faune quaternaire de l'Amérique du Nord.

QUATRIÈME SECTION.

EXAMEN PARTICULIER DES MAMMIFÈRES.

Messieurs,

Les mammifères fossiles de l'époque quaternaire dans l'Amérique du Nord présentent jusqu'à présent moins de genres que dans l'ancien continent ; les carnassiers surtout y sont relativement peu nombreux.

Bien que les cavernes ne soient pas rares en Amérique, où l'on en cite même de plus étendues qu'en aucune partie du globe, on n'y a point encore signalé de ces riches ossuaires qui, en Europe, ont tant contribué à nous faire connaître les mammifères de cette époque, et surtout les petites espèces de carnassiers, de rongeurs et d'insectivores ; peut-être est-ce la cause qui fait paraître cette faune numériquement si pauvre.

Nous examinerons successivement les principaux genres qui y ont des représentants, en vous renvoyant parfois, pour ce qui concerne leur découverte successive, à ce que nous en avons déjà dit dans la première partie du Cours (1). Nous ajouterons seulement ici que

(1) *Cours de paléontologie stratigraphique*, 1re partie, 1862, p. 213.

les falaises de la baie d'Eschscholtz, situées sur la côte orientale du détroit de Béhring, et précisément sous le cercle polaire, sont formées, comme la plupart de celles de la côte asiatique de la mer Glaciale à l'ouest, de dépôts de transport consolidés par la glace, et dans la partie supérieure desquels sont enfouis de nombreux ossements. Ceux-ci ont encore conservé presque toute leur matière animale, et des poils se rencontrent aussi fréquemment. On y a reconnu : l'*Elephas primigenius*, dont les défenses donnent lieu à un commerce actif; l'*Equus fossilis*, le *Cervus alces*, le *C. tarandus;* l'*Ovibos*, ou Bœuf musqué ; l'*Ovibos maximus*, plus grand que l'espèce vivante ; le *Bos* ou *Bison latifrons* (Bison fossile arctique); le *Bison crassicornis* ou à cornes pesantes, et une autre espèce.

Ainsi, dès les premiers pas que nous faisons sur le continent américain, en venant de l'ouest, nous trouvons encore l'Éléphant, que nous verrons différer à peine de celui de l'Europe; le Renne, qui vit dans le nord du nouveau continent, aussi bien que de l'ancien. Mais nous remarquerons, comme partout au sud, l'absence du *Rhinoceros tichorhinus*, et même du genre tout entier, puis celle du *Bos primigenius* et du *Cervus megaceros*, tandis qu'apparaissent d'autres types de ruminants propres aujourd'hui à l'Amérique du Nord.

Exposons actuellement les caractères généraux et la distribution géographique des principaux types de mammifères, et nous verrons ensuite en quoi l'ensemble de la faune diffère de celle qui, dans le même temps, peuplait l'ancien continent.

Éléphant. —Les restes d'Éléphants fossiles, rencontrés fréquemment associés aux autres mammifères quaternaires, et dans des gisements toujours comparables, ont pendant longtemps été rapportés tous à l'*E. primigenius;*

mais des comparaisons plus attentives ont permis d'y reconnaître au moins une seconde espèce, à laquelle, dès
1847, M. Falconer donna le nom d'*E. Columbi*. Les molaires, qui ont d'abord été trouvées à San-Felipe, sur les
bords du Brazos (Texas), dans l'Alabama et au Mexique,
présentent des caractères intermédiaires entre ceux de
l'*E. antiquus*, fossile en Europe, et ceux de l'*E. indicus*,
qui vit actuellement dans l'Inde. L'*E. Columbi* aurait été
d'ailleurs plus différent de l'*E. primigenius* que de ce
dernier; c'est le même que M. R. Owen, en 1858, désigna sous le nom d'*E. texianus*. Il a particulièrement habité au sud du 30ᵉ degré de latitude, dit M. Blake, et ses
molaires, par la moindre complexité de leur structure,
étaient mieux adaptées à la nourriture plus succulente
qu'offrait la végétation du Texas et du Mexique, qu'aux
végétaux durs et coriaces des régions du nord.

Quant au véritable *E. primigenius* de ces dernières contrées, il fut désigné par M. Leidy sous le nom d'*E. americanus*, par ce seul motif qu'il n'était pas probable que
la même espèce eût vécu en même temps sur les deux
continents. M. Falconer, qui n'a pu se rendre à un raisonnement aussi peu zoologique pour l'espace qu'il le
serait pour le temps, a cependant remarqué qu'en l'absence de crâne complet, les molaires de l'Éléphant du
nord de l'Amérique présentaient cette différence avec
celles de l'ancien continent, que les lames et les éléments qui constituent les collines étaient plus atténués et
plus rapprochés, de sorte que, dans un espace donné,
on en comptait un plus grand nombre; mais, ajoute-t-il,
ce ne serait là qu'un caractère de variété géographique
qui commence déjà à se montrer dans les individus provenant de la baie d'Eschscholtz, et tous les autres caractères restent constants.

L'*E. Columbi* a été trouvé au Texas avec le *Tapirus americanus*, le *Bison latifrons*, une espèce de Mastodonte indé-

terminée, des os supposés de Mylodon, et des restes d'une forme colossale de l'*Elephas primigenius ;* puis dans le canal de Brunswick, en Géorgie, avec le *Megatherium*, le *Mylodon*, le Mastodonte, le *Bison latifrons*, l'*Equus americanus*, des os de grand chélonien (*C. Couperi*), etc. A l'île de Skiddaway, près de Savannah, se voit la même association, comme sur les bords de la rivière Ashley, dans la Caroline du Sud. Depuis le Mexique jusqu'en Géorgie, les restes de l'*E. Columbi* ont été constatés sur 18 degrés de longitude et sur 12 de latitude, entre le 32e et le 20e. Nous verrons que, suivant toute probabilité, il s'est encore étendu plus loin vers le sud.

En général, on peut dire que, dans les États situés à l'est du Mississippi, l'*Elephas primigenius* a été rencontré au nord des Alleghanies, et que l'*E. Columbi* prédomine, sans pourtant être seul, dans les États du littoral, au sud de la chaîne, jusqu'à Newborn, près du cap Hatteras. De gigantesques édentés accompagnent l'un et l'autre ; le *Megatherium*, cependant, ne s'écartait pas de la région maritime de la Géorgie et de la Caroline du Sud, tandis que le *Mylodon* se trouve à la fois au nord et au sud de la chaîne. Quant aux *Elephas Jacksoni* et *imperator*, l'un de New-York, et l'autre d'une faune plus ancienne ou tertiaire supérieure de Niobrara (Nébraska), ils sont trop imparfaitement connus pour que l'on puisse encore en tenir compte.

MASTODONTE. — Ce grand pachyderme fossile des États-Unis est célèbre dans l'histoire de la science à plus d'un titre. Il fut découvert le premier, en 1705, à Claverack, 30 milles au sud d'Albany, dans l'État de New-York (1). Ses dents, mentionnées et figurées par Guettard, puis par

(1) Voyez, pour tout ce qui se rapporte à l'histoire de cette découverte, *Cours de paléontologie stratigraphique*, 1re partie, p. 213.

Buffon, ont servi à Cuvier, avec quelques autres débris, pour établir le genre dont il est le représentant le plus colossal et le mieux connu ; car non-seulement on en trouve des restes sur une multitude de points, mais encore cinq squelettes complets ont été découverts en place, déterrés et remontés pour divers musées d'histoire naturelle. Trois d'entre eux proviennent des dépôts lacustres marécageux du comté d'Orange (New-York), où ils étaient ensevelis dans la vase ; un quatrième, des marais du New-Jersey, et le cinquième, des bords du Missouri. En général, les ossements sont le plus abondants dans la moitié nord des États de l'est, se trouvant aussi dans ceux du sud, comme au Canada et à la Nouvelle-Écosse. Rares à l'est de l'Hudson, il n'y en a point au delà du Connecticut, tandis qu'à l'ouest des montagnes Rocheuses, on en retrouve jusque dans l'Orégon, sur les rives de la Villammette et en Californie.

Désigné d'abord en 1793 sous le nom d'*Elephas americanus* par Pennant, puis en 1797 sous celui de *Mammouth ohioticum* par Blumenbach, Cuvier, en commençant ses études, adopta cette dénomination générique, à laquelle il ne tarda pas à substituer celle de *Mastodonte* (dents mamelonnées), en y ajoutant l'épithète de *giganteum*, fort convenable à tous égards. Celle d'*ohioticum*, quoique plus ancienne, est mauvaise comme construction grammaticale, et fausse, en ce qu'elle pourrait faire croire que c'est des bords de l'Ohio, ou de l'État de l'Ohio, que proviennent les premiers documents qui les concernent, tandis que c'est, comme on vient de le dire, de celui de New-York. Cet animal a aussi été désigné sous des noms très-divers, tels que *Missourium*, *Missourotherium*, *Leviathan*, *Tetracaulodon*, etc. Il était d'ailleurs fort semblable à l'Éléphant par ses défenses supérieures, quelquefois fortement recourbées en spirale, et implantées de la même manière. A la mâchoire inférieure, étaient de petites défenses cylindriques tombant de bonne heure. Six molaires à chaque mâchoire se succédaient aussi d'arrière en avant; elles portent des mamelons coniques à pointe mousse, et réunis par la base en formant un certain nombre de collines transverses.

Le squelette le plus complet, et qui a donné lieu à un excellent ouvrage de M. Warren, est celui qui fut découvert en 1845 sur la rive de l'Hudson, près de Newburg, à 70 milles de New-York. En voulant reconnaître le fond d'un marais desséché pendant l'été, on enleva une couche de tourbe de 60 centimètres; une de mousse rouge, de 25 centimètres, et l'on atteignit au-dessous une marne coquillière de 60 centimètres, où l'on aperçut le sommet du crâne; en continuant à enlever avec précaution la vase argileuse qui venait ensuite, on dégagea tous les os qui étaient en place, l'animal étant couché sur le côté. Sa hauteur totale pouvait être de 3^m,34; sa longueur jusqu'à la base de la queue, de 5^m,16; ses défenses avaient 3^m,64, dont 80 centimètres compris dans les alvéoles, de sorte que, vivant, il devait avoir 3^m,60 à 4 mètres de hauteur, et de 7^m,40 à 7^m,60 de longueur avec ses défenses.

Les coquilles d'eau douce trouvées dans les marnes (*Limnea Galbana*, *Planorbis parvus*, *Valvata tricarinata*, *Amnicola Galbana*, *Cyclas Galbana*), de même que les infusoires bacillariés (*Eunotia, Cocconema, Gomphonema, Pinnularia viridis*), et autres, sont toutes des espèces qui vivent encore dans le pays.

L'analyse des os a montré qu'ils renfermaient encore une grande quantité de matière animale (27 à 30 pour 100), circonstance que nous avons fait remarquer dans les os du *Cervus megaceros* d'Irlande, qui se trouve dans des conditions d'enfouissement tout à fait comparables à celles-ci. Ordinairement, ces os ne sont pas minérali-

sés, cependant on en rencontre de silicifiés, et surtout
les dents.

Le *Mastodon giganteum* a été trouvé associé avec l'*Elephas primigenius* dans l'État de l'Ohio, la Caroline du
Sud, etc., puis dans la Nouvelle-Angleterre, quoiqu'il y
soit rare. Les os de l'Éléphant ont été rencontrés, comme
on le sait, dans le Vermont, à 400 mètres au-dessus du lac
Champlain. Le genre Mastodonte, qui avait disparu complétement, à ce qu'il semble, de l'ancien continent pendant l'époque quaternaire, est au contraire un des grands
animaux qui la caractérisent le mieux dans le nouveau.

Nous avons déjà traité de la contemporanéité supposée
de l'homme avec ce grand mammifère dans une de nos
leçons de l'année dernière ; nous n'y reviendrons donc
point ici (1).

CASTOROÏDE. — Le crâne d'une grande espèce éteinte
de Castor (*Castoroides ohioensis*) a été trouvé sur les bords
de la Clyde (New-York), dans un gisement semblable au
précédent, entre une couche de tourbe et un sable coquillier d'eau douce, reposant sur le *drift* ancien. Ce rongeur, de 1ᵐ,60 de long, a été observé dans les mêmes
conditions dans les États de l'Ohio, du Mississippi, près
de Natchez, etc. Le cerveau était moins développé que
dans les vrais Castors; les incisives étaient très-fortes ;
les molaires, formées de trois ou quatre lames distinctes,
transversales, à peine ondulées.

CHEVAL. — Le genre *Equus* présente cette particularité, qu'existant partout en Europe pendant l'époque
quaternaire, aussi bien qu'en Amérique, il n'a disparu ensuite complétement que dans ce dernier continent, où l'influence de l'homme l'a ramené de nouveau. On se rend difficilement compte des circonstances

(1) *Cours de paléontologie stratigraphique*, 2ᵉ partie, 1864, p. 449.

qui ont pu concourir à cette extinction sur d'aussi grandes surfaces, sans que le climat et toutes les autres conditions aient cessé de lui être favorables.

M. Leidy, qui a publié un mémoire particulier sur le Cheval fossile en Amérique, rappelle que ses premières traces ont été découvertes seulement en 1826, dans le New-Jersey. Il en distingue deux espèces : l'une, l'*E. curvidens*, que M. A. Owen a décrite, diffère de toutes les espèces fossiles et vivantes d'Europe, et est caractérisée par la grande courbure de ses molaires supérieures ; nous en reparlerons en traitant de la faune des pampas de l'Amérique du Sud. Elle a été trouvée dans les dépôts si riches en ossements de Big-bone-Lick (Kentucky), avec le *Megalonyx*, le Mastodonte, etc. La seconde espèce, désignée sous le nom d'*E. americanus*, provient des environs de Natchez, où elle était associée avec des restes de *Megalonyx*, d'*Ursus*, d'os humain, etc., dans une couche d'argile bleue, tenace, inférieure au dépôt diluvien de la plaine. D'après un assez grand nombre de dents qu'il a examinées, M. Leidy a pu conclure, avec plus de certitude que pour l'espèce précédente, que celle-ci était distincte de toutes celles que l'on connaissait, et que le Cheval d'où elle provenait était digne par sa taille, supérieure à celle de tous les autres, d'être le contemporain de l'Éléphant et du Mastodonte. Les molaires inférieures ont 11 centimètres et demi de long, et les plis de l'émail sont d'un quart plus épais que dans l'espèce vivante ; les plis isolés des molaires supérieures sont beaucoup plus froncés aussi, comme dans l'*E. plicidens* fossile d'Angleterre. Cette espèce a encore été rencontrée dans le creusement du canal de Brunswick, près de Darien, en Géorgie, avec les os de *Megatherium*, de Mastodonte, etc. Enfin, une troisième espèce, fondée sur la plus grande délicatesse et les froncements plus nombreux des plis de l'émail, semble pouvoir être établie d'après des dents trouvées dans la Louisiane et sur les bords de la Neuse (Caroline du Nord).

HIPPARION. — Ce genre est cité avec beaucoup d'autres sur les bords de la rivière Ashley (Caroline du Sud), mais sans aucun détail particulier qui nous permette de juger de l'exactitude de la détermination.

BŒUF. — Le genre *Bos* a été, comme nous l'avons déjà dit, représenté par plusieurs grandes espèces, telles que le *Bos latifrons*, qui paraît avoir dépassé beaucoup la taille du Bison actuel, et que l'on a trouvé dans les dépôts de la vallée du Mississippi ; le Bœuf musqué, ou une espèce très-voisine (*Bootherium*, Leidy), aussi très-répandu. D'autres espèces restent encore à étudier.

CERF. — Les os du *Cervus americanus*, Leidy, ont été rencontrés à Natchez. Sa taille dépassait celle du grand Cerf d'Irlande (*C. megaceros*), et il habitait la même contrée que l'*Equus americanus*, le géant de la race chevaline.

LION. — Le *Felis atrox*, Leidy, était aussi grand que le *Felis spelæa*, son contemporain d'Europe ; mais il n'a été observé qu'une seule fois dans cette même localité de Natchez.

OURS. — Des traces de ce genre n'ont guère été citées aussi que sur ce point, associées aux débris de Cheval, d'Éléphant, de Mastodonte, de Castoroïde, de *Megalonyx* et de *Mylodon*.

RATON. — Nous trouvons cet animal cité dans une liste générale sans indication de la localité.

TAPIR. — Des dents rapportées à ce genre, et qui ont pu être prises pour celles de jeunes Mastodontes, ont été décrites sous le nom de *T. mastodontoides* (Harlan) ; elles provenaient du Kentucky, et surtout des bords de la rivière Ashley, dans la Caroline du Sud, où elles ont été trouvées avec les autres mammifères de cette époque.

HARLANUS AMERICANUS. — Sous ce nom, M. Owen a décrit la mâchoire inférieure et les dents très-usées d'un animal voisin du Tapir ; il avait été recueilli en Géorgie avec des os de Mastodonte, d'Éléphant, de *Megalonyx*, etc.

PÉCARI. — Des restes rapportés au genre *Dicotyle* ont été signalés sur les bords de la rivière Ashley, associés à ceux du Cheval, du Mastodonte, etc., et à d'autres rapprochés du genre *Cabiai* (*Hydrochœrus*).

ÉDENTÉS. — Ce qui caractérise essentiellement la faune des mammifères quaternaires du nouveau continent, c'est la présence d'édentés gigantesques constituant une famille particulière, celle des Mégathéroïdes, et ayant vécu avec les Éléphants, les Mastodontes, les ruminants, et les autres animaux dont nous venons de parler. Nous avons déjà mentionné les circonstances qui se rapportent à leur découverte (1) ; nous passerons donc immédiatement à l'examen de leurs espèces et de leurs gisements.

Les caractères essentiels de cette famille, comme le dit M. Pictet (2), réunissent ceux des Paresseux avec ceux des Tatous et des Fourmiliers. Ils ont, comme les premiers, des molaires en cylindres creux, composées d'ivoire et de cément sans émail ; la tête est courte, comme tronquée, et l'os zygomatique forme une grande apophyse descendante, qui ne s'observe chez aucun autre mammifère ; les squelettes se ressemblent surtout par l'omoplate, dont l'acromion et le coracoïde sont réunis. Par le reste de leurs formes, ils se rapprochent des autres familles d'édentés.

(1) *Cours de paléontologie stratigraphique*, 1re partie, p. 219.
(2) *Traité de paléontologie*, vol. I, p. 263.

Ils n'ont que des molaires sans canines, comme les Paresseux ; leurs formes générales sont lourdes ; les pieds
presque égaux : ceux de devant, à quatre ou cinq doigts ;
ceux de derrière, à trois ou quatre ; les externes dépourvus d'ongle ; leur queue, longue, est très-forte.

MEGATHERIUM. — Le genre le plus anciennement connu,
et qui donne son nom à la famille, est le *Megatherium* (grand
animal), découvert d'abord, comme nous l'avons dit (1), en
1709, dans les pampas de Buenos-Ayres, et dont l'espèce
a été dédiée à Cuvier, sous le nom de *M. Cuvieri*. Les
caractères du genre ont été établis d'après cette même
espèce, dont les mâchoires présentent cinq dents en haut
et quatre en bas, en forme de prismes quadrangulaires ;
la couronne ayant des collines transverses très-prononcées, droites, comme des prismes triangulaires posés à
plat. La mâchoire inférieure, très-prolongée en avant,
était fortement excavée en gouttière pour loger une
langue cylindrique très-musculaire. Les pieds de devant
ont quatre doigts, ceux de derrière trois ; les deux
externes dépourvus d'ongle, les autres ayant des phalanges unguéales et différentes pour chacun, celle du
doigt médian étant très-forte. Les extrémités antérieures
sont remarquables par la force de l'épaule, et la partie
postérieure de l'animal ne l'est pas moins par un bassin d'une grande dimension, très-solide, dont les os
iliaques, très-rugueux sur les bords, forment des han-
ches saillantes, écartées de 1^m,45, ce qu'on ne voit dans
aucun animal terrestre de nos jours. La cavité coty-
loïde étant dirigée tout à fait au-dessous, le fémur supporte directement le corps. Ce dernier os est trois fois
aussi épais que celui des plus grands Éléphants, mais sa
longueur est proportionnément moindre.

(1) *Loc. cit.*, p. 231.

Le *Megatherium* était donc un animal très-fort et très-lourd, dont la queue fournissait un appui dans certaines circonstances, et qui se nourrissait essentiellement de végétaux, de fruits, de feuilles ou de racines. Par sa taille, et surtout par son poids, il dépassait beaucoup les plus grands Rhinocéros de nos jours.

La première découverte authentique des restes de *Megatherium* dans l'Amérique du Nord, fut faite en 1824, par L. Mitchell, qui décrivit deux dents de cet animal, trouvées dans l'île Skiddaway, en Géorgie, et depuis lors d'autres dents et des os de diverses parties du squelette ont été recueillis dans le même État, et sur les bords de la rivière Ashley, dans la Caroline du Sud. M. Leidy ne pense pas qu'on en ait trouvé authentiquement ailleurs que sur les parties littorales de ces deux États. Dans la tranchée du canal de Brunswick, qui réunit l'Altamaha à la rivière des Tortues, à la base du dépôt alluvien de 1^m,25 à 2 mètres, dans une couche d'argile reposant sur le sable jaune, ils étaient associés à des ossements d'*Elephas*, probablement le *Columbi*, d'*Equus americanus*, de *Bos latifrons*, avec un chélonien (*Chelonia Couperi*), et sur les bords de la rivière Ashley, avec le Mastodonte, le Tapir, le Dicotyle, l'*Hipparion* et l'*Hydrocharrus*.

M. J. Leidy, dans son mémoire sur la tribu des Paresseux éteints de l'Amérique du Nord (1853), a reproduit, pour le *Megatherium* de cette région, le raisonnement peu zoologique que nous lui avons vu employer pour séparer l'*Elephas primigenius* du nouveau continent de celui de l'ancien. Comme il n'y a, dit-il, dans aucun autre cas, d'espèce éteinte de cette famille qui soit commune aux deux Amériques, je me crois autorisé, jusqu'à ce qu'il en ait été prouvé autrement par la comparaison de bons échantillons ou de bonnes figures, à regarder le *Megatherium* des États-Unis comme différent de celui des pampas, et à lui donner le nom de *M. mirabile*. Les détails dans lesquels l'auteur entre ensuite sur les diverses pièces qu'il a examinées, ne font ressortir aucune différence essentielle pour justifier cette distinction, et les figures de la planche XV de son ouvrage nous semblent pouvoir s'appliquer parfaitement au *M. Curieri*.

MEGALONYX. — Le *Megalonyx* (grand ongle), dont nous avons aussi rappelé l'histoire (1), et à propos duquel nous avons insisté sur la merveilleuse sagacité qu'avait montrée Cuvier dans l'étude d'une de ses extrémités pour en déduire tous les caractères essentiels de l'animal, se distingue au premier abord par ses molaires, au nombre de cinq en haut et quatre en bas, dont la coupe est subelliptique, la couronne excavée, à bord relevé. Les branches de la mâchoire inférieure écartées, et la symphyse étroite distinguent aussi ce genre de ceux qui l'avoisinent. Les grandes phalanges unguéales qui le firent d'abord prendre pour un carnassier gigantesque, mieux étudiées dans leur forme et leur mouvement, l'ont fait, avec plus de raison, placer parmi les édentés, ce que la découverte des autres parties est venue justifier ensuite.

La première espèce de *Megalonyx* connue fut dédiée au président des États-Unis Jefferson, et M. Leidy a donné une étude extrêmement complète de tout ce que l'on savait sur le *M. Jeffersoni*, découvert d'abord en 1797, dans la caverne de Green-Briar, dans l'ouest de la Virginie, et ensuite aux environs de Memphis (Tennessee). Beaucoup d'ossements et un squelette entier ont été rencontrés dans le dépôt des environs de Natchez (Mississippi) que nous avons souvent cité, et associés à des restes de *Mylodon*, de *Mastodonte*, d'*Equus*, de *Bootherium*, de Cerf, d'Ours, de Tapir, etc., dans une argile bleue, tenace, inférieure au dépôt alluvien qui occupe

____

(1) *Cours de paléontologie stratigraphique*, 1re partie, p. 219.

tout le pays, et au-dessous même de la ville. On en a
aussi rencontré dans le comté d'Adams (Mississippi) et
dans l'État de l'Alabama.

Sur les bords de l'Ohio, au-dessous d'Henderson (Kentucky), d'Évansville, dans le comté de Vanderburg (Indiana), D. D. Owen en a recueilli de nombreux ossements dans un lit de sable ferrugineux, à quelques mètres
au-dessus du niveau de la rivière, avec *Paludina ponde-
rosa, Melania canaliculata, Cyclas rivularis, Cyclostoma,
Physa, Limnea, Planorbis tricarinata, P. lens,* des fragments d'*Unio,* etc. Plus bas est une argile bleue ou cen-
drée. Dans ces divers gisements, les os se trouvent dans
les mêmes conditions, et sont, dit le savant observateur,
d'une date comparativement très-récente, et au moins
aussi récente que l'origine de beaucoup des espèces
existantes de coquilles univalves, qui peuplent aujour-
d'hui les eaux de l'Ohio et de ses affluents.

M. Leidy croit pouvoir établir une seconde espèce de
Megalonyx (M. dissimilis) pour quelques dents trouvées
dans les ravins des environs de Natchez. L'une d'elles, la
première molaire, présente en effet, dans sa coupe elliptique, très-allongée, convexe en dehors, et concave en
dedans, avec une sinuosité médiane, des caractères fort
différents de la dent correspondante du *M. Jeffersoni;*
mais il faudrait des éléments plus nombreux pour se
prononcer définitivement à cet égard. Nous en dirons
autant de l'établissement de l'*Ereptodon priscus,* d'après
une dent molaire trouvée dans la même localité, et dont la
coupe transverse, elliptique, à contour sinueux, montre
que le fût de la dent était irrégulièrement cannelé ou
grossièrement prismatique. La structure générale est
d'ailleurs celle des dents de *Megalonyx.*

Mylodon. — Le *Mylodon,* Owen (*Orycterotherium,* Harlan), joint, dit M. Pictet, aux formes lourdes du *Megathe-*

rium, une dentition fort différente, mais rappelant celle du *Megalonyx*, dont elle se distingue cependant profondément, en ce que les dents, cinq en haut et quatre en bas, diffèrent toutes les unes des autres d'avant en arrière. Ainsi, à la mâchoire supérieure, la première est sub-elliptique, arrondie, la seconde elliptique, et les suivantes triangulaires, avec un sillon à la face interne; à la mâchoire inférieure, la première est aussi elliptique, l'avant-dernière tétragone, et la dernière allongée, grande et bilobée. La forme de la tête rappelle d'ailleurs celle du *Megatherium*. Les caractères de l'omoplate sont ceux de ce dernier genre; les pieds sont égaux : les antérieurs à cinq doigts, les postérieurs à quatre; les deux doigts externes, sans ongles, les autres ayant de grandes phalanges unguéales inégales.

L'espèce de l'Amérique du Nord, décrite d'abord par M. Harlan sous le nom de *Megalonyx laqueatus*, a été reportée depuis au genre *Mylodon* par M. Owen, qui l'a désignée sous le nom de *M. Harlani*. Elle est caractérisée par la symphyse de la mâchoire inférieure, plus courte et plus large que dans les espèces de l'Amérique méridionale; par la seconde molaire carrée, et la dernière à trois sillons. Des restes de ce grand édenté ont été rencontrés sur une multitude de points. D'abord dans la localité de Big-Bone-Lick (Kentucky); puis dans le ravin du Mammouth (Mississippi), dans le gisement de Natchez, sur les bords de la rivière Ashley (Caroline du Sud), dans le comté de Benton (Missouri), et sur les bords de la Willammette, tributaire de la Columbia (Orégon).

CÉTACÉS. — Enfin, nous avons déjà mentionné, sur les rives du lac Champlain, les restes de cétacés décrits par M. Thompson sous le nom de *Beluga vermontana*.

Ainsi, messieurs, nous ne connaissons encore que dix-sept genres de mammifères terrestres fossiles dans toute l'Amérique du Nord, comprenant à peine vingt et quelques espèces, et sur lesquelles plusieurs même sont très-douteuses ; tandis que de l'autre côté de l'Atlantique, sur une surface aussi restreinte que l'Angleterre, par exemple, nous avons pu compter trente-six genres et cinquante espèces, qui avaient vécu dans le même temps.

Parmi les pachydermes, un Éléphant se serait propagé à la fois dans tout le nord et le centre de l'ancien et du nouveau continent, exemple de distribution géographique que n'offre aucun mammifère de nos jours. Une seconde espèce, plus méridionale, aurait vécu dans le sud des États-Unis et du Mexique. Le genre Mastodonte, qui ne vivait plus en Europe, continuait à être représenté dans les deux Amériques, particulièrement dans la partie est et sud des États-Unis, par le plus gigantesque de ses types; tandis que le *Rhinoceros tichorhinus*, compagnon si fidèle de l'*Elephas primigenius*, en Europe et en Sibérie, ne l'a point suivi au delà du détroit de Behring.

Le Cheval, le Bœuf, le Cerf, sont représentés par des espèces différentes dans les deux continents, sauf le Renne, qui, trouvé fossile dans les falaises de la baie d'Eschscholtz, vit encore dans les contrées boréales de l'un et de l'autre, avec le Bœuf musqué et le Glouton.

Parmi les animaux carnassiers, quelques traces de *Felis*, d'*Ursus*, de Raton, rappellent à peine l'abondance et les dimensions colossales de ces types de l'Europe, du *Machoirodus* et de l'Hyène, qui manquent ici complétement, ainsi que les nombreux petits genres de cet ordre, de ceux des rongeurs et des insectivores qui remplissent les dépôts de nos cavernes et les brèches osseuses de l'Europe.

L'Hippopotame de l'ancien continent manque dans le nouveau, comme l'*Elasmotherium* et le *Merycotherium;*

mais le *Trogontherium*, ou grand Castor, est représenté dans celui-ci par le *Castoroïdes*.

D'un autre côté, la faune quaternaire de l'Amérique du Nord est caractérisée par la présence, sur une infinité de points, de genres spéciaux de grands édentés, tous éteints (*Megatherium*, *Megalonyx*, *Mylodon*), et de quelques autres, existant encore, soit sur ce continent, soit en Asie (Tapir, Dicotyle, *Hydrochœrus*), mais qui n'avaient point d'analogues en Europe.

Ainsi, messieurs, les différences de la faune des mammifères de l'hémisphère boréal à l'époque quaternaire étaient très-prononcées dans ses diverses parties, et cette faune différait aussi notablement de la faune actuelle, quoique certains types, assez nombreux, même parmi les petites espèces, d'après ce que nous avons pu juger en Europe et ce que nous verrons bientôt dans l'Amérique méridionale, fussent les mêmes que de nos jours. Enfin, on doit remarquer que le grand embranchement des mammifères didelphes, bien que représenté actuellement sur certains points de l'Amérique du Nord, n'y a pas encore été signalé à l'état fossile. Peut-être cette absence est-elle due à la même cause que celle de tous les autres petits mammifères qui ont sans doute existé dans le pays, mais dont les cavernes ne nous ont pas conservé les restes.

SEIZIÈME LEÇON

Faune quaternaire de l'Amérique centrale.

Messieurs,

Autour du lac de Chapala, au Mexique, dans la province de Xalisco, des dépôts d'atterrissement, composés de cailloux et de sable silicéo-argileux, ont présenté de nombreux débris de Mastodontes et des végétaux dicotylédones silicifiés. Le grand nombre de localités où l'on trouve dans ce pays des ossements d'Éléphants, de Mastodontes et de Tapirs, et la position des sédiments d'eau douce, souvent peu éloignés des principaux lacs, ont fait penser à Galeotti qu'une immense invasion des eaux avait occasionné la destruction de ces animaux. Nous vous renverrons, messieurs, à ce que nous avons déjà dit sur ce sujet dans la *première partie du Cours* (1), en traitant de l'histoire des vertébrés fossiles du nouveau continent, et surtout à la *Gigantologia española* du père Torrubia, où sont rapportés tous les renseignements relatifs aux prétendus os de géants de Santa-Elena, au nord de Guayaquil, de Tlascala (Mexique) et du Yucatan.

(1) *Cours de paléontologie stratigraphique*, 1re partie (1862), p. 229.

A Hué-Huetoca, près de Mexico, Alex. de Humboldt a trouvé des fragments de molaires, regardés par Cuvier comme se rapportant à l'Éléphant fossile de Sibérie, et d'autres de Mastodonte comparés à la grande espèce de l'Ohio. On en signale également dans un tuf trachytique près d'Anganguer, et M. H. de Meyer a décrit, comme provenant du Mexique, des ossements de Mastodonte rapportés au *M. angustidens*, d'Éléphant, de Cheval, et, ajoute-t-il, de Rhinocéros; mais à l'égard de ce dernier, l'assertion fondée sur des phalanges du pied est plus que douteuse, aucune autre indication de ce genre n'ayant encore été faite dans les dépôts quaternaires du nouveau monde.

Les rochers qui bordent la côte de Cuba, autour de la Havane, sont formés de calcaires madréporiques, mélangés de grains de sable et de coquilles marines, dont les espèces vivent sur la côte. Ces calcaires se lient sans doute d'une manière intime aux bancs de polypiers de l'époque actuelle, et de manière à rendre leur distinction fort difficile. Ils sont exploités dans de vastes carrières, et ont servi à bâtir tous les édifices publics et les maisons de la ville. Près du village de Tiotihuacan, au pied des montagnes de Patolo, M. Triven mentionne des ossements et des dents d'Éléphant qu'il rapporte à l'*E. primigenius*. Dans l'île de Sainte-Croix comme dans celle d'Antigoa, des marnes, des grès calcarifères coquilliers et des calcaires avec des polypiers semblent encore appartenir à la période quaternaire.

Alex. de Humboldt a rapporté plusieurs os de Mastodonte de Caño del Fiscal, près de Santa-Fé de Bogota (Nouvelle-Grenade). Ce sont particulièrement un humérus et un calcanéum, assimilés au *M. angustidens*, et un tibia du même animal provenant du Camp des Géants. localité ainsi nommée à cause de la multitude des os

qu'on y trouve, et qui est élevée de 2500 mètres au-
dessus de la mer.

Un fragment de défense recueilli près d'Ybarra, dans
la province de Quito, à 3253 mètres d'altitude, a fait présumer que l'Éléphant était descendu jusqu'à l'équateur;
mais en l'absence de dents mâchelières, Cuvier doutait
encore si cette défense n'avait pas appartenu à un Mastodonte. Les dents de Mastodonte qui ont été trouvées près
du volcan d'Imbaburra (province de Quito), à 2340 mètres, ont été désignées par Cuvier sous le nom de Mastodonte des Cordillères (*M. Andium*). Ces dents à tubercules
divisés, comme dans le Mastodonte à dents étroites, ont
les formes carrées de celles à six pointes du Mastodonte
de l'Ohio ; mais leur coupe donne des figures de trèfles
au lieu de losanges. Parmi les ossements que Dombey
avait rapportés du Pérou, Cuvier a fait représenter une
dent implantée dans une portion du palais et une mâchoire inférieure avec deux dents, que le savant anatomiste
n'hésite pas à rapprocher du Mastodonte de Simorre, en
France, ou *M. angustidens*. Nous reviendrons plus loin
sur ces déterminations, ainsi que sur le *Scelidotherium* de
la caverne de Sanson, dans les Andes du Cerro de Pasco,
à 4000 mètres d'altitude.

Enfin, à la même latitude, dans la partie orientale du
continent, M. Perret a rapporté de Cayenne un fragment
de molaire d'Éléphant étudié par M. Lartet, qui a fait
remarquer l'épaisseur des plaques. M. Falconer s'étant
assuré que le Mastodonte de la couche de Tambla (Hon-
duras), dans l'un des passages qui conduisent de la plaine
de Comayagua au Pacifique, était identique avec le Mastodonte de l'Ohio, regarde comme probable que l'Éléphant fossile de la Géorgie ait pu dépasser aussi le Mexique
au sud et s'étendre jusqu'à la Guyane.

Faune quaternaire de l'Amérique méridionale.

Si nous considérons les phénomènes physiques et la faune de l'époque quaternaire de l'Amérique méridionale, en suivant, dans l'exposition des faits, le même ordre que celui que nous avons adopté pour l'ancien continent et l'Amérique du Nord, il nous faudra procéder du sud au nord ou des régions polaires vers le tropique, car dans l'hémisphère austral comme dans l'hémisphère boréal les phénomènes semblent s'être aussi produits en venant du pôle, et on les voit diminuer d'intensité à mesure qu'on s'avance vers les régions équinoxiales, où ils disparaissent.

Nous partagerons comme ci-dessus, et pour ne point embarrasser de détails stratigraphiques les observations zoologiques, notre sujet en cinq sections :

1° Dépôts erratiques de la Terre-de-Feu, de la Patagonie et des îles voisines.

2° Dépôts marins ou plages anciennes soulevées de la côte occidentale.

3° Dépôts ou limon des pampas.

4° Examen particulier des mammifères des pampas.

5° Cavernes à ossements du Brésil.

De ces cinq sections quatre correspondent à des régions géographiques différentes, et il nous faudra par conséquent rechercher avec soin les preuves de la contemporanéité des faits dans chacune d'elles.

PREMIÈRE SECTION.

DÉPÔTS ERRATIQUES.

Les îles Falkland ou Malouines, formées par le terrain de transition, sont, suivant M. Ch. Darwin, couvertes d'une immense quantité de fragments de roches, accumulés en forme de traînées, de courants ou de nappes, principalement vers le fond des vallées. Ces amas énormes, qui remontent jusqu'au sommet des montagnes, sont composés de quartzites. On n'y remarque aucune trace de frottement ni de sable dans les interstices, ce qui doit faire regarder leur dispersion comme plus récente que l'émersion des îles. Ces observations, de même que celles qui ont été faites dans les îles voisines et sur le continent, étant antérieures à l'époque où l'attention des naturalistes fut appelée sur les effets des anciens glaciers, on conçoit que ni M. Darwin, ni les voyageurs qui l'avaient précédé, tel que Pernety, n'aient point remarqué ceux qui peuvent exister dans ces régions où l'on n'a point signalé non plus de mammifères fossiles.

Dans la partie orientale de la Terre-de-Feu, les couches tertiaires sont bordées de dépôts plus récents, de 30 à 45 mètres d'épaisseur. Ces plaines basses, émergées dans la période quaternaire, sont composées de grès fin, terreux ou argileux, en lits minces, quelquefois inclinés, souvent associés à des lits de gravier ondulés et contournés. Dans l'île Élisabeth, des coupes de 45 mètres de hauteur montrent une terre blanchâtre, renfermant des fragments de roches de toutes les grosseurs, anguleux ou arrondis, entassés sans ordre et provenant des roches feldspathiques et amphiboliques des environs. Au nord du cap Virgins, à l'entrée du détroit, les falaises de 60 à 90 mètres sont composées de grès horizontaux, argileux avec des lits de cailloux roulés subordonnés.

Après avoir visité les falaises du cap Negro, de Port-Famine et de la baie de Saint-Sébastien, M. Darwin a constaté, sur ce dernier point, que longtemps avant le soulèvement en masse prouvé par le niveau où se voient aujourd'hui les couches coquillières d'espèces vivantes, il existait déjà un large canal communiquant du milieu du détroit avec la haute mer. De nombreux blocs erratiques et du limon non stratifiés se montrent aussi sur les rives du bras oriental. Tous les fragments de roches proviennent des montagnes de l'ouest.

A l'extrémité sud-est de la Terre-de-Feu, les côtes sont occupées aussi par un dépôt non stratifié, analogue à celui du détroit. Celui de l'île de Navarin est semblable au *till* de l'Écosse, et présente tous les caractères des accumulations de blocs et de détritus de l'Angleterre et du nord de l'Europe.

Le gravier erratique de la Patagonie est composé de terre et de sable avec de petits cailloux de quartz et de divers porphyres. Il recouvre la plaine basse sur la rive nord du rio Colorado, sa limite extrême de ce côté, où vient finir le limon des pampas. Sur les bords du rio Negro, son épaisseur est de 3 à 4 mètres, et les cailloux plus volumineux sont entourés d'une pâte calcaire gris blanchâtre. Ce dépôt a été suivi jusqu'à une distance de 45 milles dans les terres, mais il s'étend sans doute beaucoup au delà, et M. Darwin pense qu'il pourrait représenter la partie supérieure du dépôt des pampas au nord du Colorado.

A Port-Désiré, à 60 et 90 mètres au-dessus des masses de porphyre, s'étend une vaste nappe horizontale de gravier et de cailloux roulés mélangés de terre blanchâtre. Des coquilles marines, éparses à la surface des vallées larges et peu profondes, prouvent que ces plaines ont été récemment émergées. A Port-Saint-Julien, on observe cinq terrasses successives disposées en gradins, depuis le niveau de la mer jusqu'à 275 mètres.

On peut considérer que du rio Colorado au détroit de Magellan les graviers quaternaires occupent une surface de 800 milles, s'épaississant, à ce qu'il semble, à mesure qu'on s'avance vers le pied des Cordillères, d'où leurs éléments proviennent en grande partie. Ainsi, sur les bords de la rivière de Santa-Cruz, à 100 milles de son embouchure, le gravier a 65 mètres d'épaisseur, tandis que sur littoral il n'en a plus que 7 ou 8. Ici comme plus au nord s'observent des terrasses sensiblement horizontales s'élevant successivement jusqu'à 365 mètres. Sur chacune d'elles se trouvent des coquilles analogues à celles qui vivent sur la côte et ornées encore de toutes leurs couleurs. Cette disposition est attribuée à des soulèvements successifs très-lents du fond de la mer, et interrompus par des temps d'arrêt qu'indiquent les falaises de chaque terrasse.

Lorsqu'on vient du nord ou de la Plata, on ne rencontre point de blocs erratiques avant d'atteindre la rivière de Santa-Cruz. En remontant celle-ci, on commence à en trouver à 100 milles de l'Atlantique et à 67 milles de la pente la plus rapprochée des Cordillères. A 55 milles de la chaîne, ils deviennent très-nombreux, généralement anguleux, ayant jusqu'à 5 mètres de côté, et ils sont à 426 mètres au-dessus de l'Océan. Ce sont des schistes argileux compactes, des roches feldspathiques, des schistes chloriteux et quartzeux et des laves basaltiques. La plaine de gravier s'étend probablement jusqu'au pied des Cordillères, où elle atteint de 900 à 1000 mètres d'élévation absolue.

De l'embouchure de la Santa-Cruz, à Coy-Inlet et Port-Gallegos, les falaises, composées de couches blanches tufacées, sont recouvertes de lits de graviers. Beaucoup d'ossements non déterminés y ont été recueillis. Des deux côtés du détroit de Magellan, la surface du pays est recouverte soit par le gravier, soit par les blocs arrondis ou anguleux, tous appartenant aux roches de la Terre-de-Feu, c'est-à-dire venant du sud, sauf une espèce de porphyre dont le gisement originaire n'a été trouvé nulle part, et que M. Darwin suppose avoir été apportée des régions polaires par des glaces flottantes.

Cette formation erratique de la Patagonie s'étend sur une surface de 300 milles de l'est à l'ouest. Son épaisseur augmente de l'Atlantique vers la Cordillère, et son épaisseur moyenne, sur une étendue de 630 milles, du nord au sud, est de 15 mètres.

En remontant la côte occidentale le long du Pacifique, M. Darwin a observé deux terrasses de graviers sur divers points des îles Chonos; mais il n'a plus rencontré le dépôt avec blocs dans la partie de l'île Chiloé où il a abordé et où les masses erratiques sont fort nombreuses. Les blocs abondent sur toute la ligne des côtes est et nord et dans les îlots qui bordent la partie orientale. Il n'y en a point du côté opposé ni dans les parties élevées du centre. Ce sont des granites et des syénites qui semblent provenir des Cordillères éloignées de 40 milles.

Il serait difficile de se prononcer d'une manière absolue sur l'âge de ces accumulations de blocs de Chiloé et sur ceux de la Terre-de-Feu; mais il paraît certain que toute la côte orientale du continent et les îles qui la bordent ont été soulevées pendant ou après l'époque quaternaire. Ainsi dans la péninsule de Lacuy, un lit de coquilles d'espèces vivantes sur la côte est à 110 mètres au-dessus de la mer.

Les blocs erratiques s'observent encore autour de Valdivia, de la Conception et sur plusieurs points du centre du Chili, mais sans y être accompagnés, comme au sud, de dépôt argileux ou *till*.

Maintenant comme caractères généraux de ces dépôts, on remarquera qu'au nord du détroit de Magellan, sur la côte de la Patagonie et de la province de la Plata, on ne rencontre ni blocs ni argile (*till*) à la même latitude que sur les côtes de l'océan Pacifique, ce qui tient sans doute au grand éloignement de la Cordillère. Les blocs erratiques ne se montrent de part et d'autre de la chaîne qu'à partir du centre du Chili, et il en est de même dans le

Chaco. Quant aux affluents de l'Amazone, sur une longueur de 400 ou 500 lieues, on ne voit pas, dit la Condamine, un seul caillou roulé.

Ainsi, il est remarquable que dans l'hémisphère sud,
depuis le 41° degré jusqu'au cap Horn, on retrouve le
même phénomène et presque sur une aussi grande
échelle que dans les parties septentrionales de l'ancien
et du nouveau monde, et de plus avec des limites semblables, car dans les deux hémisphères les débris provenant des régions polaires ou d'autres groupes de montagnes arrivent à une faible distance des tropiques.

Nous ne rappellerons point ce qui a été dit de l'origine
de ces dépôts (1), mais nous ferons remarquer que les
stries, les sillons, les surfaces polies et moutonnées des
roches en place qui, dans l'hémisphère nord, s'observent
au-dessous des dépôts erratiques anciens, et qui nous
avaient si constamment servi de criterium pour établir la
base ou le commencement de l'époque quaternaire, nous
font jusqu'à présent défaut dans cette partie de l'hémisphère sud. Peut-être les voyageurs futurs combleront-
ils cette lacune ; car il est peu probable que des phénomènes qui présentent des résultats généraux si semblables, et dont nous établirons tout à l'heure la
contemporanéité, ne soient pas dus à la même cause ou
n'aient pas la même origine.

DEUXIÈME SECTION.

DÉPÔTS MARINS DE LA CÔTE OCCIDENTALE.

Au Chili, près de l'embouchure du Ropel, on remarque, dit M. Darwin, des coquilles d'espèces vivantes à
$1^m,25$ au-dessus des plus hautes marées, et dans les envi-

(1) *Hist. des progrès de la géologie*, vol. II (1848), p. 406.

rons elles s'élèvent jusqu'à 30 mètres. A Bucalèmes, village situé à 10 milles de la mer, il y a des lits considérables de ces mêmes coquilles, ainsi qu'au fond de la vallée de Maypo et à San-Antonio. Sur la côte méridionale du promontoire qui forme la baie de Valparaiso, des bandes continues de ces débris marins se montrent depuis 18 jusqu'à 70 mètres d'élévation, recouvrant une brèche granitique.

Des lits de coquilles récentes s'observent sur une multitude d'autres points, jusqu'à 60 mètres au-dessus de la mer, et les terrasses de Coquimbo, déjà signalées par Basil-Hall, à 75 mètres, sont également composées de coquilles identiques avec celles qui vivent sur la côte. Elles sont enveloppées dans une roche calcaire friable, qui passe vers le bas à une couche où dominent les Balanes, et qui repose sur des grès remplis d'ossements de Requins gigantesques, d'Huîtres et de très-grandes Pernes. Les bancs intermédiaires ont des coquilles communes aux couches supérieures, dont toutes les espèces vivent encore, et aux inférieures, dont le plus grand nombre, au contraire, sont éteintes. Les terrasses parallèles s'observent surtout dans les villages de Guasco et de Copiapo, à 350 milles au nord de Valparaiso, puis au sud, vers la Conception.

Autour de Cobija, Alc. d'Orbigny, dans son *Voyage dans l'Amérique méridionale*, signale un dépôt coquillier marin élevé de 12 à 15 mètres au-dessus de la mer, et dont toutes les espèces vivent sur la côte voisine. Plus haut est une couche argileuse, gris brun, avec des fragments anguleux des roches qui constituent les montagnes environnantes. Jusqu'à une élévation de 100 mètres, des porphyres syénitiques présentent dans leurs cavités des coquilles qui ont vécu en cet endroit comme vivent aujourd'hui leurs analogues à 100 mètres plus bas. Entre Arica et la vallée de Tacna, sur une longueur de qua-

torze lieues et une largeur d'une lieue, la plage est bordée de dunes s'élevant à plus de 100 mètres, et remplies
d'ossements de cétacés et de coquilles semblables à
celles de la côte. Sous les sables mouvants, viennent les
bancs de conglomérat, solidifiés par le sel marin qu'on y
exploite.

En résumant avec M. Darwin ce que l'on sait de ces
anciennes plages soulevées de l'Amérique méridionale,
on voit que des bancs de coquilles, émergés depuis un
temps plus ou moins long, continus sur des étendues
assez considérables, existent du 45° degré 35′ jusqu'au
12° degré de latitude sud, sur les côtes de l'océan Pacifique, ou sur une longueur de 2075 milles géographiques
du S. au N. On sait qu'il en existe encore au delà dans
les deux directions.

Sur toute cette ligne de côtes, on rencontre souvent,
outre les restes organiques, beaucoup de traces d'érosions,
des cavernes, d'anciennes plages, des dunes, des terrasses successives de gravier, toutes au-dessus du niveau
actuel de la mer. La rapidité des pentes sur ce versant
de la chaîne fait que les coquilles ne se sont encore trouvées qu'à deux ou trois lieues du littoral actuel, mais il
existe au delà, jusqu'à 30 ou 40 milles dans l'intérieur
des terres, des preuves évidentes du séjour des eaux
marines.

D'après la seule considération des coquilles, on peut
juger que le soulèvement a été à Chiloé de 106 mètres, à
la Conception de 190, et peut-être de 304 ; à Valparaiso,
de 395, et à Coquimbo, de 77. Plus au nord, on n'en a
pas cité au-dessus de 90 mètres. A Lima, l'élévation n'a
été que de 26 mètres.

Outre que les coquilles de ces dépôts sont les mêmes
que celles qui vivent sur la côte, elles s'y trouvent presque
toujours aussi dans les mêmes proportions. Alc. d'Orbigny, qui rapportait ces couches coquillières au com-

mencement de l'époque actuelle, parce qu'il méconnais-
sait celle qui l'a séparée de l'époque tertiaire supérieure,
a montré en outre que des deux côtés des Cordillères,
cette faune présente les mêmes résultats que celle qui
vit actuellement, c'est-à-dire que non-seulement toutes
les espèces ont leurs identiques dans les mers voisines,
mais encore que l'ensemble des faunes propres aux deux
grands océans était alors dans les mêmes conditions
qu'aujourd'hui.

L'étude comparative de ces faits sur le littoral de
l'océan Pacifique, comme sur divers autres points du
globe, indique que le soulèvement des terres est généralement une action intermittente ; mais on ne peut pas
conclure ici, comme pour la Patagonie, que le soulèvement a été uniforme, et que les époques de dénudation
ont été synchroniques sur une grande étendue des côtes.
Dans la Patagonie, les périodes de repos et celles de dénudation ont été fort longues, tandis que sur la côte du
grand Océan, les terrasses situées à diverses hauteurs
dans les vallées ne permettent pas la même conclusion.
Peut-être cette différence tient-elle à ce que, sur ce
dernier côté, le voisinage des phénomènes volcaniques
aura concouru à des accélérations locales et temporaires
de soulèvement.

Si nous comparons actuellement l'étendue du sol soulevé avec la position des débris organiques des deux côtés
du continent, nous reconnaîtrons que sur l'Atlantique
les coquilles ont été rencontrées par places, depuis l'est
de la Terre-de-Feu jusqu'à 1180 milles au nord, et, sur
l'océan Pacifique, dans une étendue de 2075 milles. Des
deux côtés elles se montrent à la même latitude, sur une
longueur de 775 milles. Le sol de la Patagonie paraît
avoir été soulevé en masse, mais peut-être n'en a-t-il pas
été de même dans la région de la Plata.

On voit enfin que, dans l'Amérique du Sud, au moins

dans les deux régions géographiques dont nous venons
de parler, on n'a point rencontré de témoignages physiques ni de preuves zoologiques qui établissent que ces
divers phénomènes soient tous incontestablement quaternaires ; mais la troisième région géographique qui nous
reste à examiner nous fournira surabondamment des
preuves de la seconde sorte.

TROISIÈME SECTION.

DÉPÔT DES PAMPAS.

Deux naturalistes nous ont particulièrement fait connaître le dépôt ou limon des Pampas, à des points de vue
un peu différents à la vérité, mais qu'il nous sera facile
de concilier en considérant les résultats de leurs recherches d'une manière plus générale qu'on ne le pouvait faire à l'époque où écrivaient MM. Ch. Darwin et
Alc. d'Orbigny.

Le dépôt des Pampas est une terre argileuse, d'un brun
rouge foncé, légèrement endurcie, renfermant parfois
des lits horizontaux de concrétions marneuses, qui passent souvent à une roche tantôt compacte, tantôt caver-
neuse, ou bien à un tuf calcaire appelé *tosca* (1). La terre
jaune ou limon ne contient pas ordinairement de carbonate de chaux. Dans la plaine de Buenos-Ayres, élevée
de 9 à 12 mètres au-dessus de la mer, le limon est d'une
teinte pâle ; il renferme de petits nodules presque blancs
et des couches irrégulières d'une variété arénacée de
tosca. On a trouvé du sable au-dessous jusqu'à une profondeur de 30 mètres. Sur quelques points un peu plus
élevés de ces immenses plaines, on y remarque une grande

_____

(1) Cette roche n'a aucun rapport avec la *tosca* de Ténériffe, qui est
un tuf ponceux.

quantité de petites coquilles d'eau saumâtre (*Potamomya*
ou *Azara labiata*), dont l'espèce vit encore dans les
vases de la Plata, au-dessous de la ville. Deux sondages
exécutés récemment à Buenos-Ayres et à Barracas, pour
la recherche des eaux artésiennes, ont fait connaître que
le dépôt des Pampas, avec la tosca et les sables grossiers
à *Potomomya labiata*, avait en ce point une épaisseur
totale de 63^m,64 ; il repose sur des argiles tertiaires
vertes et des sables marins, coquilliers de 32^m,59, auxquels succèdent des argiles rouges calcarifères, marneuses et sableuses, jusqu'à la profondeur de 144^m,27
au-dessous du niveau du fleuve (1). De ce point au
rio Colorado, sur une étendue de 400 milles géographiques, règne ce dépôt, qui devient plus calcarifère vers
le sud. Des plaques de *Glyptodon*, des os de *Megatherium*
et d'autres mammifères y ont été recueillis.

A 30 milles au sud, la petite chaîne de quartzite de
Talpaguen est bordée, au nord et au midi, par des collines étroites, aplaties au sommet et composées de tosca.
Jusqu'à la chaîne quartzeuse de la sierra Ventana, on
rencontre toujours des lits marneux ou calcaires. Ces
derniers entourent aussi la chaîne, qui atteint 1018 mètres d'altitude, tandis que la plaine environnante se
maintient à 256 mètres.

Les bords de la Sauce, au sud-est de la sierra Ventana,
montrent, sur une hauteur de 61 mètres, la tosca à la
partie supérieure, et le limon pampéen rouge vers le bas.
A 20 milles au sud de Bahia-Blanca, règne une petite
série de collines de 30 à 60 mètres d'élévation, formées
de tosca reposant sur un limon rougeâtre, et dirigée
O.-N.-O., E.-S.-E. Au sud de celles-ci, la plaine s'abaisse
vers le rio Colorado, et bientôt commence le grand dépôt de gravier et de cailloux roulés de la Patagonie. Au

(1) *Quart. Journ. geol. Soc. of London*, vol. XIX, p. 68, 1862.

delà du Colorado, affleurent au-dessous les couches tertiaires ou grès du rio Negro.

Au mont Hermoso, la côte de Bahia-Blanca présente
sur une hauteur de 30 mètres, quatre couches presque
horizontales qui sont de haut en bas : 1° grès de 6 mètres d'épaisseur avec des cailloux de quartz, divisé en
lits obliques et désagrégé à la surface; 2° banc de grès
dur, foncé, peu épais; 3° argile des Pampas, d'une teinte
pâle; 4° roche semblable, plus foncée avec des lits de
tosca concrétionnée, mouchetée et peu compacte. Des
sondages ont constaté l'existence de la tosca et du limon
rouge jusqu'à plusieurs milles de la côte et jusqu'à une
profondeur de 30 mètres. Les couches inférieures précédentes renfermaient des coquilles microscopiques, des
Phytolitharia, des ossements de *Ctenomys antiquus*, des
rongeurs et un grand mégathéroïde.

La coupe de Punta-Alta, dans la baie de Bahia-Blanca,
présente de bas en haut ou dans un ordre inverse de la
précédente : 1° un gravier stratifié, cimenté par une
substance calcaréo-sablonneuse, et renfermant beaucoup
d'ossements de grands mammifères et des coquilles;
2° limon rouge argileux, veiné, avec quelques cailloux et
des os de mammifères dasypoïdes : cette couche ressemble au limon des Pampas; 3° gravier stratifié pareil
au précédent, se mélangeant insensiblement avec le
limon argileux rouge. Vers le haut, le gravier domine,
les coquilles sont abondantes, et l'on trouve des débris
de *Megatherium*. Le tout est recouvert transgressivement
par une terre sablonneuse, avec des cailloux de quartz,
de pumite, de phonolite et des coquilles terrestres et
marines.

Toutes les espèces de coquilles des lits de cailloux, au
nombre de 23, vivent encore sur la côte, et beaucoup
d'entre elles dans la baie même; elles y sont en outre
dans la même proportion, et 4 ou 5 sont semblables à

celles des buttes de la plaine de Buenos-Ayres. Les restes de mammifères appartiennent aux espèces suivantes : *Megatherium Cuvierii*, *Myalonyx Jeffersonii*, *Mylodon Darwinii*; un autre grand édenté, *Scelidotherium leptocephalum*, *Toxodon platensis*, *Equus curvidens*, *Macrochenia patagonica*, et un grand dasypoïde. La prédominance des édentés est ici remarquable, et l'absence de rongeurs contraste avec ce que l'on observe au mont Hermoso. Parmi ces ossements, il y en a de roulés et de brisés ; d'autres, parfaitement conservés, prouvent que les animaux avaient été transportés entiers à la place même où nous trouvons leurs débris.

Ainsi, sur ce point, 7 genres de mammifères éteints sont associés à 20 espèces de coquilles, des Balanes, et 2 espèces de polypiers, qui tous vivent sur la côte voisine, circonstance tout à fait analogue à ce que nous avons vu dans l'Amérique du Nord et en Europe, et qui ne peut être invoquée contre la non-contemporanéité des uns et des autres, car c'est un caractère de la faune de cette époque. A Port Saint-Julien, dans la Patagonie, à 560 milles au sud du rio Colorado, les dépôts contemporains renferment encore des mammifères dont nous parlerons ci-après.

Si maintenant nous étudions le limon des Pampas au nord de la Plata, de Buenos-Ayres à Santa-Fé Bajada et dans l'Entre-Rios, nous le verrons occuper partout la surface du sol et présenter des débris de grands mammifères. Dans la falaise qui borde le Parana, à San-Nicolas, le limon renferme un peu de tosca et sa stratification est bien prononcée. A Rosario, apparaissent les traces d'un dépôt plus ancien d'argile jaunâtre avec de nombreux cylindres de grès ferrugineux. Dans l'argile rouge qui le recouvre, deux squelettes gigantesques de Mastodontes (*M. Andium*) ont été découverts, et une dent de *Toxodon platensis* y a été recueillie sur les bords de la Caracana. A

Santa-Fé Bajada, le dépôt quaternaire recouvre des grès, des calcaires et des argiles remplis de dents de squales et de coquilles indiquant des sédiments tertiaires, mais peu anciens.

La formation des Pampas renferme aussi des restes de grands mammifères jusqu'à sa base, et comme dans cette partie inférieure on a trouvé 7 infusoires et 13 *Phytolitharia* connus, excepté deux, et dont le plus grand nombre sont d'eau douce, on doit admettre qu'ici, comme à Bahia-Blanca, les couches se sont formées dans des eaux saumâtres.

Dans la Banda-Orientale, les roches primaires sont recouvertes d'un limon noir peu épais, souvent plus sablonneux que celui des Pampas, avec de petits fragments de quartz et peu de tosca. Vers Maldonado, Montevideo et plus à l'ouest, le limon repose sur des sables stratifiés tertiaires, puis sur les roches cristallines.

Un des caractères les plus remarquables du limon des Pampas, dit M. Darwin, est sa vaste étendue. Ainsi, il a pu l'étudier du Colorado à Santa-Fé Bajada, sur une longueur de 500 milles géographiques, et Alc. d'Orbigny l'a signalé 250 milles plus au nord. A la latitude de la Plata, le savant naturaliste anglais l'a examiné sur un espace de 300 milles, de Maldonado à la rivière de Caracana, et de son côté, d'Orbigny pense qu'il se prolonge encore 100 milles plus à l'ouest. Cette surface serait donc égale à celle de la France et peut-être beaucoup plus considérable. Au sud de Mendoza, un bassin entouré de falaises de gravier, et à 1000 mètres d'altitude, offre un dépôt du même genre, et nous avons dit que les mammifères qui le caractérisent avaient été rencontrés à Port-Saint-Julien, 560 milles au sud du Colorado. Dans les provinces de Moxos et de Chiquitos, à 1000 milles au nord des Pampas, de même que sur le plateau de la Bolivie, à 4000 mètres d'altitude, Alc. d'Orbigny a décrit des dépôts analogues, qu'il regarde aussi comme contemporains et résultant des mêmes agents.

La constance des caractères minéralogiques de la formation des Pampas, et les débris de mammifères qu'on y rencontre dans l'Uruguay, l'Entre-Rios et jusqu'au sud du Colorado, doivent faire penser que le tout s'est déposé pendant une même période. Les restes de mammifères existent d'ailleurs à toutes les profondeurs, et nulle part on n'aperçoit de traces d'une grande dénudation superficielle. Dans les limites des vraies Pampas, il n'y a, à la vérité, que la *Potamomya labiata* qui vive encore, et se trouve dans la tosca des environs de Buenos-Ayres ; mais on a vu qu'à Punta-Alta, les mammifères éteints qui caractérisent essentiellement cette époque, étaient ensevelis avec 20 espèces de coquilles, 1 Balane et 2 polypiers qui tous vivent à présent sur la côte. Il y a donc lieu d'admettre que ces derniers fossiles sont quaternaires, quoique plus anciens peut-être que les buttes ou *conchillas* formées par la *Potamomya labiata.*

Il serait superflu, messieurs, de vous entretenir ici des hypothèses auxquelles a donné lieu le mode de formation de ces dépôts, ainsi que des opinions différentes émises par les deux savants voyageurs à qui nous sommes redevables de la plus grande partie de ces précieuses observations ; ce serait entrer dans le domaine particulier de la géologie, et vous trouverez tout ce qui se rapporte à ce sujet dans un livre que nous avons publié il y a déjà quelques années (1).

Si, nous éloignant actuellement de la Patagonie et de la Terre-de-Feu, nous quittons la région des Pampas proprement dite pour remonter vers le N., jusque sur le plateau de la Bolivie, où se montrent des dépôts analogues à ceux que nous venons d'étudier dans les plaines de la

(1) *Histoire des progrès de la géologie,* vol. II (1848), p. 392-93.

Plata, nous trouverons d'abord la ville de la Paz, bâtie, à
3717 mètres d'altitude, sur une alluvion ancienne aurifère
très-puissante, composée d'argile, de sable et de cailloux,
se prolongeant fort loin le long du rio de la Paz. Entre
cette ville et Oruro, la plaine de Coracollo est couverte
du limon rouge de la plaine orientale qui occupe tout le
plateau de la Bolivie. Ses caractères sont très-uniformes
le long du cours du Dasaguadero, depuis le lac de Titicaca jusqu'à la lagune de Pansa. Des ossements de Mastodonte et d'autres grands mammifères paraissent y être
assez fréquents, de même que dans les brèches osseuses
des bords du lac, près de Puno, où ils ont été recueillis
par M. de Sartige. M. Pentland a rapporté aussi des os de
Mastodonte de Taquire, l'une des îles du lac de Titicaca,
à 3950 mètres au-dessus de la mer.

Sur le versant oriental de la Cordillère, sont des argiles jaunes que l'on suit depuis Palametas, au confluent
du Piray avec le rio Grande, et dans lesquelles Alc.
d'Orbigny a rencontré des ossements de mammifères qui
dépendraient encore de la formation des Pampas. Celle-
ci occupe toute la province de Moxos, reposant sur le
terrain tertiaire ; se retrouve dans le pays des Chiquitos,
aux environs de Santa-Cruz, au fond de la vallée de Tarija, l'une des localités les plus riches en mammifères
fossiles de cette époque, comme on le savait déjà d'après
les recherches de Joseph de Jussieu, qui remontent à
plus d'un siècle, et comme l'ont confirmé celles de
M. Weddell, dont nous parlerons plus loin ; puis enfin le
plateau de Cochabamba, à 2575 mètres d'altitude. De
sorte que, bien que partout horizontal, ce dépôt n'aurait aucun niveau qui lui soit particulier.

Messieurs, malgré l'étendue de cette leçon, justifiée à
vos yeux, nous l'espérons, par la grandeur et la variété
du sujet, elle n'est cependant qu'une sorte d'introduction

à l'examen particulier de la faune qui peuplait ces immenses surfaces de l'Amérique méridionale ; ce n'est que le cadre du tableau plus animé que nous essayerons de retracer dans la leçon prochaine.

DIX-SEPTIÈME LEÇON

Faune quaternaire de l'Amérique méridionale

QUATRIÈME SECTION.

MAMMIFÈRES DU LIMON DES PAMPAS.

Messieurs,

Après vous avoir exposé rapidement les caractères et
la distribution des dépôts quaternaires de l'Amérique
du Sud, puis ceux des restes d'animaux invertébrés qu'on
y a signalés, nous devons nous occuper plus spéciale-
ment, à cause de leur grande importance, des restes
d'animaux vertébrés, si répandus dans les dépôts meubles des Pampas, et qui, par leurs variétés, leurs dimensions, l'étrangeté de leurs formes, non moins que par
leur abondance, impriment à la faune des mammifères
de cette époque un caractère particulier. Le tableau,
même abrégé, de cette réunion de grands animaux qui
peuplaient les plaines immenses de la Patagonie, des bassins de la Plata, du Paraguay, du Parana et de l'Urugay,
depuis la pente orientale des Cordillères jusqu'aux
rivages de l'Atlantique, est certainement un des plus
curieux que puisse nous offrir la paléozoologie.

CARNASSIERS. — Toutes proportions gardées, les restes

de carnassiers sont infiniment moins nombreux que ceux des autres ordres. Ce fait est-il dû à ce qu'ils auraient échappé aux circonstances d'enfouissement qui nous ont conservé les autres, ou bien à la rareté réelle de ces animaux? C'est ce que nous ne saurions dire encore. Quoi qu'il en soit, nous ne voyons signalées que les traces certaines de trois espèces appartenant à trois genres très-différents : un Ours, un *Felis* et un Chien.

M. le vice-amiral Dupotet a recueilli près de Buenos-Ayres des restes d'Ours associés avec des ossements de *Mastodon Humboldtii*, de *Toxodon platensis*, de *Glyptodon*, etc., et parmi lesquels M. P. Gervais a reconnu un fragment de mâchoire inférieure, avec la carnassière et l'avant-dernière molaire, un astragale et quatre métatarsiens, qui lui ont indiqué l'existence d'une espèce presque aussi grande que l'*Ursus spelæus*, si répandu dans les dépôts quaternaires de l'Europe. Il lui a donné le nom d'*U. bonariensis*.

Le même zoologiste a fait remarquer que les restes de ce genre signalés par M. Weddell à Tarija, en Bolivie, doivent être rapportés à un grand *Felis*, intermédiaire, dit-il, par ses dimensions, entre le Jaguar et le Lion, ayant les fortes proportions du premier et du Tigre, mais d'une taille un peu inférieure au *Felis smilodon* des cavernes du Brésil. Ces restes consistent en divers os des membres et des extrémités. Quant au Chien, ses débris ont été recueillis par Alc. d'Orbigny, sur les bords du Parana, et décrits par Laurillard, sous le nom de *C. incertus*, puis par de Blainville, sous celui de *C. Azaræ*.

Rongeurs. — Parmi les ossements qu'a recueillis M. Weddell dans la vallée de Tarija, M. P. Gervais a distingué des restes de Cabiai, qui ne paraissent pas différer de l'espèce actuelle (*Hydrochœrus capybara*), signalée aussi dans les cavernes du Brésil. Le *Kerodon antiquum*, Laur., a été trouvé par Alc. d'Orbigny dans le limon des pampas du Parana ; le *Ctenomys bonariensis*, id., dans celui de Buenos-Ayres, et le *Ct. priscus*, Owen, par M. Darwin, dans les dépôts du même âge de Bahia-Blanca, en Patagonie.

PACHYDERMES. — *Mastodon.* — Le genre Mastodonte, que nous avons vu s'étendre dans l'Amérique du Nord, jusqu'au delà du 45ᵉ degré, puis vivre sous le tropique du Cancer et sous l'équateur, dans la région élevée du Pérou, a pénétré au sud dans la région des Cordillères, comme dans celle des Pampas, jusqu'au 35ᵉ degré. Les deux espèces qui le représentent dans l'Amérique méridionale ont donné lieu à une certaine confusion que n'avaient jamais occasionnée les restes de Mastodonte de l'Ohio, si nombreux et si complets, qu'ils devaient conduire de suite à une détermination exacte. Nous avons déjà rapporté tout ce qui avait trait à la découverte de ces grands mammifères jusqu'à la publication de la seconde édition des *Recherches sur les ossements fossiles*, en 1822 (1), il nous reste à exposer en quelques mots ce qui a été fait depuis.

Le *Mastodon Andium*, Cuv., ou *Mastodonte des Cordillères*, Desm., avait souvent été pris, comme on l'a vu, pour le *M. angustidens* du terrain tertiaire moyen de l'Europe, et il fut maintenu comme tel par Laurillard, tandis que de Blainville rapportait tous les échantillons provenant de l'Amérique méridionale à une seule espèce, le *M. Humboldtii.* M. P. Gervais, qui eut occasion de comparer beaucoup de matériaux recueillis par MM. Weddell, Lewy et Gay, a pu éclaircir ce qui se rattache à cette question, et reconnaître que les dents molaires provenant des recherches de ces voyageurs et de celles

____

(1) *Cours de paléontologie stratigraphique*, 1ʳᵉ partie, p. 234.

de leurs prédécesseurs, Dombey, J. de Jussieu et de Humboldt, pouvaient être rangées dans deux catégories différentes, suivant leurs dimensions et les figures que la détrition fait apparaître sur leur couronne. A la première appartiennent les dents du Pérou et de la Bolivie, qui sont plus étroites que les autres, dont elles diffèrent aussi comme diffèrent entre elles celles des deux espèces établies aux dépens du *M. angustidens* de Cuvier. La couronne ne présente, à chaque colline, qu'un seul trèfle, qui se trouve en haut sur la moitié interne de la couronne, et en bas sur la moitié externe.

Mastodon Humboldtii. — Les dents de la seconde espèce, qui doit conserver le nom de *M. Humboldtii*, quoique M. Gervais ne puisse affirmer que l'échantillon qui a servi de type à Cuvier appartienne plutôt à une catégorie qu'à l'autre, sont proportionnellement plus grosses, et leur couronne présente à chaque colline deux figures de trèfle adossées par la base, qui se trouve à peu près sur la ligne médiane.

La plus grande partie des échantillons figurés par de Blainville doivent se rapporter à cette espèce, qui était probablement la plus répandue, car nous voyons que les neuf dixièmes des échantillons des collections d'Angleterre, provenant de l'Amérique du Sud, en font aussi partie.

Ces deux Mastodontes ressemblent assez, du moins par leurs dents, à celui d'Europe, dont on les avait rapprochés d'abord (*M. angustidens*, Cuv.); et d'un autre côté, M. Falconer, dans sa nouvelle classification, basée sur le nombre de collines de chaque dent, et en particulier de la première et seconde molaire persistante, réunit le *M. Andium* à ses *tetralophodon*, ou molaires moyennes à quatre rangées de tubercules, et le *M. Humboldtii* à ses *trilophodon*, ou molaires à trois rangées. L'examen des figures données par M. P. Gervais lui suggère, en outre, quelques doutes sur une dent du *Mastodon Andium*, qui tendrait à faire croire que les deux formules dentaires se trouvent réunies dans cette espèce.

L'étude comparative plus détaillée des dents de ces deux Mastodontes montre, en outre, que celui des Andes manquait d'incisives inférieures ; les supérieures étaient longues, en forme de défenses, comme celles des Éléphants. Plusieurs de ces défenses, ayant jusqu'à $2^m,20$, ont été rapportées de Tarija par M. Weddell. Par les caractères des os du squelette, M. Gervais a pu reconnaître aussi que cette espèce était plus trapue que certaines espèces du même genre et que les Éléphants ; les os longs qui ont été figurés viennent appuyer cette conclusion.

Le *M. Andium* a été trouvé au Chili, à Tarija et au Pérou ; c'est probablement à cette espèce que se rapportent les débris trouvés sur la montagne volcanique d'Imbaburra, à 2400 mètres d'altitude, aux environs de Quito, dans la cordillère de Chiquitos et près de Santa-Cruz de la Sierra. M. R. Owen cite aussi des restes de Mastodonte recueillis par M. Darwin à Santa-Fé, dans l'Entre-Rios, sur les rives du Tercero, et qui seraient très-voisins du *M. angustidens*. Ils pourraient par conséquent avoir appartenu au *M. Andium*. D'un autre côté, le *M. Humboldtii* a été recueilli aux environs de Buenos-Ayres, au Brésil, près de Concepcion, et à Santa-Fé de Bogota, en Colombie, de sorte que les deux espèces se seraient également étendues de part et d'autre de l'équateur.

Equus. — De même que dans l'Amérique du Nord, le genre Cheval a existé dans l'Amérique méridionale pendant l'époque quaternaire ; il en a disparu aussi avec les grandes espèces de mammifères contemporains et y a été ensuite réintroduit par l'intermédiaire de l'homme, après la conquête du pays par les Européens, depuis la fin du xv° siècle.

Deux espèces paraissent avoir existé dans la région

qui nous occupe, ce sont l'*E. neogœus*, Lund, et l'*E. De-villei*, Gerv.

La première indication de restes de Cheval dans les Pampas est due à M. Ch. Darwin, qui en recueillit des dents à Punta-Alta, avec des os d'édentés et de *Toxodon*, et à Santa-Fé, dans l'Entre-Rios, avec des restes de Mastodonte. Ils ont été mentionnés et figurés par M. R. Owen, d'abord dans sa Zoologie du *Voyage du Beagle*, et ensuite désignés par lui sous le nom d'*E. curvidens*. M. Gervais, qui a pu comparer un assez grand nombre d'échantillons provenant de Tarija, regarde ce Cheval des Pampas comme le même qu'avait décrit M. Lund, et provenant des cavernes du Brésil. En comparant, en effet, la figure 2, planche VII, de M. Gervais, avec celle qu'a donnée M. Owen, on trouve qu'elles ne diffèrent que parce que l'une d'elles est renversée; nous pensons donc que le nom imposé par M. Lund peut être conservé, en introduisant en outre dans la synonymie l'*E. macrognathus* de M. Weddell, l'*E. americanus*, Gervais (*in* Gay), *non* id., Leidy. Quant à l'assimilation de cette même espèce avec celle de l'Amérique du Nord, admise par M. Leidy, mais rejetée, à ce qu'il semble, par M. Gervais, on a vu ci-dessus que nous l'avions adoptée sur l'opinion du premier de ces zoologistes.

M. Gervais fait remarquer que, dans l'*E. neogœus* ainsi compris, le métatarse, comme l'avait dit M. Lund, est sensiblement plus large et plus plat que dans tous ceux des chevaux vivants; ensuite les mâchoires provenant de Tarija sont proportionnellement plus longues que celles des chevaux ordinaires; la barre est plus étendue, d'où le nom de *E. macrognathus*, qui lui avait été d'abord assigné. Quant aux dents, peu différentes de celles des chevaux actuels, les linéaments résultant de l'usure de la couronne se modifiaient également avec l'âge pour les molaires inférieures comme pour les supérieures.

L'*E. Devillei*, que M. Lund avait encore signalé dans
les cavernes du Brésil, mais sans lui donner de nom,
s'est rencontré avec le précédent à Tarija. Les figures
données par M. Gervais d'une portion de mâchoire inférieure rapportée de cette dernière localité par M. Weddell ne présentent pas de différences bien caractéristiques. La taille était sensiblement moindre. L'auteur
remarque que les dents, nécessairement plus petites,
offrent les linéaments de la couronne moins contournés,
ce qui s'accorde avec une forme moins carrée et plus
étroite de la dent elle-même.

Macrauchenia (cou long). — M.-R. Owen a décrit sous
le nom de *Macrauchenia patagonica*, des os des membres et
des extrémités recueillis par M. Darwin dans le dépôt
de Port-Saint-Julien, en Patagonie. Ces restes proviennent incontestablement d'un grand mammifère ongulé,
dont le fémur présente trois trochanters, dont les métacarpiens et les métatarsiens sont distincts à tous les âges
et en nombre impair. Un astragale analogue à ceux des
Tapirs et des Rhinocéros prouve que c'était un pachyderme herbivore. La longueur du cou était surtout remarquable. Les vertèbres cervicales, fort allongées, rappellent celles du Lama, et annoncent une tête grêle,
légère et sans trompe. Les trois doigts, presque égaux,
se terminant par de petits sabots, rappellent ceux des
Tapirs et des *Palæotherium*. La tête de cet animal n'est pas
connue ; le peu de dents molaires qui ont été observées
dénotent une certaine ressemblance avec celles de ce
dernier genre ; la dernière molaire d'en bas paraît man-
quer du troisième lobe, et les prémolaires seraient plus
simples que dans le genre tertiaire. En les comparant
avec celles du Rhinocéros, on trouve qu'elles sont aussi
au nombre de 7, la dernière n'ayant que deux lobes
sans talon ou troisième lobe, comme on vient de le dire.

Ce *Macrauchenia*, qui devait être de la taille des Rhinocéros et des Hippopotames de nos jours, habitait ainsi l'extrémité sud de la Patagonie, les environs de Tarija et de Buenos-Ayres, c'est-à-dire les points les plus éloignés et au centre même des Pampas. Le *M. boliviensis* Huxl. a été rapporté plus récemment des mines de Corocoro (Bolivie). Il est de moitié plus petit que le précédent.

RUMINANTS. — Le *Toxodon* (dents arquées) est encore un grand herbivore de la taille du *Machrauchenia patagonica*, connu d'abord par un crâne trouvé dans le Sarandis, petit cours d'eau affluent du rio Negro, à 120 milles au nord-ouest de Montevideo. M. R. Owen, qui l'a décrit et nommé *T. platensis*, fait remarquer la forme déprimée de ce crâne, surtout dans la région occipitale; sa cavité intérieure petite, les arcades zygomatiques grandes et fortes. Il n'y a que deux sortes de dents, des incisives et des molaires, comme dans les proboscidiens. Les quatorze molaires sont implantées en sens inverse de celles des rongeurs, la convexité tournée en dehors. Les sept de chaque côté sont toutes inégales et dissemblables, la première étant sub-cylindrique, les suivantes bilobées et de plus en plus allongées jusqu'à la sixième; la septième, un peu moins grande, est sub-trilobée. Elles sont longues, arquées, sans racine. L'émail constitue un tube irrégulier, prismatique, cannelé ou sillonné; quatre incisives sont composées comme celles des rongeurs; les intermédiaires, petites; celles des extrémités, grandes; les barres sont médiocres.

La mâchoire inférieure porte aussi sept molaires de chaque côté, différentes des supérieures : la première simple, trigone, à angles arrondis; les deux suivantes, allongées, concaves en dedans, avec un sinus en dehors; les trois dernières, de plus en plus allongées, concaves en dedans, avec deux plis ou sinus et un en dehors; six incisives triangulaires, à angles arrondis, sont disposées en demi-cercle.

M. Villardebo a rapporté du voisinage de la Plata divers os de cet animal, qui ont été étudiés par M. Gervais. L'humérus, entre autres, rappelle celui du Rhinocéros, et mieux encore celui de l'Hippopotame, quoique plus fort et plus robuste; le cubitus est plus robuste que dans ces deux genres, tandis que le fémur offre une minceur relative, qui paraîtrait extraordinaire, si le même contraste ne s'observait entre les os correspondants de l'Hippopotame.

Les analogies multiples du *Toxodon* sont assez remarquables. Ainsi, par ses incisives, il ressemble aux rongeurs ; par la petitesse du cerveau, l'aplatissement de l'occiput, le nez largement ouvert en dessus, il rappelle un cétacé; par ses molaires, ses formes lourdes et ses jambes courtes, il a de l'analogie avec les édentés, ses contemporains; enfin, par la réunion des molaires et des incisives, ainsi que par sa forme générale, il se rapproche des pachydermes.

Le *Toxodon platensis* était de la taille de l'Hippopotame ou d'un Rhinocéros de nos jours. Il a été trouvé aux environs de Buenos-Ayres, sur le Parana, à Bahia-Blanca, par M. Darwin, et à Tarija, par M. Weddell.

Une seconde espèce, presque de la même taille que la précédente, paraît avoir été découverte aussi aux environs de Buenos-Ayres, et a été mentionnée par M. Owen sous le nom de *T. angustidens*. Enfin, une troisième, fort douteuse, est le *T. paranensis*, faite d'après un humérus rapporté des rives du Parana par Alc. d'Orbigny.

Nesodon. — M. R. Owen proposa, en 1846, et décrivit plus complétement, en 1853, le genre *Nesodon*. Ce sont des herbivores voisins du *Toxodon*, et dont les dents sont remarquables par les nombreux plis de l'émail qui, en pénétrant à l'intérieur, montrent, lorsque la couronne est usée, des portions isolées, caractérisant le genre, et ayant servi à le dénommer.

L'auteur lui assigne 44 dents, présentant à chaque mâchoire 6 incisives, 2 canines, 8 prémolaires et 6 molaires. Ces dents, inégales et très-différentes, sont en série continue, placées obliquement, et se recouvrant comme des tuiles. Les incisives, tranchantes ou en biseau, s'élargissant vers le haut et légèrement courbées; les canines, petites, ne dépassant pas les prémolaires voisines, dont elles ne sont pas plus éloignées que de la troisième incisive. Molaires supérieures à couronne comprimée transversalement, courbées, plissées en dehors, présentant en dedans deux plis d'émail plus ou moins compliqués, laissant des portions isolées à l'intérieur. Molaires inférieures à couronne transversalement comprimée, longues, étroites, divisées en deux lobes inégaux par un sinus longitudinal externe, tous deux ayant un pli d'émail, complexe dans celui qui est en arrière. Dans le texte comme dans les figures, la troisième vraie molaire indiquée dans la formule générale ne se trouve pas.

M. Owen a distingué dans ce curieux genre quatre espèces : le *N. imbricatus*, de la taille du Lama ; le *N. Sulivani*, de la taille du Zèbre ; le *N. ovinus*, de la taille de la Vigogne ou d'un gros Mouton, et le *N. magnus*, qui, d'après la dent qui a servi à le caractériser, serait aussi grand qu'un Rhinocéros. Quant au gisement de ces fossiles, on doit faire remarquer que le dépôt de la Patagonie au sud de Port-Saint-Julien, où ils ont été recueillis par M. Sulivan et M. Darwin, est d'un âge incertain, et que le dernier de ces voyageurs le suppose plus ancien que les couches à *Macrauchenia* de la même région.

Auchenia. — On sait que le genre Lama n'a de représentants aujourd'hui que dans l'Amérique méridio-

nale, et c'est aussi dans cette partie du globe qu'il a été
trouvé à l'état fossile dans les dépôts quaternaires et
dans des cavernes. Il a été d'abord signalé dans ces dernières, et ensuite des ossements assez nombreux rapportés de Tarija ont été examinés par M. Gervais, qui, y
distinguant des individus certainement de tailles différentes, a pensé qu'il pouvait y avoir trois espèces.

L'une, l'*Auchenia Weddellii*, la plus grande des trois,
était aussi plus grande que l'espèce actuelle ; elle a été
déterminée d'après les canines, un astragale et des phalanges. Une seconde, l'*Auchenia Castelnaudi*, de taille
moindre, mais dépassant cependant encore le Lama domestique ou Alpaca, a présenté une portion de mâchoire
supérieure avec ses molaires, des portions de mâchoires
inférieures et quelques os des membres. La troisième,
l'*Auchenia intermedia*, se sépare moins nettement des
formes actuelles, quoique en étant encore distincte, ainsi
que de la Vigogne. Un fragment de maxillaire inférieur
et plusieurs os ont permis sa détermination.

Un caractère propre au genre, et qui s'observe dans
tous ces échantillons, c'est, aux deux dernières molaires,
un élargissement antérieur entouré d'émail, et formant
un talon transverse. La molaire antérieure présente
aussi un repli en avant, plus ou moins prononcé, suivant
les espèces. Or, ces replis produisent au dehors une
colonnette qui diminue de haut en bas. Dans le genre
Bœuf, la colonnette est médiane, en rapport avec un repli
de toute la hauteur de la couronne ; dans le genre Cerf,
il n'y a au contraire qu'un commencement de colonnette
partant de la base de la couronne, à l'intérieur en haut,
à l'extérieur en bas. Les Antilopes, les Moutons et les
Chèvres n'ont point d'appendice de cette sorte.

Suilliens. — *Dicotyles collaris*, Lund (*Sus torquatus* de
Blainville). — Cette espèce, citée comme provenant du

Brésil et semblable à l'une de nos jours, aurait été aussi rencontrée à l'état fossile aux environs de Buenos-Ayres.

ÉDENTÉS. — Déjà nous avons vu la faune quaternaire de l'Amérique du Nord réunissant, aux types des grands pachydermes de l'ancien continent, des types également gigantesques, d'un ordre qui manque dans ce dernier. Les édentés nous ont offert, dans les États-Unis du sud et de l'est, les genres *Megatherium*, *Megalonyx* et *Mylodon*, que nous retrouvons aussi dans l'Amérique méridionale, mais associés à une multitude d'autres formes qui donnent à sa faune un caractère encore plus prononcé et plus local.

Cependant, comme le fait remarquer M. P. Gervais (1), elle n'a point, jusqu'à présent, offert de restes de vrais *Bradypus* ou Paresseux, non plus que des *Myrmecophaga* ou Fourmiliers, bien que ce pays soit exclusivement aujourd'hui la patrie des espèces vivantes de ces deux groupes. C'est l'inverse pour les *Dasypus* ou Tatous, qui, avec les espèces éteintes, en montrent associés à d'autres espèces qui vivent encore dans la même région.

Megalonyx. — Nous avons dit (*antè*, p. 207) que le genre *Megalonyx* avait été découvert d'abord dans l'État de Virginie, et que l'espèce avait été désignée sous le nom de *M. Jeffersonii;* c'est encore à elle que M. Owen rapporte une mâchoire inférieure assez fruste, recueillie par M. Ch. Darwin sur les limites nord de la Patagonie, dans la coupe de Punta-Alta, le long de la baie de Bahia-Blanca.

Mylodon (dents en meules). — On a vu également (*antè*, p. 208) que le genre *Mylodon* différait du *Megalonyx*, du *Megatherium* et du *Scelidotherium* par la forme de ses dents autant que ces genres diffèrent entre eux. Chaque

____

(1) *Expédition dans la partie centrale de l'Amérique du Sud*, par M. de Castelnau, 7ᵉ partie, *Zoologie*, 1855.

dent différant de celles qui l'avoisinent, il faut, pour
distinguer les espèces, en posséder au moins la série
complète d'un des côtés de chaque mâchoire. Les *M. Darwinii* et *robustus* de l'Amérique méridionale diffèrent du
M. Harlani des États-Unis du nord.

Le premier, dont une mâchoire inférieure montre les
séries de dents entières, a été trouvé par M. Darwin dans
les falaises de Punta-Alta, à Bahia-Blanca. Les dents sont,
comme dans le *Bradypus*, le *Megatherium* et le *Megalonyx*, dit M. Owen (1), composées d'un pilier central
d'ivoire grossier, recouvert d'une couche mince de bel
ivoire, dense et compacte, et le tout est entouré d'un
épais revêtement de ciment ; mais une couche peu épaisse,
noire, indiquant une grande proportion de matière animale, sépare ces deux dernières zones. Chaque dent a sa
forme particulière. La première, la plus petite et la plus
simple, donne par sa coupe une ellipse ; la seconde, une
figure ovale, plus irrégulière et plus large, légèrement
convexe en dehors et concave en dedans ; la troisième,
un trapèze ou un rhombe à angles arrondis ; la quatrième, ordinairement la plus caractéristique chez ces
animaux, est une exagération de la précédente : les sinuosités interne et externe augmentent de manière que
les deux bords de la couche d'ivoire se touchent, et la
dent prend la forme d'un 8 allongé. La surface inférieure
de la symphyse est caractérisée par deux mamelons
ovoïdes très-prononcés, placés de chaque côté de la
ligne médiane et à moitié de la distance de ses extrémités. C'est jusqu'à présent le seul exemple d'une telle
disposition parmi les édentés vivants et fossiles. Tous les
caractères de cette mâchoire indiquent d'ailleurs un ani-

(1) *The Zoology of the Voyage of Beagle*, 1838, p. 63, pl. XVII,
XVIII, XIX.

mal adulte, et dont la taille était moindre que celle du *M. Harlani*.

La seconde espèce, que M. R. Owen a décrite sous le nom de *M. robustus* (1), a présenté un squelette complet, découvert par M. Pedro de Angelis, à sept lieues au nord de Buenos-Ayres, dans le dépôt limoneux des Pampas. Son tronc, plus court que celui de l'Hippopotame, est terminé en arrière par un pelvis égal en largeur à celui de l'Éléphant, mais plus profond; ce grand bassin osseux repose sur deux membres postérieurs, courts et massifs, terminés par des pieds aussi longs que le fémur, attachés à angle droit avec la jambe, comme dans les plantigrades, et légèrement tournés en dedans. Une queue aussi longue que les jambes de derrière, et proportionnellement aussi épaisse et aussi forte, aidait à supporter l'extrémité large du pelvis et du sacrum. Les pieds de devant ont cinq doigts, et ceux de derrière quatre; les uns et les autres remarquables par les deux doigts extérieurs, courts, larges, qui devaient particulièrement porter le poids du corps. Le crâne, moindre que celui du Bœuf, mais long, étroit, tronqué en avant, était supporté par un col court, composé de sept vertèbres. Ces proportions et ces combinaisons ne se retrouvent dans le squelette d'aucun mammifère existant, mais on les observe dans celui du *Megatherium*, dont nous avons déjà parlé, et sur lequel nous reviendrons tout à l'heure. Les dents, au nombre de 18, 10 en haut et 8 en bas, sont simples, longues, sans racine, et de même épaisseur dans toute leur étendue; excavées en dessous par une profonde cavité conique, déprimées en dessus avec un rebord obtus. Les seconde et troisième molaires d'en bas sont disposées obliquement, ce qui n'a pas lieu dans les troisième et

(1) *Description of the skeleton of extinct gigantic Sloth*, 1842, in-4, avec 24 planches.

quatrième d'en haut qui leur correspondent. En général, les dents de la mâchoire supérieure sont, dans leur coupe, moins allongées que celles de l'inférieure et à angles plus arrondis : les premières, trigones ; les secondes, elliptiques ; les trois suivantes, trigones, à bord sinueux.

La symphyse, beaucoup plus large que dans le *M. Darwinii*, courte, tronquée carrément, d'accord avec tous les autres caractères, indique un animal plus fort que ce dernier, et qui pouvait avoir 3 mètres de long, non compris la queue.

Lestodon. — Le genre *Lestodon*, proposé par M. Gervais (1), a beaucoup d'analogie, dans la conformation du squelette, avec les *Mylodon*, dont il diffère seulement, à ce qu'il semble, par la première paire de dents caniniformes, comme celles du Cholèpe Unau, et plus ou moins écartées des molaires proprement dites. L'auteur y établit deux espèces : La première, le *L. armatus*, était de la taille au moins du *Mylodon robustus*. Des fragments de mâchoires, rapportés de la province de Buenos-Ayres par MM. Villardebo et Dupotet, ont montré que la canine supérieure était prismatique, et plus forte que la première molaire ; celle-ci est subarrondie, un peu aplatie en dedans et séparée de la précédente par une barre. La canine inférieure, aussi portée sur un élargissement de l'os maxillaire, est séparée de la première molaire par une barre très-grande. Les deux premières molaires, ovalaires, arrondies, diffèrent de celles des *Mylodon* connus ; la troisième, au contraire, est bilobée de même. La symphyse de la mâchoire inférieure est fort avancée.

La seconde espèce, le *L. myloïdes*, rapporté du même pays, connue par plusieurs parties de la tête et du sque-

(1) *Zoologie de l'expédition dans l'Amérique du Sud*, de M. F. de Castelnau.

lette, s'écarte moins du *Mylodon robustus* que la précédente. Les dents caniniformes sont moins écartées des molaires. Celles-ci offrent dans leur coupe des figures ovalaires, triangulaires, subrectangulaires, à angles plus ou moins arrondis, et la dernière d'en bas est bilobée ou en forme de 8. Cette espèce n'a point été figurée.

Scelidotherium (animal à long fémur). — La localité de Punta-Alta, déjà si riche en *Toxodon*, *Mylodon* et autres grands mammifères, et si heureusement explorée par M. Darwin, a fourni aussi des restes d'un nouveau genre d'édenté établi par M. R. Owen (1) sous le nom de *Scelidotherium*. Voisin du *Mylodon*, sa tête est plus allongée relativement à la hauteur ; les molaires sont aussi 5 en haut et 4 en bas ; les supérieures sont toutes triangulaires dans leur coupe, et, à la mâchoire inférieure, la première affecte la même forme ; la seconde et la troisième sont un peu comprimées, et la quatrième est grande et bilobée. L'apophyse descendante de l'arcade zygomatique, subovalaire à son bord libre, est, comme on le sait, plus large et inclinée en arrière dans les *Mylodon*, étroite et un peu en crochet dans le *Megatherium*, étroite aussi et plus lancéolée chez le *Lestodon myloides*. Quant à celle du *Megalonyx*, elle n'est pas connue. Le fémur du *Scelidotherium* est l'os le plus remarquable de son squelette par sa longueur et sa largeur, toutes proportions gardées, se rapprochant, sous ce rapport, de celui du *Megatherium* et de l'Oryctérope vivant, plus que de tout autre.

L'espèce désignée sous le nom de *S. leptocephalum* a présenté aussi plusieurs os et des portions de mâchoires, déterminés par M. Gervais, et provenant d'une caverne des Andes du Pérou, au Cerro de Pasco, à 4000 mètres d'altitude. M. de Castelnau a recueilli dans cette même localité, appelée *Sanson Machay*, ou caverne

(1) *The Zoology of the Voyage of Beagle.*

de Sanson, et pêle-mêle, dit-il, avec ces restes d'édentés, des débris de Cerf (*C. paludosus*) et de Bœuf; ces derniers ne différant pas du Bœuf domestique, qui, comme on le sait, n'a été introduit en Amérique que par les Européens. L'état des os d'édenté ne diffère pas non plus de celui des autres, et leur conservation est beaucoup plus parfaite qu'on ne serait porté à le supposer, d'après leur ancienneté.

On doit à M. Weddell deux fragments de maxillaire inférieur, et un très-beau crâne de *Scelidotherium*, que je mets sous vos yeux, et qui proviennent de Tarija, en Bolivie. Un autre, également de la collection du Muséum, provient de Buenos-Ayres, d'où il a été rapporté par M. Dupotet. M. Gervais (1), qui les a comparés avec soin, ne pense pas que, malgré leurs différences, il soit encore possible, vu l'absence de dents bien caractérisées dans l'échantillon de Tarija, de prononcer sur leurs caractères spécifiques, soit pour les réunir, soit pour les distinguer. L'épaisseur et la forme de la mâchoire inférieure du dernier est ce qui le fait remarquer au premier abord.

L'allongement et la dépression extrême du crâne, la forme de l'apophyse descendante, le peu de largeur de la mâchoire inférieure et le prolongement de sa partie antérieure, joints aux caractères des dents, distinguent très-bien ce genre des édentés voisins et des Paresseux de nos jours.

Nous en retrouverons dans les cavernes du Brésil plusieurs espèces, auxquelles nous réunirons les *Platyonyx* de M. Lund.

Megatherium. — Nous avons déjà rapporté, dans la première partie du Cours (2), tout ce qui est relatif à l'histoire de la découverte du *Megatherium* de Buenos-

____

(1) *Loc. cit.*

(2) *Cours de paléontologie stratigraphique*, 1re partie, p. 231.

Ayres, et précédemment (p. 205), les caractères principaux de l'espèce des États-Unis, désignée sous le nom de
M. mirabile, mais que nous ne croyons pas encore différer
de celle des Pampas; il serait donc inutile d'y revenir
en ce moment, si ce n'est pour faire remarquer sa
grande extension géographique, depuis le détroit de
Magellan, les bords de la Plata et de ses affluents, les environs de Tarija, en Bolivie, jusque dans l'Amérique du
Nord. Cet édenté colossal, désigné sous le nom de *M. ame-*
ricanum par Blumenbach, de *M. Cuvieri* par Desmarest,
a été plus récemment l'objet d'un magnifique travail ostéologique de M. R. Owen (1), que nous mettons sous vos yeux, et dont les planches, qui représentent les diverses parties de la tête et du squelette, de
grandeur naturelle, peuvent donner une idée complète
de tous ses caractères comme de ses dimensions.

Un calcanéum, rapporté de Tarija par M. Weddell, paraît à M. Gervais provenir d'une espèce différente de la
précédente.

Glossotherium. — Sous ce nom, M. Owen a désigné un
fragment postérieur de crâne, trouvé par M. Darwin, avec
celui du *Toxodon platensis*, sur les bords du Sarandis, affluent du rio Negro, dans la Banda orientale. L'étude
comparée de ses diverses parties, tout incomplètes
qu'elles sont, le porte à admettre que cette portion de
crâne a appartenu à une espèce d'édenté voisine de
l'Oryctérope.

Dasypides. — La famille des Tatous se distingue facilement de celle des Mégathéroïdes par des molaires plus
nombreuses, un museau plus allongé et des pieds plus
courts, mais surtout par une sorte de carapace solide,

(1) *Memoir on the Megatherium*, etc., in-4, avec 27 planches.
Londres, 1860.

composée de pièces plus ou moins nombreuses et de
formes variables suivant les espèces, enveloppant tout le
corps avec des appendices se prolongeant sur la tête et
la queue. Aujourd'hui les Tatous ne vivent que dans
l'Amérique méridionale, et il semble aussi que ce soit la
seule grande région naturelle où ils aient été trouvés
fossiles et de l'époque quaternaire. Comme dans tous
les autres types de mammifères, les espèces fossiles dont
on a fait plusieurs genres sont beaucoup plus grandes
que leurs représentants actuels.

Glyptodon. — Nous avons déjà donné l'historique de la
découverte du genre *Glyptodon*, et indiqué ses principaux
caractères (1). L'espèce la plus anciennement connue est
celle à laquelle M. R. Owen a donné le nom de *G. clavi-
pes*. Une carapace fut trouvée sur les bords du Pedernal,
gouvernement de Montevideo; M. Woodbine Parish en
recueillit d'autres débris, près du rio Matanza, à 1^m,50 au-
dessous de la surface du sol, à environ 20 milles au sud
de Buenos-Ayres, et ensuite près du rio Negro, dans la
Banda orientale, avec des restes de *Toxodon* et de *Glossotherium*.

L'apophyse descendante de l'arcade zygomatique est
recourbée en arrière; les phalanges unguéales sont courtes et déprimées ; huit molaires en haut et en bas présentent de chaque côté deux sillons longitudinaux. Ces
dents, plus compliquées que dans tous les autres genres
de l'ordre, sont ainsi comme trilobées ou sculptées, d'où
le nom de *Glyptodon*. La carapace se compose de plaques osseuses, intimement soudées, hexagonales, réunies
par une suture dentée, et présentant au-dessus une
double rosette.

Les espèces fossiles diffèrent surtout entre elles par
les caractères des ornements de la carapace : tels sont

____

(1) *Cours de paléontologie stratigraphique*, 1re partie, p. 230.

les *G. reticulatus*, *tuberculatus* et *ornatus*, décrits par
M. Owen, mais ils diffèrent des vivants en ce que ces
carapaces n'ont pas de bandes ou lignes interrompues ;
elles sont parfaitement continues, de manière que l'animal ne pouvait se contracter pour se mettre en boule ;
mais une articulation ginglymoïdale, entre la deuxième
et la troisième vertèbre dorsale, permettait la flexion du
cou pour ramener, sous la carapace, la tête garnie elle-
même d'une plaque formant une sorte de casque aplati.
La queue était entourée d'anneaux solides imbriqués.
Quelques espèces ont jusqu'à 3 mètres et 3^m,25 de long,
et la carapace atteint 1^m,50 de long sur 1 mètre de large.

Les *Glyptodon*, qui doivent comprendre les *Hoplophorus* de M. Lund, ont été trouvés dans les pampas de Buenos-Ayres, près de Santa-Fé, dans la Banda orientale, dans
l'Entre-Rios, sur les rives de la Laguna, près de Guardia
del Monte, au sud de Buenos-Ayres, et l'*Hoplophorus euphractus*, Lund, aurait été rencontré jusque dans les couches de Punta-Alta, en Patagonie. Des fragments de
carapace sont signalés à Tarija avec les autres fossiles
de cette localité, et des restes provenant d'une espèce
qui paraît identique avec l'Encoubert vivant actuellement
dans le pays ; c'est l'*Euphractus sexcincto* ou *Dasypus
sexcinctus*, dont les plaques, en hexagones irréguliers,
sont peu symétriques.

Les Tatous vivants, à l'exception des Tolypeutes, sont
carnivores, tandis que les fossiles sont herbivores.

Schistopleurum. — Sous ce nom, Nodot a décrit en
1856 un Tatou provenant des environs de Montevideo,
et dont les osselets de la carapace sont dissemblables.
Celle-ci est interrompue ou fendue sur les côtés, ce qui
a servi à la désignation du genre. On compte quarante-
deux rangées de ces osselets, qui descendent en arrière,
et dont la plus longue en comprend soixante et dix. Les

anneaux de la queue sont disposés en verticille, tandis
que ceux du *Glyptodon* sont soudés. L'auteur, ayant cru
reconnaître les caractères du genre dans d'autres espèces comprises sous divers noms, en distingue trois
sous ceux de *J. typus, gemmatum* et *tuberculatum* (*Glyptodon,* id., Owen).

Les primates ou quadrumanes, les chéiroptères et les
marsupiaux didelphidés ou Sarigues, manquent dans la
faune des Pampas. Nous allons voir celle des cavernes du
Brésil compléter à cet égard la faune de l'Amérique méridionale, en établissant ses rapports plus intimes avec la
faune actuelle de cette grande région naturelle.

Tels que nous venons d'en esquisser les caractères, les
mammifères fossiles des Pampas nous présentent 36 espèces, réparties dans 22 genres, dont 3 carnivores, 4 rongeurs, 14 pachydermes ou ruminants et 15 édentés. La
prédominance de ces derniers est donc bien remarquable,
si l'on compare surtout leurs dimensions et la variété de
leurs formes avec leurs représentants actuels. De ces
22 genres, plus de la moitié sont éteints, et des 36 espèces, à peine 3 ou 4 sont-elles représentées dans la faune
actuelle du pays.

CINQUIÈME SECTION.

CAVERNES A OSSEMENTS DU BRÉSIL.

Les cavernes à ossements du Brésil sont comprises
entre les rivières das Velas et de Paraopeba, dans la province de Minas Geraës. Le pays forme un plateau élevé
de 600 à 700 mètres au-dessus de la mer et traversé par
une chaîne d'un faible relief. Les couches calcaires horizontales sont criblées de cavernes plus ou moins remplies de terre rouge semblable à celle qui forme le sol

du plateau. Celle-ci, qui s'étend également sur les plaines, les vallées et les collines, est une argile impure, ferrugineuse, passant quelquefois à un minerai de fer pisolithique, et renfermant des lits de gravier et de cailloux de quartz. Les ossements gisent pêle-mêle dans cette terre des cavernes, et M. Lund pense que quelques-uns de ces mêmes animaux peuvent y avoir vécu, d'autres y avoir été entraînés, ou bien y être tombés par accident. L'auteur ne se prononce pas sur l'âge du calcaire où se trouvent ces grottes, et signale seulement sa ressemblance avec le zechstein, tandis que M. Claussen le rapporte au terrain de transition (1).

La couche de limon, suivant ce dernier naturaliste, est quelquefois recouverte de stalagmites, et, dans une des cavernes, il a pu compter jusqu'à sept couches d'ossements, séparées par autant de couches de calcaire concrétionné. Des coquilles fluviatiles et terrestres, paraissant identiques avec celles qui vivent dans le pays, se rencontrent encore dans la terre rouge. Sur un seul point, M. Claussen a recueilli des fragments de poteries, couverts d'une couche mince de stalagmite, et placés au milieu des os de *Platyonyx Cuvieri*, parfaitement conservés, et sans que le sol environnant parût avoir été remué.

Après avoir examiné plus de huit cents cavernes, M. Lund n'a trouvé d'ossements humains que dans six, et il n'y en a qu'une seule où il ait remarqué, à côté des restes humains, des restes d'animaux d'espèces, soit éteintes, soit encore existantes. Ce fait, quoique unique, le porte à admettre que l'homme remonte au delà des temps historiques, et que la race qui vivait dans le pays à l'époque la plus reculée, était, quant à son type général, la même que celle qui l'habitait encore au temps de

(1) Voyez, pour les documents bibliographiques qui se rapportent à ce sujet : *Histoire des progrès de la géologie*, vol. II, 1848, p. 381-385.

sa découverte par les Européens. Cette race était remarquable par la conformation du front, semblable à celle des figures sculptées sur les anciens monuments du Mexique.

Les os humains étaient absolument dans le même état que ceux des animaux, soit d'espèces perdues, soit d'espèces existantes, au milieu desquels ils se trouvaient, entre autres des os de Cheval identiques avec ceux de l'espèce actuelle, qui était inconnue aux habitants avant la conquête. Les anciens crânes humains observés dans diverses parties de l'Europe offriraient la même dépression frontale que les crânes fossiles du Brésil, et la conformation particulière des incisives du type américain, c'est-à-dire une surface plane, broyante, analogue à celle des molaires, et qui se montre également dans les têtes des anciens Égyptiens.

Les haches de pierre trouvées aussi dans les cavernes du Brésil sont identiques, suivant l'auteur, avec celles que l'on rencontre en Europe, mais nous ne savons pas si elles sont simplement taillées, comme celles de nos dépôts quaternaires, ou bien polies, comme celles de l'époque *anté-historique*.

Les recherches de MM. Lund et Claussen ont fait connaître dans cette faune des cavernes du Brésil 115 espèces de mammifères, réparties dans 58 genres ; c'est plus qu'aucun pays n'en a encore présenté, et, pour donner une idée de l'importance paléozoologique de ces découvertes, nous passerons rapidement en revue les principaux groupes d'animaux, en suivant l'ordre adopté par les auteurs.

Édentés (Dasypides ou Tatous). — Les Tatous proprement dits ont présenté deux espèces : le *D. punctatus*, dont les écussons de la cuirasse sont profondément ponctués, et une autre voisine du *D. octocinctus*, qui vit encore, mais dont le museau est plus court. Le *Xenurus*, sous-genre voisin, est représenté par quelques plaques qui le rapprochent du *X. nudicaudis* encore vivant.

L'*Euryodon* n'a offert qu'une seule espèce de la taille d'un petit Cochon, et est caractérisé par des dents comprimées latéralement, d'où le nom d'*E. latidens* que lui a imposé M. Lund. L'*Heterodon*, comme son nom spécifique l'indique aussi (*H. diversidens*), a ses dents inégales et différentes, quant à la forme et aux dimensions. Les antérieures et les postérieures sont en cylindres très-minces; les intermédiaires beaucoup plus grandes; l'une présente dans sa coupe un ovale, l'autre est cordiforme.

Les *Chlamydotherium*, Lund (non *id.*, Bronn; *Oryctero-therium*, Bronn, *non* Harlan), ont présenté deux espèces : les *C. Humboldtii* et *gigas;* l'une de la taille du Tapir, l'autre atteignant celle des plus grands Rhinocéros. Très-voisin du *Glyptodon*, comme le fait remarquer M. Pictet, ce genre peut en être provisoirement distingué, quoique ses molaires soient semblables. Elles sont toutes à peu près égales, et au nombre de 8 en haut et en bas dans les *Glyptodon;* tandis que dans les *Chlamydothe-rium*, les antérieures, plus petites et plus nombreuses, rappellent la disposition des incisives, comme dans les Encouberts (1).

Hoplophorus. — Sous ce nom, M. Lund a décrit plusieurs espèces de Tatous qui, suivant M. Pictet, doivent être réunis aux *Glyptodon;* et, en effet, les dents, pas plus que les plaques de la carapace figurées par le savant naturaliste danois (2), ne semblent autoriser cette distinction. Les *Hoplophorus* ou *Glyptodon euphractus* et *Selloy*, atteignaient la taille du Bœuf ordinaire, et

(1) Voy. fig. 1, pl. XIV, t. VIII, et la pl. XXXIV, t. IX, 1842, des *Mém. de l'Acad. roy. des sc. de Copenhague.*

(2) *Loc. cit.*, vol. VIII, pl. XI, XV, XVI, et vol. IX, pl. XXXV.

l'*H. minor* était moins élevé. A en juger par quelques-unes des plaques figurées par M. Lund, il pourrait bien y avoir un double emploi avec l'une des espèces de la faune des Pampas.

Le *Pachytherium magnum* a été créé par ce savant pour des os des extrémités indiquant un animal avec des formes plus lourdes que les *Chlamydotherium* et les *Glyptodon*, et qui aurait été de la taille d'un grand Bœuf. La place de ce genre reste donc encore à déterminer.

MÉGATHÉROÏDES. — Le *Megatherium Laurillardi*, dont M. Lund figure des dents, est aussi fort incomplétement connu ; ces deux dents ne paraissent différer de celles du *M. Cuvieri*, auquel semblent appartenir celles de la planche suivante, que par leurs moindres dimensions (1).

Les *Platyonyx* de M. Lund seraient un double emploi du genre *Scelidotherium*, Owen, dont nous avons indiqué ci-dessus les caractères. Il en distingue cinq espèces, dédiées à cinq célébrités paléontologiques de notre époque : Cuvier, Buckland (2), de Blainville, Brongniart et Agassiz, plus une sixième de la taille d'un Cochon, et qui, beaucoup plus petite que les autres, a reçu le nom de *P. minutus*.

Les *Megalonyx*, outre le *M. Jeffersoni*, que nous avons vu représenté dans le nord et dans le sud du nouveau continent, et qui est signalé dans les cavernes du Brésil, auraient encore offert dans ce dernier pays, suivant M. Lund, quatre autres espèces, qu'il désigne sous les noms de *M. Cuvieri, Bucklandi, gracilis* et *minutus* (3),

---

(1) *Loc. cit.*, vol. IX, pl. XXXV, XXXVI.

(2) Ces deux espèces ont été aussi, sans doute d'après les extrémités, rapportées au genre *Megatherium*.

(3) *Loc. cit.*, vol. VIII, p. 264, pl. III, IX, X, XVII, XXXI. Dans une liste générale de M. Claussen, on ne trouve que deux espèces citées qui même n'appartiennent pas à ce genre.

mais sur des éléments qui semblent encore bien insuffisants.

Les *Cœlodon*, rapportés d'abord au genre *Megalonyx*,
par le même savant, relieraient seulement ces derniers
aux Paresseux vivants. Ils ont quatre molaires en haut et
en bas, semblables à celles des Paresseux tridactyles;
les ongles très-comprimés; les doigts raccourcis et inégaux, comme les *Megalonyx;* une queue très-puissante,
et probablement prenante. Le *C. maquinense* était de la
taille du Tapir d'Amérique, et le *C. Kaupii* peut-être de
dimensions moindres.

Le *Sphenodon* a des dents coniques et non cylindriques
comme tous les édentés; il avait quatre molaires à
chaque mâchoire, sillonnées ou tricuspides, paraissant
engagées comme des coins dans l'alvéole. La seule espèce connue était de la taille d'un Cochon. Quant au genre
Ochotherium (*O. gigas*), indiqué par M. Lund (1), ce
savant n'en a donné, comme le fait observer M. Pictet,
ni description ni figure.

PACHYDERMES. —Le Mastodonte indéterminé de la liste
de M. Claussen serait probablement le *M. Humboldtii*,
rapporté du Brésil par d'autres voyageurs.

Les Tapirs sont représentés par deux espèces : le
T. suinus, Lund, de la grandeur d'un Cochon de moyenne
taille, et le *T. americanus* actuel ou une espèce très-
voisine.

Les *Dicotyles* ou Pécaris, qui comptent actuellement
deux espèces vivantes en Amérique, en ont présenté cinq
à M. Lund, dans les cavernes du Brésil. L'une d'elles
avait une taille double de la plus grande de nos jours,
et l'autre paraît avoir été plus élevée encore.

Le genre *Cheval* a présenté deux espèces dont nous
avons déjà parlé : l'*E. neogœus* et l'*E. principalis*.

(1) *Loc. cit.*, vol. VIII, pl. XXVI, fig. 10.

RUMINANTS. — De cet ordre, peu répandu aujourd'hui dans le pays, on a trouvé fossiles : 2 espèces de Cerfs, 2 espèces d'*Auchenia* ou Lamas, dont une était plus grande que le Cheval ; 1 *Antilope* (*A. maquinensis*) ; 2 *Leptotherium* (*L. majus* et *minus*), nouveau genre dont nous ne connaissons pas bien la caractéristique en l'absence des dents. Ces espèces se rapprochaient néanmoins des Cerfs, et avaient des formes sveltes, très-élégantes.

CARNASSIERS. — Le genre *Felis* acquiert dans la faune fossile du Brésil une importance qu'il n'avait pas dans celle des Pampas. M. Lund en distingue six espèces. Le *Felis protopanther* (1), aussi grand que le Jaguar, mais très-différent de ce dernier ; une seconde, s'en rapprochant, mais plus grande aussi ; une troisième, dont la taille et les formes générales sont celles du Couguar ; une quatrième, ressemblant au *Felis macroura ;* la cinquième, qui est le *Felis exilis* de l'auteur ; une sixième, dont il a fait le *Cynailurus minutus* (2), manquant du talon interne à la carnassière d'en haut ; caractère du Guépard de l'ancien monde aujourd'hui, et qui se trouvait ainsi dans le nouveau à cette époque.

Le genre *Canis* a laissé les restes de plusieurs espèces dans ces mêmes cavernes : le *C. protalopex* (3), assez voisin d'une espèce qui vit encore sur les lieux ; le *C. Azzaræ* des Pampas ; le *C. robustior*, un peu plus fort ; le *C. fulvicaudus*, Lin. ; le *C. lycodes*, plus carnassier, qui égalait le Loup.

Un autre genre, le *Speothos*, sous-genre des Chacals, de taille médiocre, mais mieux armé et plus féroce que les autres, est caractérisé par l'absence de la dernière

---

(1) *Loc. cit.*, vol. VIII, pl. XXVI, fig. 13.
(2) *Loc. cit.*, vol. VIII, pl. XVIII.
(3) *Ibid.*, fig. 9, 10.

tuberculeuse d'en bas, n'ayant ainsi qu'une tuberculeuse derrière la carnassière. Les dents sont plus rapprochées que dans les Chiens, et le museau est moins allongé. L'espèce est désignée sous le nom de *S. pacivorus* (1), à cause de son association dans les cavernes avec de nombreux ossements de Pacas. Une espèce de *Galictis*, genre qui diffère des Gloutons par une prémolaire de moins à chaque mâchoire, et une Moufette (*Mephitis*), la seule espèce connue à l'état fossile, se rencontrent encore avec les animaux précédents.

Le genre *Palæocyon*, Lund (non *id.*, Blainv.), a été aussi créé par le naturaliste de Copenhague pour des animaux dont la carnassière inférieure manque de talon et n'a qu'une pointe. Ils étaient plus trapus, plus forts, et avaient les pattes plus courtes que les Chiens actuels. Il a distingué le *P. troglodytes*, d'abord pris pour un *Canis*, de la taille du Loup et voisin du *C. jubatus* vivant, puis le *P. validus*, de taille moindre.

Les Coatis (*Nasua*) ont présenté deux espèces : le *N. ursina*, Lund, d'abord rangé dans le genre Ours (*U. brasiliensis*), et une autre non caractérisée encore.

Mais de tous les carnassiers du nouveau monde, le plus remarquable est celui que M. Lund prenant d'abord pour une Hyène, avait désigné sous le nom d'*H. neogæa*, et pour lequel il créa ensuite le genre *Smilodon*, en donnant à l'espèce le nom de *S. propagator* (2). Mais comme l'ont fait remarquer avec raison MM. Pictet et Owen, et comme vous en pourrez juger, messieurs, par le magnifique spécimen que je mets sous vos yeux, ce carnassier est un véritable *Machairodus*, caractérisé par ses canines supérieures énormes, recourbées fortement, comprimées et presque en lancette, tranchantes et finement dentées,

(1) *Loc. cit.*, pl. XIX, fig. 1, 2.
(2) *Ibid.*, vol. IX, pl. XXXVI, XXXVII.

et par le menton avancé et saillant. C'est donc le *Machairodus neogæus* décrit et figuré dans l'*Ostéographie* de Blainville sous le nom de *Felis smilodon*.

DIDELPHES. — Les marsupiaux sont représentés par un grand nombre de Sarigues, dont M. Lund indique 7 espèces, desquelles 6 très-voisines de celles qui vivent encore dans le pays, c'est-à-dire des *D. aurita, albiventri, incarnæ, eleganti, pusilla, myosuræ,* et une septième indéterminée.

RONGEURS. — Dans cet ordre, où l'auteur compte 32 espèces, le genre *Mus* est représenté par 12, dont 8 sont voisines des vivantes, et 4 sont nouvelles (*M. robustus, debilis, orycter* et *talpinus*). Il en est de même de la plupart des espèces de chacun des genres *Nelomys, Aulacodus, Loncheres, Lagostomus, Phillomys, Lepus, Kerodon, Hydrochœrus* et *Dasyprocta*. Les suivants ont offert des espèces particulières : *Lonchophorus,* 1 espèce; *Synœtheris,* 2; *Cavia,* 2; *Kerodon,* 1; *Hydrochœrus,* 1; *Dasyprocta,* 1; *Cœlogenys,* 2, et le *Myopotamus antiquus* (1).

Dans toutes les familles précédentes, les genres et les espèces étaient plus nombreux que dans la nature actuelle, mais il n'en est pas de même des deux suivantes.

CHÉIROPTÈRES. — Parmi les insectivores de cet ordre, les genres et les espèces connus appartiennent aux formes qui sont encore propres à ce continent : ce sont 1 Molosse ou *Dysopes,* 5 Phyllostomes, dont 1 voisine du *P. spectrum* et 1 *Vespertilio.*

QUADRUMANES. — Enfin, les Singes y sont représentés par 2 *Jacchus* (*J. grandis* et *penicillatus*), dont la taille était double de celle des *Ouistitis* de nos jours; 1 Sapajou (*C. macrognathus*); 1 Sagouin (*Callitrix primævus*), plus

____

(1) Voy. vol. VIII, pl. XX, XXI, XXII, XXIII, XXV, XXVI.

grand du double que ses congénères actuels ; et un genre nouveau, le *Protopithecus brasiliensis,* dont la taille atteignait 1^m,30 (1). Ces quadrumanes appartiennent tous à la famille des cébidés, propre aujourd'hui encore au nouveau monde, de même que tous les Singes fossiles trouvés en Europe et dans l'Inde sont des pithécidés propres à l'ancien continent.

Outre les débris de ces mammifères, M. Lund recueillit encore beaucoup de restes d'oiseaux, entre autres de deux espèces d'Autruche, dont une plus grande que l'espèce vivante. Ces espèces tridactyles appartiennent au sous-genre *Rhea;* puis un *Cariama* ou *Microdactylus,* Geoff.; un *Rallus;* un *Tinamus,* genre encore spécial à l'Amérique ; une *Perdrix,* un *Coccyzus* du groupe des Coucous ; un *Capito;* une espèce du groupe des Perroquets ; un Picucule, parmi les ténuirostres ; un Martinet, un Engoulevent ; et d'autres voisins des Grives (*Anabates*), des Chouettes, des Cathartes, etc. Quelques Serpents, plusieurs sauriens (Monitors, Crocodiles), de nombreux batraciens, une grande quantité de coquilles fluviatiles et terrestres ; enfin, des animaux articulés, tels que des Jules, des Polymères, etc.

La faune des mammifères des cavernes du Brésil peut se résumer comme il suit :

	Genres.	Espèces.
Édentés	13	28
Pachydermes	9	10
Ruminants	4	7
Carnassiers	9	18
Marsupiaux	1	7
Rongeurs	15	32
Chéiroptères	3	7
Quadrumanes	4	6
	58	115

(1) *Loc. cit.*, vol. VIII, pl. XXIV.

L'étude comparative de cette faune avec celle des Pampas n'est pas encore assez avancée pour qu'on puisse se prononcer sur leur degré d'analogie, surtout si l'on considère la différence des conditions dans lesquelles se trouvent les ossements fossiles : les uns ayant été recueillis presque exclusivement dans les cavernes, circonstance très-favorable à la conservation des petites espèces; les autres, dans les dépôts de transport, où les grandes espèces ont plus de chance de se conserver et d'être retrouvées que les petites. Il ne peut donc y avoir de conclusion bien absolue à tirer de la différence des faunes quant aux proportions très-différentes des familles qui y sont représentées.

On peut dire néanmoins, d'une manière générale, que sur environ 70 genres et plus de 150 espèces dont se compose aujourd'hui la faune fossile des mammifères de l'Amérique méridionale, on retrouve, dans toutes les familles, les caractères généraux de la faune actuelle, mais avec des types infiniment plus variés et atteignant des dimensions beaucoup plus considérables. Un certain nombre d'espèces, mais appartenant exclusivement à de petits genres, surtout parmi les rongeurs, vivent encore. Les édentés, qui forment le trait dominant de cette faune, sont tous éteints, et, dans les autres ordres, les genres ont en général d'autant moins de représentants dans la nature actuelle, qu'ils atteignent de plus grandes dimensions.

Nous exposerons, messieurs, à la fin de la leçon prochaine, quelques considérations plus générales encore qui se rattachent à ce sujet.

DIX-HUITIÈME LEÇON

Faune quaternaire de l'Australie.

Messieurs,

Cette partie du globe, par son isolement de toutes les autres, devait offrir un intérêt particulier, et les singuliers caractères que nous présentent sa faune et sa flore actuelles devaient piquer vivement la curiosité des paléontologistes; cette curiosité bien naturelle n'a pas été déçue. Les trois expéditions de T. H. Mitchell dans l'intérieur de l'Australie; plus tard, celles du comte de Strzelecki et d'autres voyageurs; enfin, dans ces derniers temps, des recherches de plus en plus multipliées, ont apporté d'importants matériaux pour reconstruire la faune qui, dans ce pays, a précédé immédiatement celle de nos jours.

Comme partout ailleurs, les phénomènes physiques de l'époque quaternaire sont des dépôts de matières meubles transportées au fond des vallées, des plages soulevées, des brèches osseuses et des cavernes dans lesquelles les ossements ont été accumulés. Les phénomènes erratiques, plus ou moins semblables à ceux de l'hémisphère nord et de la pointe méridionale de l'Amérique, ont été particulièrement observés sur les flancs et au pied des hautes chaînes centrales de la Nouvelle-Zélande.

Les matériaux meubles, tels que les sables, les graviers épars à la surface de la Nouvelle-Galles du Sud, comme sur celle de la terre de Van-Diemen, semblent indiquer que ces terres, avant d'avoir été complétement émergées, avaient été graduellement élevées et exposées à l'action destructive des eaux profondes. Les plages soulevées s'observent le long des côtes à diverses hauteurs : celle du lac King, suivant M. de Strzelecki, est à **21** mètres au-dessus de la mer ; les Huîtres et les Anomies qu'on y trouve paraissent différer de celles de la côte, tandis que sur la côte méridionale, entre le cap Littrop et la baie de Portland, les coquilles enveloppées dans une roche grise sont les mêmes que celles qui vivent dans les eaux voisines. Dans le détroit de Bass, l'île Verte, élevée de 30 mètres au-dessus de la mer, est formée de coquilles accumulées et brisées comme la pointe sud-est de l'île Flinders. A dix milles au sud du cap Grimm, et sur la côte occidentale de la terre de Van-Diemen, des plages soulevées se montrent encore semblables à celles du détroit.

A quelle époque appartient l'émersion des plaines immenses de sable et de cailloux privées d'eau, parsemées çà et là de buttes sablonneuses, et ces grands marécages si peu élevés au-dessus du niveau actuel de l'Océan, qu'ont parcourus Sturt, Leichardt et autres courageux voyageurs ? C'est ce qu'il semble encore impossible de préciser. Les données paléontologiques sont jusqu'à présent nulles à cet égard. Quant aux alluvions aurifères, si répandues dans la chaîne orientale et ses nombreuses ramifications, alluvions dont la richesse se trouve, comme en Californie et dans l'Oural, en rapport avec la direction méridienne, elles ont aussi offert, au moins en quelques points (à Dunolly, province de Victoria), des ossements de mammifères quaternaires. Ce sont des restes de Wombat (*Phascolomys*), dans un dépôt de transport, ou drift ferrugineux appelé *ciment* par les chercheurs d'or.

Les premiers restes de mammifères fossiles ont été rapportés par T. H. Mitchell; ils provenaient des cavernes de la vallée de Wellington, sur les bords de la rivière Condamine, à l'ouest de la baie de Morton. M. R. Owen, en les décrivant dans l'ouvrage du savant voyageur, a ouvert, à la paléozoologie des mammifères, un nouveau champ de recherches que les découvertes ultérieures, faites dans les dépôts de transport ou lacustres des plaines de Darling-Downs et d'autres localités, ont singulièrement enrichi.

Si, après avoir examiné rapidement la faune quaternaire de l'ancien et du nouveau monde, nous voulons, pour terminer notre revue de l'organisme animal de cette époque, jeter un coup d'œil sur celle de l'Australie, nous serons frappés tout d'abord de la ressemblance que ces restes d'animaux d'espèces éteintes présentent dans leurs principaux types avec ceux qui vivent aujourd'hui sur les lieux. Ainsi, comme l'Amérique méridionale, l'Australie et ses grandes îles nous montrent, avec une évidence complète, les relations de sa faune aborigène actuelle avec celle qui l'a précédée immédiatement.

Cette faune a d'ailleurs, comme on le sait, un intérêt tout spécial, par l'ensemble de ses caractères, qui ne se trouvent que sur ce seul continent, pour les mammifères comme pour les oiseaux. Les marsupiaux ou animaux à poche (didelphes), qui constituent une division si naturelle, y représentent tous les ordres de mammifères des autres pays, ou sous-divisions des mammifères placentaires (monodelphes). Ainsi les Dasyures y jouent le rôle des carnassiers; les Ornithorhynques et les Échidnés, celui des édentés ou des insectivores; les Phalangers celui des quadrumanes; les Wombats (*Phascolomys*) celui des rongeurs; les Kanguroos, à un degré plus éloigné, celui des ruminants ; mais ici comme partout, chez ces marsupiaux comme chez les placentaires, nous voyons les carnassiers, les rongeurs, les insectivores et les herbivores se faisant équilibre ; car la loi du balancement des êtres s'applique avec la même rigueur dans tous les temps et dans tous les lieux.

Mais avant de rechercher dans la faune fossile du pays les représentants de ces divers types, nous devons mentionner un fait qui, s'il eût été mieux démontré, aurait constitué une des anomalies de distribution géographique les plus extraordinaires qu'on puisse voir. Après les Chevaux, les proboscidiens sont, comme on le sait, les plus cosmopolites des mammifères ongulés ; et, en effet, les Mastodontes et les Éléphants, éteints et vivants, ont peuplé ou peuplent encore l'ancien et le nouveau monde, et le premier de ces deux genres, s'il s'est éteint dans l'ancien continent avec l'époque tertiaire, a survécu dans le nouveau pendant l'ère quaternaire. D'un autre côté, la faune australienne actuelle paraît occuper, dans l'échelle organique, un degré comparativement si inférieur, qu'elle semble être, comme on l'a dit, le reste d'un monde à part, dans lequel la marche du développement aurait été en quelque sorte suspendue ou arrêtée, tandis qu'elle aurait continué à s'avancer dans les autres. On conçoit, d'après cela, que la découverte d'un Mastodonte fossile en Australie devait détruire toutes les analogies connues, renverser toutes les relations que la connaissance des faunes actuelles ou passées semblait avoir solidement établies.

En 1843, M. R. Owen décrivit un fémur de grandes dimensions, provenant de Darling-Downs, au sud-ouest de la baie de Morton, et qu'il compara à un fémur de *Mastodon giganteum*. Il en conclut naturellement l'ancienne existence dans le pays d'un mammifère voisin de ce pachyderme. Mais plus tard un spécimen plus complet de ce même os fit reconnaître qu'il provenait d'un animal marsupial de très-grande taille, que nous décrirons tout à l'heure sous le nom de *Diprotodon*. En 1844, le même savant fit connaître une véritable dent de Mastodonte, rapportée de l'Australie par le comte de Strzelecki, et qu'il désigna sous le nom de *M. australis*, tout en faisant remarquer son analogie avec le *M. angustidens* du terrain tertiaire moyen de l'Europe ; aussi le savant zoologiste anglais ne manqua-t-il pas d'observer que c'était le seul genre de quadrupède aborigène de ce continent, et l'on pourrait ajouter de mammifère placentaire, qui soit ou ait été représenté par d'autres espèces dans d'autres parties du globe. Ce fait, qui avait acquis ainsi une véritable notoriété dans la science, appela, par son étrangeté même, l'attention de M. Falconer qui, en 1863 (1), le soumit à une discussion approfondie.

La dent en question est l'avant-dernière molaire gauche de la mâchoire inférieure d'un Mastodonte du sous-genre *Trilophodon* de l'auteur (*antè*, p. 235), montrant les caractères qui distinguent le *M. Andium* du *M. Humboldtii*, et ne pouvant être distingué même, ni par la couleur brun foncé et brillante de l'émail, ni par son état de conservation, des dents analogues du *M. Andium*, rapportées de Tarija en Bolivie par M. Weddell. Cette dent n'avait point été d'ailleurs recueillie par M. de Strzelecki, mais achetée indirectement par lui d'un Australien, au port de Borée, et suivant lequel il s'en trouvait beaucoup de semblables dans l'intérieur du pays. D'après une autre version, elle provenait des grottes dont les fossiles, empâtés dans une brèche rouge, ont un aspect tout différent. Or, depuis plus de vingt-cinq ans que cette soi-disant découverte a été faite, que l'on a recueilli dans les cavernes et dans les dépôts des vallées des ossements de

(1) *The Natural History Review*, numéro de janvier 1863, p. 96.

mammifères, aucun autre débris n'a pu être rapporté
aux Mastodontes qui, partout où il en a été découvert
dans les deux Amériques, sont, comme nous l'avons vu,
très-nombreux. Aussi en l'absence de documents plus
précis et concordants sur le gisement et sur la localité
où cette dent a été trouvée, puis par la différence de la
roche qui l'enveloppait avec celles où l'on connaît des
os fossiles dans le pays, par le manque de tout autre
reste provenant du même animal, et enfin par son identité avec une espèce de l'Amérique du Sud, M. Falconer
pense, et avec toute raison suivant nous, que l'authenticité du genre Mastodonte en Australie est plus que douteuse.

Maintenant si c'est une forme américaine, comment
cet échantillon unique a-t-il été apporté en Australie? et
si elle est réellement originaire de ce dernier continent,
comment le Mastodonte serait-il le seul de tous les mammifères placentaires qui aurait eu le pouvoir de franchir
les barrières qui isolent pour ainsi dire ce monde de
mammifères marsupiaux? On n'aurait sans doute pas
recours à l'hypothèse de Blainville, qui suppose pour cela
une jonction continentale entre l'Amérique et l'Australie,
mais on pourra, jusqu'à plus ample informé, supposer
entre les deux régions quelques circonstances particulières de relations commerciales ou de voyageurs qui
expliqueraient le fait.

En 1830, T. H. Mitchell, redescendant à l'ouest des
montagnes Bleues, atteignit le bassin de la rivière Bell
qui se jette dans le Macquarie, à environ 170 milles à
l'ouest de Newcastle. Elle est bordée d'escarpements de
calcaires compactes, ressemblant au calcaire de montagne, et auxquels succèdent d'un côté des grès et des conglomérats rouges, de l'autre, des trapps. Les cavernes
de Wellington se trouvent dans ces calcaires, à 20 mètres au-dessus du fond de la vallée. Le sol est recouvert

d'une terre rouge, friable, sèche. A 50 mètres de son ouverture, la caverne a 8 mètres de large sur 16 de haut.

Les premières collections d'ossements fossiles provenant de cette localité ont montré que les espèces de marsupiaux qu'ils représentaient étaient plus grandes que celles des mêmes genres ou des genres voisins qui vivent actuellement sur les lieux. Quelques-uns, comme le Tylacine et le sous-genre de Dasyures, représenté par le *D. ursinus,* sont éteints dans le continent australien, mais une espèce de chaque existe encore sur l'île voisine de Van-Diemen.

Nous mentionnerons, messieurs, les espèces fossiles dont beaucoup de spécimens ou de moules sont sous vos yeux, en commençant par celles qui appartiennent à l'ordre des didelphes ou marsupiaux *sarcophages,* caractérisés par de petites incisives, de grandes canines et des molaires de carnivores ou d'insectivores.

Le *Dasyurus laniarius,* Owen, était de la taille du *D. ursinus,* confiné aujourd'hui, comme on vient de le dire, à la terre de Van-Diemen.

Le *Thylacinus spelæus,* Owen, qui, avec le précédent, provient des cavernes de la vallée de Wellington, s'accorde dans ses principaux caractères avec le grand *Opossum* à tête de chien (*Thylacinus Harrisii*) de Van-Diemen, c'est-à-dire par les couronnes comprimées des prémolaires, par les intervalles qui les séparent, ainsi que par la troisième prémolaire et par sa mâchoire inférieure plus comprimée et plus profonde.

Le *Thylacoleo carnifex,* Owen, d'après la portion de crâne que l'on possède, était de la taille du Lion, et son caractère marsupial est démontré par la position du trou lacrymal en avant de l'orbite, par le vide palatin, la friabilité de l'os tympanique et par quelques autres caractères moins importants. La dent carnassière, de 6 centimètres de longueur, est presque double de celle du Lion. La

tuberculeuse supérieure ressemble par sa petitesse et sa
position à celle des vrais *Felis,* mais à la mâchoire inférieure on remarque, après la carnassière, deux petites
tuberculeuses comme dans le *Plagiaulax* des couches
de Purbeck d'Angleterre.

La division des marsupiaux, désignée sous le nom de
poéphages, comprend ceux dont les incisives antérieures
sont grandes et longues à chaque mâchoire ; les canines
petites et variables.

Les Phalangers, dont les membres antérieurs et postérieurs offrent des proportions normales, ne sont encore représentés, à l'état fossile, que par quelques os
trouvés dans les brèches osseuses, tandis que les Kanguroos, dont les jambes de devant sont si courtes relativement à celles de derrière, ont offert plusieurs espèces
remarquables, constituant, alors comme aujourd'hui, une
partie essentielle de la faune du pays. Ce sont les
Macropus affinis, Atlas et *Titan ;* ce dernier dépassait par
sa taille les plus grandes espèces vivantes, telles que les
M. major et *laniger,* dont il différait aussi par le développement plus prononcé de la crête basale postérieure
des arrière-molaires, et par la forme plus compliquée de
la crête médiane, longitudinale, réunissant les deux principales éminences transverses. Les mêmes différences
existent, avec une moindre largeur des dents, pour le *Macropus Atlas,* qui était également d'une taille gigantesque.
Le *M. affinis,* de la taille du *M. laniger,* en différait comme
des précédents par des détails de son système dentaire.
Ces ossements très-nombreux proviennent des dépôts des
bords de la rivière Condamine à l'ouest de la baie de
Morton et des cavernes de la vallée de Wellington.

L'*Hypsiprymnus speltæus* est un petit Kanguroo à
canines, dont les restes ont été recueillis dans ces
mêmes cavernes (caverne de Potoroo). Dans celle du
mont Macédon (province de Victoria), ouverte sous

une couche basaltique, on a trouvé, avec les restes de l'*Hypsiprymnus hydromis*, qui vit encore dans le pays, et de Dasyures carnivores, des os de *Canis Dingo*, que M. M'Coy regarde comme réellement indigène ; mais rien ne prouve que ce Chien n'ait pas été introduit par les premiers hommes qui ont peuplé le continent australien.

Les marsupiaux *rhizophages* ne renferment aujourd'hui que le genre Wombat (*Phascolomys*), dont le système dentaire rappelle celui des rongeurs par l'absence de canines et la présence, en haut et en bas, de deux incisives coupées en biseau.

Le *Phascolomys Mitchelli* a présenté d'assez nombreux ossements dans les localités précédentes, et le *P. gigas*, de la taille d'un Tapir, a été décrit plus tard comme provenant également de dépôts du même âge. Mais deux nouveaux genres créés par M. Owen sous les noms de *Diprotodon* et de *Nototherium*, doivent nous arrêter un instant.

Diprotodon. — Une seule dent de la première collection, recueillie par T. H. Mitchell dans les dépôts de la rivière Condamine à l'ouest de la baie de Morton, indiquait déjà un type de marsupiaux représentant les pachydermes des grands continents, et aujourd'hui éteint, mais un crâne, d'un mètre de longueur, qui a été obtenu depuis, a fait reconnaître que cet animal, voisin des Kanguroos, avait aussi de grands rapports avec les Wombats (*Phascolomys*). De même que ses gigantesques contemporains de l'Amérique méridionale, le *Diprotodon* conserve la formule dentaire de ses analogues vivants, tout en présentant de profondes modifications dans ses membres.

Ainsi les membres postérieurs étaient beaucoup plus courts et plus forts relativement que les antérieurs allongés et renforcés en même temps. Cependant, comme

dans le *Megatherium*, le radius et le cubitus étaient libres
et articulés de manière à donner un mouvement de pro-
nation à l'extrémité antérieure. Ce mouvement, comme
dans les Kanguroos herbivores, était nécessaire pour les
fonctions de la poche marsupiale.

Les mâchoires présentent trois incisives en haut et
une en bas de chaque côté ; il n'y a point de canines,
mais une prémolaire et quatre molaires de chaque côté
en haut et en bas : en tout vingt-huit dents. Comme dans
le *Macropus major*, la première molaire tombe de bonne
heure ; les quatre autres ont la couronne formée de deux
collines transverses, droites comme dans les Tapirs et
les Kanguroos, mais plus comprimées et plus élevées.
L'incisive d'en haut du milieu est très-large et scalpri-
forme comme dans les Wombats. L'arcade zygomatique
donne une apophyse destinée à augmenter l'attache du
muscle masséter comme dans les Kanguroos. La seule
espèce connue de *Diprotodon* est le *D. australis*, dont la
taille approchait de celle de l'Hippopotame actuel. Un
crâne complet a été retiré des dépôts de transport de la
plaine de Darling-Downs, avec quelques genres plus
petits d'herbivores éteints réunissant les caractères essentiels des *Macropus* et des *Koala* (*Phascolarctus*).

Le *Nototherium* (animal du Sud) avait des incisives peu
connues encore ; la partie antérieure de la mâchoire fort
mince et toujours brisée n'en a laissé distinguer qu'une
latérale. Il y avait de chaque côté cinq molaires, disposées
comme dans le *Diprotodon*, et à deux collines transverses.
M. Owen, qui est revenu sur les caractères de ce genre,
comme on le verra dans le paragraphe suivant, y avait
établi d'abord deux espèces : les *N. inerme* et *Mitchelli*.

Zygomaturus trilobus. — D'après les dessins d'un crâne
trouvé à King's Creek, Darling-Downs, où avait été déjà

recueilli le crâne du *Diprotodon* dont nous venons de parler, M. Owen avait cru reconnaître un autre animal de la taille d'un Bœuf, voisin, quoique différent du *Diprotodon*, et que M. Maclay avait désigné sous le nom de *Zygomaturus trilobus*. Les molaires offraient des crêtes transverses; un long appendice descendait de l'arcade zygomatique comme dans les édentés et le *Diprotodon* lui-même. Les arcades zygomatiques étaient très-larges; le crâne avait 41 centimètres dans sa plus grande largeur et 50 de longueur, de sorte que cet animal devait ressembler, par sa face et sa tête, plutôt aux Wombats qu'aux Kanguroos. Les dents de cette mâchoire supérieure étaient de chaque côté : 3 incisives, point de canines, 1 prémolaire et 4 vraies molaires comme dans les Kanguroos et le *Diprotodon*. La cavité du nez était en outre divisée par une cloison osseuse, circonstance qu'on observe dans une espèce vivante de Wombat. Enfin le crâne du *Zygomaturus trilobus* était précisément de la grandeur de celui du *Nototherium Mitchelli*. Mais après l'examen de pièces plus nombreuses et plus complètes, M. Owen a démontré que cet animal n'était autre que cette dernière espèce de *Nototherium*, dont il a pu faire connaître alors plus complétement les caractères de la mâchoire supérieure d'après un crâne presque entier (1).

Megalania prisca. — Avec les restes des grands marsupiaux précédents, les dépôts des bords de la rivière Condamine ont encore présenté plusieurs vertèbres d'un reptile lacertien, pour lequel M. R. Owen a créé le genre *Megalania*, et qui se rapprocherait surtout des Monitors de l'Australie et des Lézards à lacet du même

____

(1) *Quart. Journ. geol. Soc. of London*, févr. 1859, p. 176, pl. VII, VIII, IX.

pays (*Varans* ou *Hydrosaurus*) (1). Ce reptile était surtout
remarquable par ses grandes dimensions; ses vertèbres
étant égales à celles des plus grands Crocodiles vivants.
Les Monitors de la Nouvelle-Hollande ont trente vertèbres entre la base du crâne et le sacrum; si l'on estime
à 8 centimètres la longueur moyenne de ces mêmes os
dans le *Megalania*, la longueur du tronc de ce reptile
aurait été de 2^m,40, et si les proportions de la tête et de
la queue étaient les mêmes que dans l'*Hydrosaurus gigas*
d'Australie, la longueur totale du reptile fossile aurait été
de près de 7 mètres. En supposant comme très-probable
que les mâchoires et les dents présentaient des types
analogues à ceux des reptiles vivants dont on vient de parler, le *Megalania* doit avoir été carnivore, et par conséquent un ennemi des plus redoutables pour ses contemporains.

Nous passerons actuellement, messieurs, à l'examen
d'une faune fossile du même âge que celle-ci, qui en est
peu éloignée géographiquement, et qui néanmoins en
diffère à beaucoup d'égards.

Faune quaternaire de la Nouvelle-Zélande.

La plus singulière des faunes actuelles est sans aucun
doute celle des îles de la Nouvelle-Zélande. Une petite
espèce de Rat est le seul mammifère terrestre indigène
que l'on y connaisse, et encore est-il aujourd'hui presque
entièrement détruit par le Rat d'Europe que les bâtiments
anglais y ont introduit, et qui exerce ainsi dans l'hémisphère austral l'action destructive que, dans l'hémisphère
opposé, les espèces venues de l'Orient ont exercée
sur les races de l'Occident.

(1) *Philos. Transac.*, 1858.

Le plus caractéristique des animaux à sang chaud est l'*Apteryx* ou *Kiwi*, le plus petit des oiseaux de l'ordre des *struthiones, wingless* ou *cursores*. Les rudiments de ses membres antérieurs sont moins développés que dans aucun autre, et ses os ne sont point traversés par des cellules aériennes. Dans les dépôts de l'île du Nord, on a rencontré de nombreux ossements provenant d'un genre d'oiseau du même ordre, ayant beaucoup de rapport avec l'*Apteryx*. Les débris de ce genre sont très-fréquents ; leurs dimensions annoncent la taille gigantesque des espèces, dont une est d'un tiers plus grande que l'Autruche d'Afrique. Les espèces déterminées proviennent de la baie de Poverty, de Wanganui et de Vairva. L'une d'elles paraît n'avoir complétement disparu que depuis un siècle ou deux, si même il n'en existe pas encore dans quelques parties reculées et sauvages des contrées montagneuses, comme M. J. Haast est porté à le penser.

Les ossements de *Dinornis* ou *Moa*, nom que les habitants du pays ont donné à cet oiseau, se rencontrent dans les dépôts de gravier et dans les autres couches détritiques que les rivières et les torrents ont excavées, ou bien dans la vase de la côte que recouvre la haute mer. Suivant M. Taylor, le gisement de ces os serait partout surmonté de dépôts marins et lacustres ; mais M. Walter Mantell en a recueilli dans des sables volcaniques, sous des cailloux de roches ignées. Les ossements de l'embouchure du Waingongoro proviennent des régions volcaniques du mont Egmont, dont le sommet s'élève au-dessus des neiges perpétuelles. En outre, des terrasses de limon et de gravier, de 15 à 20 mètres de hauteur, prouveraient un soulèvement des côtes à une époque relativement très-peu ancienne, et le lit des rivières, coupant les dépôts ossifères, établirait que ce changement de niveau est postérieur à l'enfouissement des

Dinornis et des autres oiseaux leurs contemporains.

Les animaux à sang chaud de la Nouvelle-Zélande, où aucune trace de mammifère fossile n'a encore été trouvée et qui ne présentait ni marsupiaux ni d'autres espèces de mammifères aborigènes, lorsqu'elle fut découverte par Cook, montrent donc, entre la faune actuelle et celle qui l'a précédée immédiatement, la même analogie que celle qu'on observe entre les faunes quaternaire et moderne dans les plus grandes divisions naturelles des terres actuellement émergées.

L'ordre des oiseaux coureurs ou struthionides, qui comprend ceux dont les ailes sont trop courtes, relativement au poids et à la masse du corps, pour servir au vol, ne renferme aujourd'hui que les Autruches, les Casoars et l'*Apteryx*, dont nous venons de parler ; leurs pattes robustes, les vertèbres moins soudées que dans les autres ordres et le sternum sans bréchet, sont des particularités de leur structure générale, en rapport avec leur manière de vivre. Mais dès les premiers pas que nous faisons dans l'histoire des animaux qui nous ont précédés, nous voyons que la Nouvelle-Zélande nourrissait une nombreuse population de ces oiseaux aptères, circonstance qui s'accorde avec l'absence de grands mammifères dans le pays, et surtout de grands carnassiers auxquels ces oiseaux n'auraient pu échapper dans un espace comparativement aussi restreint.

Le genre *Dinornis*, créé par M. Owen pour beaucoup de ces restes, comprend déjà 10 espèces. Ce sont le *D. giganteus*, la première espèce connue, dont la taille devait atteindre près de 3^m,50, et dont le tibia seul avait 1 mètre de long ; le *D. struthioides*, de la grandeur de l'Autruche ; puis les *D. rheides, dromoides, casuarinus*, se rapprochant par leurs dimensions des oiseaux auxquels ces noms se rattachent ; les *D. ingens, robustus, crassus, geranioides, curtus* et *elephantopus*, ce dernier ainsi nommé par les dimensions des doigts du pied comparables à ceux de l'Éléphant, et dont les jambes sont les plus massives qui aient été observées dans toute la classe des oiseaux. Le genre *Palapteryx* du même savant, caractérisé d'abord par un pouce rudimentaire, un bec plus comprimé et des formes intermédiaires entre celles des Casoars de la Nouvelle-Hollande, et celles des *Apteryx*, semble avoir été réuni ensuite par lui au genre précédent, où les espèces sont désignées sous les noms de *D. ingens, dromoides* et *geranioides*. Le genre *Apterornis* ne repose encore que sur les caractères d'un *tibia*, qui avait été désigné d'abord sous le nom de *D. otidiformis*, d'après la ressemblance supposée de cet oiseau avec l'Outarde, qu'il dépassait néanmoins en grandeur, étant de la taille d'un Cygne.

Une grande espèce de la famille des macrodactyles, voisine des Talèves ou Poules sultanes, fut d'abord trouvée à l'état fossile et désignée sous le nom de *Notornis*. Mais plus tard, elle fut rencontrée vivante dans l'île du Milieu, et peut-être en sera-t-il de même un jour de quelqu'une des espèces précédentes, au moins pour les petites, dont nous verrons tout à l'heure qu'il y en a eu de contemporaines de l'homme dans le pays. Deux espèces d'*Apteryx*, qui ne peuvent être distinguées des espèces actuelles, ont été rencontrées fossiles dans les mêmes gisements que les *Dinornis*.

La distribution géographique de ces grands oiseaux tridactyles dans les diverses îles qui constituent la Nouvelle-Zélande, et qui semblaient former leur domaine exclusif à l'époque quaternaire, n'est pas non plus sans intérêt. Ainsi nous voyons, d'après les recherches particulières de M. Walter Mantell, que le *Dinornis crassus*, trouvé dans les dépôts tourbeux de Waikawaite, dans l'île du Milieu, n'a jamais été rencontré dans l'île du Nord; il en est de même du *Dinornis*, ou *Palapteryx robustus*. Le *Dinornis elephantopus*, dont les nombreux débris ont permis à M. Owen de reconstruire complétement le squelette, provient de Ruamoa, 3 milles au sud de la pointe Oamaru (First rocky-Head), et aussi de l'île du Milieu, où il aurait encore existé comme le *D. crassus*, lorsqu'elle était déjà habitée par les Maoris. Les os du *D. elephantopus* sont dans le plus parfait état de conservation, contiennent la quantité ordinaire de matière animale et n'ont éprouvé aucun changement dans leur composition minérale.

En effet, M. W. E. Cormack trouva dans l'île du Nord, en 1849, entre la baie Mercury et Wangapoua, 50 milles à l'est d'Auckland, dans un escarpement situé à 1/2 mille de la mer, un témoignage de cette contemporanéité. Immédiatement au-dessous d'une couche de sable de 1 mètre d'épaisseur, vient une terre sableuse dans laquelle avait été creusé un foyer semblable à ceux que font encore aujourd'hui les naturels du pays ; il était rempli de pierres qui avaient été chauffées, et, à une distance horizontale de $0^m,60$, se trouvait un amas d'os de *Dinornis gracilis*. Dans l'île du Milieu, M. W. Mantell recueillit également sa principale collection d'os de *D. elephantopus* dans le voisinage d'un ancien foyer et de pierres calcinées qui y avaient été employées.

Des connaissances actuelles sur la répartition de ces oiseaux, on peut inférer qu'un grand nombre des espèces de l'île du Nord, si ce n'est toutes, étaient distinctes de celles de l'île du Sud. En effet, pour des oiseaux qui ne pouvaient voler, ni probablement nager bien loin, le détroit de Cook était une barrière qui s'opposait à leur migration d'une île à l'autre.

Faune quaternaire de Madagascar et des îles voisines ?

Messieurs, l'existence d'oiseaux gigantesques antérieurement à l'époque actuelle n'est pas exclusive à la région australe dont nous venons de parler, ni même à l'époque quaternaire comme nous le verrons plus tard, et nous trouvons encore la preuve de leur présence dans une des plus grandes îles de la mer du Sud. En 1850, M. Abadie rapporta de Madagascar des œufs et quelques fragments d'os d'un oiseau tridactyle comme le *Dinornis*, mais de taille plus grande encore. Ces œufs, que je mets sous vos yeux, ont été trouvés dans des alluvions récentes du pays, et leurs dimensions sont telles, que leur capacité est de huit litres trois quarts, ou égale à six fois celle de l'œuf de l'Autruche, ou à cent quarante-huit fois celle d'un œuf de Poule. L'épaisseur de la coque est de 8 millimètres, et leur plus grand diamètre est de 32 à 34 centimètres.

Ce type d'un nouveau genre, désigné par Isid. Geoffroy Saint-Hilaire sous le nom d'*Æpyornis*, ne devait pas avoir moins de 4 mètres de hauteur. Peut-être en existe-t-il encore quelques représentants vivants dans cette île dont l'intérieur est si peu connu, et d'où l'on a rapporté ce plastron d'une Tortue plus grande aussi qu'aucune de celles de nos jours.

On sait que l'île Maurice a été habitée par le Dronte, Dodo (*Didus ineptus*), grand oiseau imparfaitement décrit quant à ses caractères, et que les colons ont détruit vers le milieu du siècle dernier. Il en a été de même du Solitaire dans les îles Bourbon et Rodriguez, où le Dronte aurait également vécu. Les petites îles Phillips et Norfolk nourrissaient encore de grands et beaux Perroquets, aujourd'hui éteints. L'Oie du cap Barren, le Cygne noir de l'Australie, paraissent devoir éprouver le même sort dans un temps plus ou moins rapproché.

Dans l'hémisphère nord et dans les régions de l'Atlantique, l'*Alca impennis*, qui vit seulement aujourd'hui sur quelques rochers de l'Islande et des îles arctiques, disparaîtra probablement avec les derniers des mammifères quaternaires qui végètent encore sur ces terres glacées, tels que le Bœuf musqué, le Glouton, etc. Ici l'action de l'homme s'ajoute à celle du temps pour accélérer la disparition des espèces, comme on le voit même depuis l'époque historique dans l'Europe occidentale, et particulièrement dans les îles Britanniques.

Vues générales.

Si nous cherchons actuellement, messieurs, à déduire quelques vues générales des détails que nous vous avons exposés sur la faune quaternaire des divers points du globe, nous trouverons d'abord, dans la seconde partie du cours de l'année que nous terminons aujourd'hui, la confirmation complète de ce que nous avons dit en terminant la première. Si en effet la faune des grands mammifères éteints de l'ancien continent, et particulièrement de l'Europe et du nord de l'Asie, faune que caractérisent l'*Elephas primigenius*, le *Rhinoceros tichorhinus*, l'Ours et l'Hyène des cavernes, le *Machairodus*, l'Hippopotame, le *Bos primigenius*, l'Aurochs, le *Cervus megaceros*, l'*Elasmotherium*, le *Trogontherium*, etc., nous a démontré, aussi bien que les phénomènes physiques qui l'ont précédée, accompagnée et suivie, la nécessité de la distinguer de la faune actuelle, ce que nous venons de voir dans les deux Amériques et dans l'Australie n'est pas moins concluant.

Les Mastodontes, les *Megalonyx*, les *Mylodon*, les *Mega-*

therium, les *Scelidotherium*, les *Glyptodon*, les *Chlamy-dotherium*, et autres édentés qui parcouraient les immenses solitudes du nouveau monde avec les *Macrochenia*, les *Toxodon*, les *Myopotamus*, etc.; les *Macropus Titan* et *Atlas*, les *Diprotodon*, les *Nototherium*, le *Tilacoleo*, et les autres marsupiaux, qui, avec d'énormes Lézards (*Megalania*), habitaient la Nouvelle-Hollande, en même temps que les *Dinornis* et autres oiseaux tridactyles aptères peuplaient seuls la Nouvelle-Zélande, comme l'*Epyornis* les vallées de Madagascar; tous ces vertébrés, disons-nous, plus grands que leurs congénères actuels qui habitent les mêmes pays, apparaissent à un moment donné pour régner dans des régions géographiques distinctes, et disparaître ensuite, laissant leurs débris dans les alluvions des vallées, au fond des marais, dans les cavernes et les brèches dont ils nous servent à déterminer l'âge avec certitude. Or, la généralité et la concordance de ces phénomènes d'ordres si différents et sur tous les points de la terre, nous semblent un des résultats les plus importants et les plus curieux des observations de nos jours.

Cependant les caractères de la faune quaternaire, comparés à ceux de la faune actuelle, sont loin d'être les mêmes dans les diverses classes. Ainsi chez les animaux inférieurs marins, les différences sont très-faibles, de même que pour les mollusques fluviatiles et terrestres. Dans les régions tempérées du Nord, ils accusent souvent un climat plus froid, des circonstances moins favorables, et une richesse de développement plus restreinte.

Dans la classe des mammifères, c'est généralement l'inverse. L'analogie des faunes quaternaires et modernes dans chaque région naturelle est soumise à une loi particulière : elle est d'autant plus prononcée, que les animaux que l'on considère sont de plus petite taille. Si, en effet, on prend les mammifères fossiles de l'hémisphère sud, dans un ordre, une famille, ou même dans un genre donné, on trouve d'abord des animaux plus grands que ceux qui leur correspondent de nos jours, et ensuite que les espèces identiques avec les espèces actuelles, ou qui en sont le plus voisines, sont les plus petites. On a vu précédemment (p. 28) que ces diverses circonstances paléontologiques, pas plus que la contemporanéité de l'espèce humaine avec les grands mammifères éteints, ne pouvaient autoriser la réunion de l'époque quaternaire à l'époque actuelle.

Ces vues, que nous avions émises et développées il y a déjà quelques années (1), semblent être partagées aujourd'hui par les hommes qui se sont le plus occupés de ce sujet. Ainsi M. J. D. Dana (2) termine comme il suit ses considérations sur ce qu'il appelle la *période post-tertiaire* : « Sa faune, dit-il, nous montre des dimensions gigantesques, aussi bien que le grand nombre des espèces ; les Éléphants, les Lions, les Ours et l'Hyène de l'Orient sont beaucoup plus grands que les espèces actuelles, et il en est de même du Cheval, de l'Éléphant et du Mastodonte, du Castor et du Lion de l'Amérique du Nord ; du *Megatherium* et des autres édentés de l'Amérique du Sud ; du *Diprotodon* et des autres marsupiaux de l'Australie.

» Les espèces caractéristiques de chaque continent appartenaient principalement aux mêmes types que ceux qui les caractérisent encore aujourd'hui. Dans la période quaternaire (post-tertiaire), comme dans les temps modernes, l'Orient est particulièrement le continent des carnivores ; l'Amérique du Nord, celui des herbivores ; l'Amérique du Sud, celui des édentés ; l'Australie, celui des marsupiaux.

» Avec la fin de cette période, le plus grand nombre de ces espèces s'éteignent, mais la destruction ne s'étend

---

(1) *Histoire des progrès de la géologie*, vol. II, 1re partie, 1848.
(2) *Manual of Geology*, 1863, p. 566.

pas aux mollusques et aux autres invertébrés, car les
mêmes espèces sont toutes, ou presque toutes encore
vivantes. »

De son côté, M. R. Owen (3), se plaçant au point de
vue théorique de la question, remarque que, d'après l'hypothèse de certains naturalistes allemands, les grands
mammifères quaternaires se seraient graduellement
transformés dans les espèces actuelles par un abaissement ou une diminution successive de leur taille. Ainsi
le grand Cerf d'Irlande, ou Megaceros palmé, serait devenu le Daim fauve ; le grand Ours des cavernes, l'Ours
brun actuel d'Europe. Le puissant *Diprotodon* et le *Noto-*
therium sont aussi dans les mêmes rapports avec les Kanguroos et les Koalas de l'Australie, que le *Dinornis* et le
Palapteryx, avec l'*Apteryx* de la Nouvelle-Zélande.

« Mais, continue le savant zoologiste anglais, l'amoin-
drissement comparatif des animaux aborigènes de ces
pays qui se rapprochent le plus des espèces gigantesques
éteintes caractérisant ces terres émergées, n'est pas le
seul motif qui les en éloigne, car ils présentent, en outre,
des caractères spécifiques distincts, et ordinairement si
prononcés, qu'ils exigent l'établissement de sous-genres,
et ces caractères sont tels aussi qu'aucune influence extérieure n'a été reconnue capable de produire une pareille
altération progressive de la structure de ces animaux.

» Cependant, comme en Angleterre, par exemple, nos
Taupes, nos Rats d'eau, nos Renards, nos Belettes et nos
Blaireaux sont de mêmes espèces que ceux qui vivaient
avec le Mammouth, le *Rhinoceros tichorhinus*, l'Hyène et
l'Ours des cavernes, etc., de même les restes de petits
édentés et d'Armadilles sont trouvés associés avec ceux
de *Megatherium* et de *Glyptodon* dans l'Amérique du Sud,
les débris fossiles de Kanguroos ordinaires et de Wom-

(3) *Memoir on the Megatherium*, in-4, p. 81. Londres, 1861.

bats, avec les gigantesques marsupiaux herbivores de l'Australie, et les restes d'*Apteryx* avec ceux de *Dinornis* de la Nouvelle-Zélande, aussi ai-je été porté à regarder l'hypothèse suivante comme plus applicable aux phénomènes, et les expliquant mieux que celle de l'origine des espèces, par suite de transmutations progressives, soutenue par de Lamarck, ou celle de la dégradation de ces mêmes espèces, telle que la comprenait Buffon.

» Relativement à sa taille, on doit admettre que tout animal est obligé de lutter contre les influences qui l'environnent, lesquelles tendent toujours à rompre le lien de la vie et à vaincre les forces organiques par celles de la chimie et de la physique. Tout changement, par conséquent, qui survient dans les circonstances où une espèce a été appelée à vivre, agira contre cette existence dans un rapport probablement géométrique au volume de cette espèce. Si une saison sèche se prolonge beaucoup, par exemple, les grands mammifères souffriront de la soif plus que les petits; si telle ou telle modification dans le climat diminue la quantité de nourriture produite par les végétaux, les grands herbivores éprouveront les premiers les effets de cette diminution dans leur alimentation; si de nouveaux ennemis se trouvent introduits dans le pays par suite de quelques circonstances particulières, les grands quadrupèdes, comme les grands oiseaux qui sont le plus en vue, en deviendront d'abord la proie, tandis que les petites espèces pourront se cacher plus facilement et échapper au danger. En outre, les petits quadrupèdes sont ordinairement plus prolifiques que les grands.

» D'où il suit que l'existence actuelle des petites espèces d'animaux, dans les régions où les plus grandes de la même famille naturelle vivaient précédemment, ne doit pas être attribuée à une diminution graduelle de la taille de ces dernières, mais à des circonstances dont l'effet peut-être exprimé par l'ingénieux apologue du *Chêne et le Roseau*. Les petits ont plié et se sont accommodés aux changements sous l'action desquels les grands ont succombé. »

Si nous nous rappelons, en effet, messieurs, les diverses circonstances physiques toutes particulières dans lesquelles paraissent s'être trouvés les animaux terrestres pendant l'époque quaternaire, nous trouverons sans doute quelque chose de très-spécieux dans l'application de l'allégorie de M. Owen, mais il ne faut pas oublier que les résultats biologiques auxquels il fait allusion ne sont point particuliers à cette époque ; ils ne sont que l'expression d'un moment de la vie sur la terre.

En supposant les temps suffisamment prolongés, la paléontologie nous démontre que les petites espèces auront disparu comme les grandes.

Il est d'ailleurs facile de reconnaître qu'en général, dans les diverses classes d'animaux fossiles, la durée des espèces et même des genres est en raison inverse de leur taille et de leur masse, tandis que la vie normale des individus est généralement en raison directe de celles-ci. On peut se rendre compte de ce dernier fait, qui est en rapport avec la durée de l'accroissement des animaux, mais il est plus difficile d'expliquer le premier.

C'est donc une simple question de temps, pour laquelle l'homme, encore bien nouveau sur le globe, ne possède pas de chronomètre qui lui permette de mesurer le cycle de l'existence des êtres qui l'entourent. La paléontologie nous dévoile dans le passé de grands reptiles, par exemple, qui ont successivement apparu et disparu, et les animaux inférieurs, leurs contemporains, ont également subi l'inexorable loi du renouvellement des types, grands ou petits, et de leur remplacement continu. Nous n'apercevons pas, il est vrai, ce mouvement autour de nous ; nous croyons volontiers que la nature organique, qui n'avait **cessé** de se modifier depuis l'origine des choses, est devenue immobile depuis que nous en faisons partie; qu'aux lois de succession ont succédé de simples lois de conservation; qu'en un mot, la création est complète et finie.

C'est là sans doute, messieurs, une illusion qui vient de ce que les quelques dizaines de siècles qu'embrassent nos chroniques ne suffisent pas pour constater des changements bien notables; mais si l'étude et l'observation nous ont appris quelque chose, c'est que l'histoire de l'humanité tout entière ne compte pas plus dans l'histoire de la nature que la vie de ces Éphémères qu'un même soleil voit naître, se reproduire et mourir.

ADDENDA

PAGE 36.

Dans la vallée de la Bèbre, sur le territoire de Châtel-perron (Allier), M. Poirrier (1) a recueilli, dans le dépôt quaternaire, des ossements fossiles, qui se rapportent aux espèces suivantes :

Ursus spelæus, *Meles fossilis*, *Canis* ou *Vulpes fossilis*, *Hyæna spelæa*, *Felis spelæa*, *Lepus diluvianus*, *Elephas primigenius*, *Rhinoceros tichorhinus*, *Equus adamiticus*, *Sus priscus*, *Cervus Guettardi*, Cuv., peu différent du *C. ta-randus*, *C. intermedius*, *Ovis primæva*, *Bos primigenius*, *Arvicola robutus*, *A. Delarbrei*, *A. arvaloides*, et des oiseaux indéterminés.

L'auteur a trouvé aussi lui-même, au milieu de ces ossements, à 0^m,70 de profondeur, dans un sol qui, évidemment, n'avait jamais été remué depuis sa formation, un os long très-finement aiguisé à l'une de ses extrémités, aplati et un peu fendu à l'autre, et sans aucun doute le résultat du travail de l'homme.

(1) *Notice géologique et paléontologique sur le département de l'Allier*, 1859.

288 ADDENDA.

PAGE 42.

Par suite de considérations développées dans nos leçons de 1864, nous pensons actuellement que les vertébrés fossiles, depuis longtemps signalés vers le haut des
conglomérats ponceux de la montagne de Perrier, doivent appartenir à la formation tertiaire supérieure; ils en
représenteraient le dernier terme, et l'on y remarque
trois espèces qui, étant parmi les plus anciennes de la
faune quaternaire, servent ainsi de lien entre les deux
époques.

PAGE 48.

Les naturalistes qui se sont le plus occupés de la paléontologie du bassin tertiaire du Puy, et avec succès, comme
nous le dirons en traitant de la faune tertiaire de ce pays,
ne semblent pas encore se faire une idée nette des
caractères généraux de la faune quaternaire en général,
ce qui tient sans doute aux circonstances physiques
toutes particulières dans lesquelles se trouvait le Velay.
Mais nous devons regarder comme appartenant à l'époque quaternaire les fossiles que M. F. Robert place dans
sa *faune pliocène de Saint-Privat, de Denise et de Cussac*, où
il signale : *Elephas primigenius, Hippopotamus major,
Rhinoceros mesotropus, R. tichorhinus, Bos velanus, B. priscus, Equus robustus, Cervus elatus, C. communis, C. Dama*
(petite espèce), *Hyæna spelæa* (1).

L'homme, dit l'auteur en terminant, serait venu à
la fin de la période pliocène (quaternaire), quand nos
volcans modernes lançaient encore des flammes, et
répandaient des torrents de laves jusqu'au fond de nos
vallons.

(1) *Observation sur l'homme fossile de Denise*, 1861.

PAGE 173.

Le docteur Olfers, en traitant des restes d'animaux gigantesques du monde ancien, par rapport aux traditions de l'Asie orientale et aux ouvrages chinois, fait voir que, dès 1695, Isbrand-Ides avait déjà des pensées fort justes sur l'origine des Mammouths et des prétendus *Dragons* de la Sibérie (1).

(1) *Die Ueberreste vorweltlicher*, etc., in-4, 5 pl. Berlin, 1841.

FIN.

TABLE DES MATIÈRES

Paris. — Imprimerie de E. MARTINET, rue Mignon, 2.